Contraste insuffisant

NF Z 43-120-14

REVUE TECHNIQUE

DE L'

EXPOSITION UNIVERSÉLLE

DE

CHICAGO EN 1893

PAR

M. GRILLE
INGÉNIEUR CIVIL DES MINES

M· H· FALCONNET
INGÉNIEUR DES ARTS ET MANUFACTURES

Troisième Partie. — ÉLECTRICITÉ INDUSTRIELLE

Collaborateurs :

MM. DESFORGES, REJOU, BLOXHAM, BOUQUET

INGÉNIEURS-ÉLECTRICIENS

ORGANE

Des Congrès internationaux tenus à Chicago en 1893

sous la Présidence de :

MM. O. CHANUTE & E.-L. CORTHELL

PARIS

E. BERNARD et Cie, IMPRIMEURS-ÉDITEURS

53ter, *Quai des Grands-Augustins*, 53ter

1894

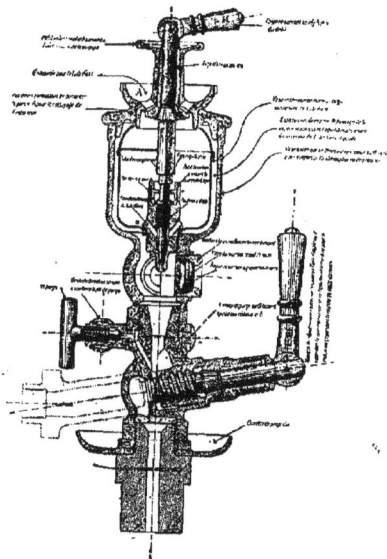

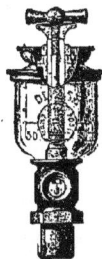

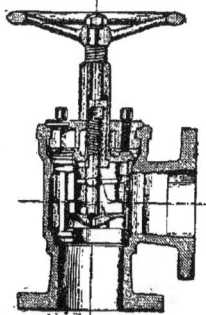

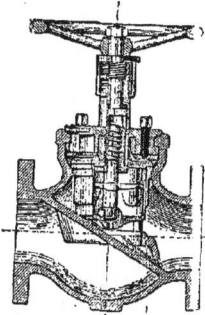

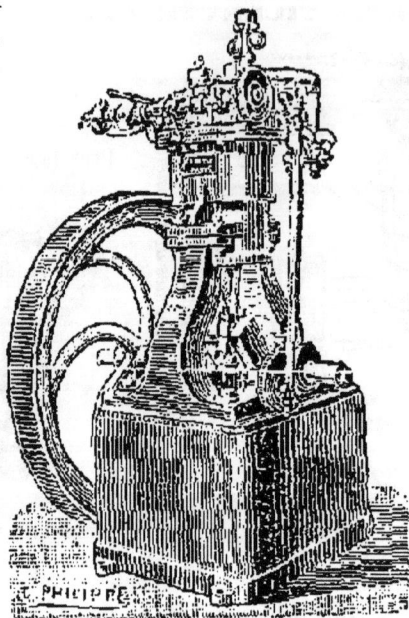

CHEMINS DE FER DE L'OUEST

Abonnements sur tout le réseau

La Compagnie des Chemins de fer de l'Ouest ait délivrer, sur tout son réseau, des cartes d'abonnement nominatives et personnelles, en 1ʳᵉ, 2ᵉ et 3ᵉ classes.

Ces cartes donnent droit à l'abonné de s'arrêter à toutes les stations comprises dans le parcours indiqué sur sa carte et de prendre tous les trains comportant des voitures de la classe pour laquelle l'abonnement a été souscrit.

Les prix sont calculés d'après la distance kilométrique parcourue.

La durée de ces abonnements est de trois mois, de six mois ou d'une année.

Ces abonnements partent du 1ᵉʳ et du 15 de chaque mois.

SERVICES QUOTIDIENS RAPIDES.
ENTRE PARIS ET LONDRES
par Dieppe et Newhaven

Les importants travaux exécutés récemment dans les ports de DIEPPE et de NEWHAVEN, en donnant la facilité d'organiser, dans ces deux ports, des départs à heures fixes, *quelle que soit l'heure de la marée*, ont permis aux *Compagnies de l'Ouest et de Brighton* de réduire considérablement la durée du trajet entre PARIS et LONDRES et de créer des services rapides qui fonctionnent tous les jours, sauf le cas de force majeure, aux heures indiquées ci-dessous :

De Paris à Londres :

	Jour 1-2-3 cl.	Nuit 1-2-3 cl.
Départ de Paris-Sᵗ-Lazare	9 h. matin.	8 h. 50 soir.
Départ de Dieppe.......	midi 45	1 h. du matin
Arrivée à Londres {Gare de London-Bridge.	7 h. soir.	7 h. 40 matin
{Gare Victoria	7 h. soir	7 h. 50 matin

De Londres à Paris

	Jour	Nuit
Départ de Londres {Gare Victoria	9 h. matin.	8 h. 50 soir.
{Gare de London-Bridge.	9 h. matin.	9 h. du soir..
Départ de Newhaven....	10 h. 35 soir.	11 h. du soir.
Arrivée à Paris-Sᵗ-Lazare	6 h. 45 soir.	8 h. du matin.

PRIX DES BILLETS.

Billets simples, valables pendant 7 jours :
1ʳᵉ cl. **41 fr. 25.**—2ᵉ cl. **30 fr.**— 3ᵉ cl. **21 fr. 25**
plus **2** francs par billet, pour droits de port à Dieppe et à Newhaven.

Billets d'aller et retour, valables pendant un mois
1ʳᵉ cl. **68 fr. 75** – 2ᵉ cl. **48 fr. 75** – 3ᵉ cl. **37 fr. 50**
plus **4** francs par billet, pour droits de port à Dieppe et à Newhaven

Ces billets donnent le droit de s'arrêter à *Rouen*, *Dieppe, Newhaven et Brighton.*

Abonnements d'un mois

La Compagnie de l'Ouest, en présence du succès obtenu par ses abonnements circulaires de 3 mois, 6 mois et un an, créés récemment sur les lignes de Saint-Cloud, Versailles (rive droite et rive gauche), Saint-Germain et Marly, vient de prendre une nouvelle mesure qui favorisera certainement le séjour à la campagne des personnes appelées constamment à Paris par leurs occupations, en créant sur ces mêmes parcours des abonnements d'un mois, délivrés pendant toute la saison d'été, du 1ᵉʳ mai au 1ᵉʳ octobre.

Ces nouveaux abonnements sont d'autant plus avantageux qu'on peut les obtenir à une date quelconque ; il suffit de les demander cinq jours à l'avance.

EXCURSIONS

DE PARIS A VERSAILLES & A SAINT-GERMAIN
(par la Forêt de Marly)
tous les jeudis, du 2 juin au 29 septembre 1892 inclus
(à l'exception du jeudi 14 juillet 1892)

La Compagnie des Chemins de fer de l'Ouest organisera tous les Jeudis, à partir du 2 juin et jusqu'au 29 septembre inclus (à l'exception du jeudi 14 juillet 1892), des Excursions au départ de Paris sur Versailles et Saint-Germain, aux prix et conditions ci-après indiquées :

Excursions à Versailles

Prix par place {1ʳᵉ classe . . . . . **5 fr.**
{2ᵉ classe . . . . . . **4 fr.**

Par suite d'une combinaison avec une Société de voyage, ces prix comprennent :

1° Le transport en *chemin de fer* de Paris-Saint-Lazare à Versailles (R. D.) et retour, par les trains ci-après désignés :

Aller: Départ de Paris-Saint-Lazare 11 h. 20 et midi 20.

Retour : Départ de Versailles (R. D.) par tous les trains de la soirée à partir de 4 h. 10 soir.

2° Le trajet aller et retour, en *voitures spéciales* entre la gare de Versailles (R. D.) le Château et les Trianons.

3° La *visite* des Musées, Châteaux et Jardins, sous la direction des guides de l'Agence des Voyages.

Excursions à Saint-Germain

Prix par place {1ʳᵉ classe. . . . . **5 fr.**
{2ᵉ classe. . . . . **4 fr. 50**

Par suite d'une combinaison avec une Société de voyages, ces prix comprennent :

1° Le transport en *chemin de fer* de Paris-Saint-Lazare à Pont-de-Saint-Cloud et de Saint-Germain à Paris-Saint-Lazare, par les trains ci-après désignés :

Aller: Départ de Paris-Saint-Lazare à midi 50.

Retour: Départ de Saint-Germain par tous les trains de la soirée, à partir de 4 h. 18 soir.

2° Le trajet en *voitures spéciales* de Saint-Cloud à Saint-Germain par Vaucresson, Rocquencourt et la forêt de Marly.

3° La *visite* du Château de Saint Cloud et du Musée de Saint-Germain, sous la direction des guides de l'Agence des Voyages.

REVUE TECHNIQUE

DE

L'EXPOSITION UNIVERSELLE

DE CHICAGO

CHEMINS DE FER DE L'OUEST

Abonnements sur tout le réseau

La Compagnie des Chemins de fer de l'Ouest fait délivrer, sur tout son réseau, des cartes d'abonnement nominatives et personnelles, en 1re, 2e et 3e classes.

Ces cartes donnent droit à l'abonné de s'arrêter à toutes les stations comprises dans le parcours indiqué sur sa carte et de prendre tous les trains comportant des voitures de la classe pour laquelle l'abonnement a été souscrit.

Les prix sont calculés d'après la distance kilométrique parcourue.

La durée de ces abonnements est de trois mois, de six mois ou d'une année.

Ces abonnements partent du 1er et du 15 de chaque mois.

SERVICES QUOTIDIENS RAPIDES
ENTRE PARIS ET LONDRES
par Dieppe et Newhaven

Les importants travaux exécutés récemment dans les ports de DIEPPE et de NEWHAVEN, en donnant la facilité d'organiser, dans ces deux ports, des départs à heures fixes, *quelle que soit l'heure de la marée*, ont permis aux *Compagnies de l'Ouest et de Brighton* de réduire considérablement la durée du trajet entre PARIS et LONDRES et de créer des services rapides qui fonctionnent tous les jours, sauf le cas de force majeure, aux heures indiquées ci-dessous :

De Paris à Londres :

	Jour 1-2-3 cl.	Nuit 1-2-3 cl.
Départ de Paris-St-Lazare	9 h. matin.	8 h. 5) soir.
Départ de Dieppe	midi 45	1 h. du matin
Arrivée à Londres { Gare de Londres-Bridge.	7 h. soir	7 h. 40 matin
{ Gare Victoria	7 h. soir	7 h. 50 matin

De Londres à Paris

	Jour	Nuit
Départ de Londres { Gare Victoria	9 h. matin.	8 h. 50 soir.
{ Gare de Londres-Bridge.	9 h. matin.	9 h. du soir.
Départ de Newhaven	10 h. 35 soir.	11 h. du soir.
Arrivée à Paris-St-Lazare	6 h. 45 soir.	8 h. du matin.

PRIX DES BILLETS :

Billets simples, valables pendant **7 jours :**
1re cl. **41 fr. 25.** — 2e cl. **30 fr.** — 3e cl. **21 fr. 25**
plus **2** francs par billet, pour droits de port
à Dieppe et à Newhaven.

Billets d'aller et retour, valables pendant un mois :
1re cl. **68 fr. 75** — 2e cl. **48 fr. 75** — 3e cl. **37 fr. 50**
plus **4** francs par billet, pour droits de port
à Dieppe et à Newhaven

Ces billets donnent le droit de s'arrêter à *Rouen, Dieppe, Newhaven et Brighton.*

Abonnements d'un mois

La Compagnie de l'Ouest, en présence du succès obtenu par ses abonnements circulaires de 3 mois, 6 mois et un an, créés récemment sur les lignes de Saint-Cloud, Versailles (rive droite et rive gauche), Saint-Germain et Marly, vient de prendre une nouvelle mesure qui favorisera certainement le séjour à la campagne des personnes appelées constamment à Paris par leurs occupations, en créant sur ces mêmes parcours des abonnements d'un mois, délivrés pendant toute la saison d'été, du 1er mai au 1er octobre.

Ces nouveaux abonnements sont d'autant plus avantageux qu'on peut les obtenir à une date quelconque ; il suffit de les demander cinq jours à l'avance.

EXCURSIONS
DE PARIS A VERSAILLES & A SAINT-GERMAIN
(par la Forêt de Marly)

tous les jeudis, du 2 juin au 29 septembre 1892 inclus
(à l'exception du jeudi 14 juillet 1892)

La Compagnie des Chemins de fer de l'Ouest organisera tous les Jeudis, à partir du 2 juin et jusqu'au 29 septembre inclus (à l'exception du jeudi 14 juillet 1892), des Excursions au départ de Paris sur Versailles et Saint-Germain, aux prix et conditions ci-après indiquées :

Excursions à Versailles

Prix par place	{ 1re classe	5 fr.
	{ 2e classe	4 fr.

Par suite d'une combinaison avec une Société de voyage, ces prix comprennent :

1° Le transport en *chemin de fer* de Paris-Saint-Lazare à Versailles (R. D.) et retour, par les trains ci-après désignés :
Aller : Départ de Paris-Saint-Lazare 11 h. 20 et midi 20.
Retour : Départ de Versailles (R. D.) par tous les trains de la soirée à partir de 4 h. 10 soir.

2° Le trajet aller et retour, en *voitures spéciales* entre la gare de Versailles (R. D.) le Château et les Trianons.

3° La *visite* des Musées, Châteaux et Jardins, sous la direction des guides de l'Agence des Voyages.

Excursions à Saint-Germain

Prix par place	{ 1re classe.	5 fr.
	{ 2e classe.	4 fr. 50

Par suite d'une combinaison avec une Société de voyages, ces prix comprennent :

1° Le transport en *chemin de fer* de Paris-Saint-Lazare à Pont-de-Saint-Cloud et de Saint-Germain à Paris-Saint-Lazare, par les trains ci-après désignés :
Aller : Départ de Paris-Saint-Lazare à midi 50.
Retour : Départ de Saint-Germain par tous les trains de la soirée, à partir de 4 h. 18 soir.

2° Le trajet en *voitures spéciales* de Saint-Cloud à Saint-Germain par Vaucresson, Rocquencourt et la forêt de Marly.

3° La *visite* du Château de Saint-Cloud et du Musée de Saint-Germain, sous la direction des guides de l'Agence des Voyages.

REVUE TECHNIQUE

DE

L'EXPOSITION UNIVERSELLE

DE CHICAGO

PARIS. — IMPRIMERIE E BERNARD ET Cie

23, RUE DES GRANDS-AUGUSTINS, 23

REVUE TECHNIQUE

DE L'

EXPOSITION UNIVERSELLE

DE

CHICAGO EN 1893

PAR

M. GRILLE	M. H. FALCONNET
INGÉNIEUR CIVIL DES MINES	INGÉNIEUR DES ARTS ET MANUFACTURES

Troisième Partie. — *ÉLECTRICITÉ INDUSTRIELLE*

Collaborateurs :

MM. DESFORGES, REJOU, BLOXHAM, BOUQUET

INGÉNIEURS-ÉLECTRICIENS

ORGANE

Des Congrès internationaux tenus à Chicago en 1893

sous la Présidence de :

MM. O. CHANUTE & E.-L. CORTHELL

PARIS

E. BERNARD et Cie, IMPRIMEURS-ÉDITEURS

53 ter, *Quai des Grands-Augustins*, 53 ter

1894

TROISIÈME PARTIE

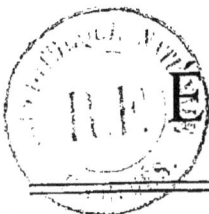

ÉLECTRICITÉ

L'ÉLECTRICITÉ INDUSTRIELLE
A L'EXPOSITION DE CHICAGO

AVANT-PROPOS

APERÇU GÉNÉRAL DE L'INDUSTRIE ÉLECTRIQUE
AUX ÉTATS-UNIS.

Au point de vue des applications industrielles de l'électricité, l'Exposition Colombienne présentait un très grand intérêt. Elle donnait aux visiteurs une idée assez exacte de l'état actuel de l'industrie électrique aux États-Unis : C'est pour cette raison qu'elle devait intéresser l'ingénieur et le constructeur français.

Bien que les communications entre la France et les États-Unis deviennent de jour en jour plus rapides et plus aisées, et qu'en dépit de tarifs douaniers extrêmement rigoureux, d'étroites relations commerciales tendent à s'établir entre les deux pays, on ne se rend pas assez compte en France du développement étonnant que l'industrie américaine a pris pendant ces dix dernières années.

En particulier les progrès réalisés par l'industrie électrique sont véritablement prodigieux ; les chiffres suivants permettent de s'en faire une idée :

Le nombre des lampes à incandescence, vendues aux États-Unis par la Compagnie Edison, s'élevait à 195 945 pour l'année 1882 : ce nombre dépassait 2 474 080 pour l'année 1890. La Thomson-Houston Company a vendu en 1889, 400 500 lampes, contre 59 300 en 1888.

Si l'on considère le nombre de lampes à incandescence vendues par toutes les Compagnies d'électricité, on arrive au total de 4 111 635 lampes, pour l'année 1890. Ce nombre dépasse 12 500 000 pour l'année 1893.

Le nombre des lampes à arc vendues annuellement suit la même progression. A la date du 1ᵉʳ Janvier 1890, la Thomson-Houston Company avait installé vingt-deux stations centrales, alimentant 1 653 lampes à arc. Trois ans plus tard, elle avait complété cent six installations avec 13 227 lampes.

Au 1ᵉʳ Janvier 1890, le nombre des stations centrales de la Compagnie Edison s'élevait à six cent soixante-seize, avec 79 387 lampes. Moins de deux ans plus tard, cette Compagnie avait installé huit cent soixante-treize stations avec 100 293 lampes. Actuellement enfin, aux États-Unis, on n'emploie pas moins de 500 000 lampes à arc.

On voit donc que c'est surtout pendant les cinq ou six dernières années que les progrès ont été le plus rapides.

On n'a pourtant point enregistré dans le cours de cette période, de bien importantes découvertes dans le domaine des applications de l'électricité. Les perfectionnements apportés aux machines et aux appareils sont même en somme assez peu nombreux.

Les ingénieurs américains se sont surtout préoccupés pendant ces dernières années de l'importante question du transport de la force à longue distance.

L'emploi des courants polyphasés semble rencontrer beaucoup de faveur aux États-Unis. C'est ainsi que les deux principales Compagnies d'électricité américaines ont adopté chacune un système spécial pour la distribution de la force motrice et de l'éclairage par courants alternatifs.

La *Westinghouse Company* emploie les courants diphasés. C'est cette importante Compagnie qui, sous la direction du professeur Forbes et de Nikola Tesla, doit exécuter les travaux pour l'utilisation électrique des chutes du Niagara.

La *General Electric Company* préfère les courants triphasés, et a déjà réalisé un certain nombre d'applications importantes de son système dans différentes parties des États-Unis.

C'est le système de la « Westinghouse Electric Company » qui a été choisi pour l'éclairage des bâtiments de l'Exposition, par lampes à incandescence.

Les ingénieurs du service électrique de l'Exposition colombienne ont préféré en général l'emploi de dynamos à courants continus pour le transport de la force.

C'est la « C. & C. Electric Motor Company » qui avait dans les stations centrales de l'Exposition le plus grand nombre dynamos servant au transport de la force.

Importance des services électriques de l'Exposition Colombienne.
Division de l'ouvrage en deux parties

Un simple rapprochement donnera une idée de l'importance du service électrique de l'Exposition Colombienne.

Lors de l'Exposition Universelle de 1889, le Syndicat des Électriciens qui, sous l'habile direction de MM. Hippolyte Fontaine et de Bovet, dut assurer l'éclairage du Champ de Mars et de l'Esplanade des Invalides, disposait environ de *4 000* chevaux de force à convertir en lumière. Les ingénieurs du service électrique de l'Exposition Colombienne n'avaient pas moins de 25 000 chevaux-vapeur à leur disposition. La puissance totale des dynamos et des alternateurs dans les différentes stations centrales de l'Exposition s'élevait à 15 000 kilowatts.

Le service électrique de l'Exposition Colombienne n'eut pas seulement à se préoccuper de l'éclairage de Jackson-Park et de Midway-Plaisance, il lui fallut surveiller la construction du chemin de fer aérien auquel on a donné le nom d'« Intramural », ainsi que des trottoirs mobiles à moteurs électriques, organiser les services de canots électriques qui pendant la durée de l'Exposition ont transporté journellement des milliers de visiteurs d'un point à l'autre de Jackson-Park.

Les *fontaines lumineuses* dont on trouvera une description dans le cours de cet ouvrage, ont aussi été installées d'après les plans et sous la direction de M. Luther Stieringer, l'ingénieur conseil du service électrique.

Il fut nécessaire aussi d'installer d'importantes distributions de force motrice. Un service complet de télégraphes et de téléphones fut de plus organisé par les soins du service électrique.

Les attributions de cette administration étaient en somme si nombreuses et si importantes, que nous avons été amenés à diviser le présent ouvrage en deux parties.

Dans la première, nous résumerons les travaux du service électrique. Nous aurons donc à parler :

Des installations d'éclairage et de transport de force ;
Des modes de transports à commande électrique (chemins de fer, trottoirs mobiles, bateaux) ;
Des fontaines lumineuses ;
Des services télégraphiques et téléphoniques.

Nous terminerons enfin la *première partie* par quelques pages sur l'organisation des jurys de récompenses dans les classes consacrées à l'Électricité et à ses applications.

Dans la *seconde partie*, nous choisirons parmi les appareils ou machines exposés à Chicago, ceux qui nous paraîtront les plus nouveaux et les plus intéressants, et nous les décrirons succinctement.

PREMIÈRE PARTIE

SERVICE ÉLECTRIQUE DE L'EXPOSITION

Installation générale du service électrique de l'Exposition.

C'est au commencement de l'année 1891 que M. D. Burnham, le directeur des travaux de l'Exposition, se préoccupa d'organiser « le Service électrique.»

Il en confia la direction à M. Slocum, qui fut bientôt remplacé par M. Frederick Sargent.

M. Frederick Sargent se trouvait en même temps à la tête du *service mécanique*, dont il s'occupa plus particulièrement, laissant à un jeune ingénieur, M. R.-H. Pierce, la direction effective du service électrique.

C'est donc en somme à M. R.-H. Pierce que revient l'honneur d'avoir, dès le début de sa carrière, déjà si distinguée, mené à bien une tâche aussi difficile. Il fut vaillamment secondé par ses collaborateurs, MM. S.-G. Neiler, G.-B. Foster et L.-S. Boggs.

1° USINE ÉLECTRIQUE PROVISOIRE

Dès le commencement des travaux de l'Exposition, il fallut prendre des dispositions pour assurer l'éclairage provisoire des terrains de « Jackson-Park. »

La construction des bâtiments progressant, les risques d'incendie devinrent de plus en plus grands ; aussi dut-on prendre d'énergiques mesures en vue de cette éventualité.

Enfin, l'emploi journalier de moteurs électriques, sur toute l'étendue des terrains de l'Exposition, nécessita la création d'une petite station centrale de force motrice.

On réunit donc, dans le même bâtiment, un certain nombre de dynamos et quelques pompes, et l'on obtint ainsi l'installation provisoire à laquelle on a donné le nom de « temporary power plant. »

Cette petite installation a fonctionné durant une vingtaine de mois, dans de bonnes conditions.

Le petit bâtiment dans lequel ces machines étaient placées avait la forme d'un T, et se composait de deux parties.

L'une, contenait les machines, les dynamos et les pompes.

Dans l'autre, se trouvaient les générateurs de vapeur.

Ce bâtiment était construit en bois avec une toiture de tôle ondulée ; un mur en briques séparait la chambre des machines des chaufferies.

Les générateurs de vapeur, les machines, les pompes et leurs accessoires furent prêtés au service mécanique par les exposants.

La pose des canalisations de vapeur, d'eau et d'électricité, fut faite à très bas prix par des établissements qui s'engagèrent, de plus, à les enlever à l'époque fixée par la Direction de l'Exposition.

Cette station était composée :

1° D'une machine à vapeur, système Ball, de 60 chevaux-vapeur, à un seul cylindre et à haute pression ;

Elle commandait, par courroie, deux dynamos Edison (pour lampes à incandescence) de 18 kilowatts ;

2° Une machine Phœnix, de 110 chevaux-vapeur, à un seul cylindre à haute pression, commandant deux dynamos pour lampes à arc, système Edison-Sperry, de 25 kilowatts ;

3° Une machine système Buckeye, de 150 chevaux-vapeur, du type compound en tendem, à condensation, commandant une dynamo génératrice système Edison, de 100 kilowatts pour transport de force ;

4° Une machine construite par la « New-York Safety Steam Power Company, », de 200 chevaux-vapeur, à un seul cylindre, à condensation, commandant deux dynamos Edison-Sperry (pour lampes à arc) de 25 kilowatts ;

5° Une machine système Armington and Sims, de 300 chevaux-vapeur, à un seul cylindre et à condensation, commandant une dynamo génératrice, système Edison, de 100 kilowatts.

Un condenseur Worthington se trouvait placé dans le bâtiment des chaudières.

La dynamo Edison (pour lampes à incandescence de 18 kilowatts) servait à éclairer les bureaux.

Les dynamos Edison-Sperry fournissaient l'éclairage aux terrains de l'Exposition. La dynamo génératrice actionnait à distance les moteurs électriques qui étaient employés pour les travaux de construction (grues — treuil — monte-charges — machine à peindre — pompes d'épuisement — scies — perceuses).

Les tuyaux d'échappement de la machine Ball et de la machine Phœnix passaient à travers un réchauffeur de vapeur Krœschell et Bourgeois.

Les canalisations de vapeur d'échappement des autres machines se rendaient à un condenseur système Worthington. Ce dernier recevait de l'eau provenant des bassins ou lagunes qui se trouvaient entre le Palais des Transports, ceux des Mines et de l'Électricité, et le grand bâtiment des Manufactures et des Arts libéraux.

Une pompe, système Worthington, et un injecteur Giffard du type « Metropolitan, » fournissaient l'eau d'alimentation aux générateurs de vapeur, soit directement, soit par l'intermédiaire d'un réchauffeur système Baragwanath, que l'on avait placé au-dessus des chaudières.

Les générateurs de vapeur, au nombre de deux, étaient du type Babcock et Wilcox, et d'une puissance de 200 chevaux-vapeur chacun.

L'un d'eux était muni d'un foyer ordinaire, l'autre d'un foyer à chargeur automatique. L'appareil de chargement se composait d'une chaîne sans fin transportant jusqu'au « bridge wall, » le charbon qui tombait alors complètement brûlé dans le cendrier. Ce système de grille est très simple et constitue un excellent appareil fumivore.

Sur le plan que nous donnons planche 1-2, l'on trouvera indiqué l'emplacement des pompes. Celles-ci, au nombre de trois, pouvaient fournir 11350 mètres cubes en 24 heures. Ces trois pompes étaient du type Worthington compound, à condensation.

La canalisation d'eau principale avait 8 centimètres de diamètre.

Cette usine avait été installée par MM. Slocum et H.-F.-J. Porter.

Liste des machines et dynamos de l'Usine Électrique établie provisoirement pendant la durée des travaux de l'Exposition

MACHINES		DYNAMOS
MACHINE BALL SIMPLE		/ Deux dynamos Edison de 18 kilowatts chacune.
Diamètre du cylindre . . 254ᵐ/ₘ	Commandant par courroie	
Course du piston . . . 305		—
Nombre de tours à la minute. 285		(Éclairage à incandescence des bureaux (125 volts).
MACH. PHŒNIX DICK AND CHURCH		Deux dynamos Sperry-Edison de 25 kilowatts chacune.
Diamètre du cylindre . . 330ᵐ/ₘ	Commandant par courroie	
Course du piston . . . 305 »		—
Nombre de tours par minute 380		(Éclairage des travaux ; lampes à arc 50 lampes de 2.000 bougies.)
Puissance en chevaux . . 100		

MACHINE BUCKEYE
Compound tandem
Diamètre du cylindre à haute
    pression 280ᵐ/ᵐ
Diamètre du cylindre à basse
    pression. . . . . .   535 »
Course du piston . . .   407 »
Nombre de tours par minute   225
Puissance en chevaux . .   150

Commandant par courroie

Une dynamo génératrice pour transport de force, système Edison, (100 kilowatts — 500 volts).

Actionnant les moteurs du service de la construction.

MACHINE DE LA
« NEW-YORK SAFETY ENGINE Cº »
Diamètre du cylindre . .   390ᵐ/ᵐ
Course du piston . . .   407 »
Nombre de tours à la
    minute   265
Puissance en chevaux. .   200

Commandant par courroie

Deux dynamos de 25 kilowatts.

(Éclairage des travaux. 50 lampes à arc de 2.000 bougies).

MACHINE ARMINGTON AND SIMS
Diamètre du cylindre . .   535ᵐ/ᵐ
Course du piston . . .   458 »
Nombre de tours à la minute   200 rev.
Puissance en chevaux . .   300

Une dynamo génératrice de 100 kilowatts. — (500 volts).

Actionnant des moteurs pour différents usages.

2° L'ÉCLAIRAGE ÉLECTRIQUE DE L'EXPOSITION

Les Stations centrales

La plupart des stations centrales, qui assuraient l'éclairage de Jackson-Park, et de Midway-Plaisance, se trouvaient réunies dans la travée sud du Palais des Machines (Machinery Hall) [voir le plan général de Jackson-Park], elles faisaient partie de l'installation désignée communément par les Américains sous le nom « Power-Plant » ou « usine d'énergie » de l'Exposition Colombienne.

Toutes ces petites usines étaient absolument indépendantes au point de vue électrique.

Au point de vue mécanique, au contraire, les chaudières et les machines à vapeur, les compresseurs d'air employés pour les distributions de force motrice, les pompes même, ne constituaient qu'une seule et même usine.

Production de la vapeur

Le Bâtiment des chaudières, ou « Boiler house » se trouvait placé au sud du Palais des Machines, dont il était séparé par un mur de brique. Nous donnons, pl. 3-4-5-6, un plan d'ensemble de ce bâtiment, qui ne présentait rien d'ailleurs de bien intéressant au point de vue de la construction.

Les chaudières étaient alignées le long du mur extérieur du « Bâtiment des Chaudières ». Elles avaient été fournies par leurs constructeurs à des conditions très avantageuses pour la « World's Columbian Exposition Company. »

Toutes ces chaudières étaient du type multitubulaire. Nous laissons à notre collaborateur de la *Revue technique,* qui parlera « des Chaudières à vapeur à l'Exposition », le soin de décrire celles qui se trouvaient dans le « Bâtiment des Chaudières. »

Nous nous bornons à en donner la liste, en les énumérant dans l'ordre où on les rencontrait en entrant dans le Bâtiment des Chaudières, par la porte voisine du pavillon des pompes Worthington :

1° 4 générateurs du type *Root,* formant deux batteries. Ces chaudières étaient fournies par l'importante maison Abendroth and Root de New-York et Chicago ;

2° 2 générateurs du type « Gill ; »

3° 8 générateurs du type « Heine, » formant deux batteries ;

4° 4 générateurs du type « National, » en deux batteries ;

5° 9 générateurs « Zell, » fournis par la « Campbell et Zell Company » de Baltimore, et répartis en cinq batteries ;

6° 10 générateurs « Babcock et Wilcox, » formant cinq batteries :

7° 4 générateurs « Stirling, » formant deux batteries ;

8° 1 générateur « Heine ; »

9° 3 générateurs « Climax ; »

10° 2 générateurs « Stirling. »

Les trois derniers groupes de générateurs se trouvaient dans l'*annexe* du Bâtiment des Chaudières.

Parmi tous ces types de générateurs, il n'y en a que trois qui soient absolument nouveaux ;

Le « *Heine*, » qui donne une très grande production de vapeur par unité de surface de chauffe, et peut être mis en place avec la plus grande facilité ;

Le « *Climax* » construit par la « Clombrock Iron Works de Brooklyn, » qui parait assez compliqué, mais tient très peu de place ;

Le « *Stirling*, » qui a obtenu la première récompense à l'Exposition, et qui, bien que tout récemment lancé sur le marché, a rencontré un grand et légitime succès.

L'ensemble de tous ces générateurs pouvait fournir une puissance de 30 000 chevaux-vapeur.

Bien que cette puissance soit très considérable, il est bon de rappeler ici qu'il y a aux Etats-Unis plusieurs stations centrales aussi importantes.

Lorsqu'il fallut choisir le combustible à employer dans ces chaufferies, on donna la préférence au pétrole qui, on le sait, est employé concurremment avec le charbon dans plusieurs parties des États-Unis.

Les avantages du pétrole sont nombreux. Il ne produit ni cendres ni fumée. Son emploi n'offre aucun danger dans une installation bien faite. Il n'exige du chauffeur aucun travail pénible. La salle de chauffe peut être tenue dans un état de propreté absolue. C'est ainsi que les chauffeurs du service mécanique de l'Exposition portaient un uniforme *blanc* et que les visiteurs pouvaient voir sur les murs de la salle de chauffe des écritaux portant cette incription : « Il est défendu de cracher sur le parquet. »

L'Administration de l'Exposition passa un contrat avec la « Standard Oil Company » qui s'engagea à fournir le pétrole nécessaire au chauffage des générateurs pour la durée de l'Exposition au prix de 3 fr. 625 le barril de 190 litres.

Nous décrirons avec quelques détails les dispositions qui ont été prises pour assurer l'arrivée du pétrole aux chaudières dans les meilleures conditions possibles au point de vue de la sécurité et de l'économie.

Cette question de l'emploi du pétrole pour le chauffage des générateurs de vapeur dans les stations centrales, nous semble, en effet, devoir intéresser les ingénieurs et les directeurs d'usines électriques. On remarquait aussi parmi les dispositions prises par les ingénieurs du service électrique de l'Exposition, une application nouvelle et originale de l'électricité à la manœuvre des valves et robinets et au réglage de la marche des chaudières à vapeur.

L'arrivée de l'huile aux brûleurs se trouvait, en effet, réglée automatiquement, suivant les variations de pression de la vapeur à l'intérieur de la chaudière.

Les valves et les robinets des canalisations de pétrole, d'eau et de vapeur se trouvaient en quelque sorte *enclanchés* électriquement, de façon à ce qu'aucune fausse manœuvre ne pût être faite par négligence ou malveillance.

L'ensemble de l'installation comprenait des réservoirs à pétrole, des pompes spéciales et tout un système de canalisations.

Les réservoirs d'huile minérale avaient une capacité de plus de 500000 litres.

Ils étaient placés tout à fait au Sud des terrains de l'Exposition où ils occupaient l'emplacement indiqué sur le plan général.

Ils se trouvaient à une distance considérable des principaux Palais. Ceux-ci, bien que ne formant point un groupe très compact, s'élevaient à peu près tous dans la partie centrale de Jackson-Park. Il est donc probable que si les réservoirs avaient pris feu et fait explosion, l'incendie, qui en eut résulté, ne se serait pas propagé assez loin pour avoir des conséquences désastreuses.

Il faut noter cependant que les bâtiments de l'Exposition étaient construits pour la plupart en matériaux éminemment inflammables, de sorte qu'en plaçant dans l'enceinte de l'Exposition des réservoirs contenant une telle quantité de pétrole, les ingénieurs qui ont dirigé ces installations, avaient assumé de grandes responsabilités.

Les réservoirs étaient au nombre de douze, tous semblables. Ils étaient en tôle et avaient la forme cylindrique. Leur diamètre était de $2^m,40$; leur longueur de $1^m,50$; l'épaisseur de leurs parois $4^{mm},8$. Leur construction ne présentait du reste rien de bien particulier. Ces réservoirs étaient placés dans une cave en maçonnerie dont le radier, soigneusement cimenté, se trouvait en contrebas du sol environnant et dont les murs en brique avaient une hauteur de $3^m,350$ avec une épaisseur de 810 millimètres à la base et de 660 millimètres à la partie supérieure.

Cette cave était divisée, par des murs de 450 millimètres, en six compartiments distincts.

Le plafond était formé par une série de petites voûtes séparées et soutenues par des fers à ⊥. Ceux-ci prenaient leurs points d'appui sur les murs dont nous venons de parler et sur des poutres, supportées elles-mêmes par les maçonneries et par douze poteaux, disposés deux par deux, suivant le grand axe de chacun des compartiments.

Les poteaux, de même que les poutres, étaient constitués par des fers à ⊥ (fig. 9-10).

Dans chacun des compartiments il y avait deux réservoirs. Ceux-ci se trouvaient donc isolés du reste de l'installation, ce qui est déjà un avantage au point de vue de la sécurité. De plus, la capacité du compartiment était de deux à trois fois plus grande que celle des réservoirs qui y étaient placés. Cette disposition, à laquelle on a attaché une grande importance, avait pour but, dans le cas où l'huile minérale aurait pris feu dans l'un des compartiments, d'offrir quelque espace libre à la masse des gaz produite alors. L'effet destructif de l'explosion contre les parois en eût été d'autant diminué. Les ingénieurs du service mécanique espéraient même que les cloisons n'auraient pas été démolies et que le feu ne se serait pas communiqué aux compartiments voisins.

Dans le but d'atténuer encore les conséquences d'une explosion possible, on avait recouvert toute la construction d'une masse de terre dont l'épaisseur au-dessus du plafond était de 300 millimètres environ, et qui formait tout autour un talus gazonné dont l'inclinaison sur le sol était de 40 degrés.

Dans chaque compartiment, les réservoirs reposaient sur de petits murs en briques.

Des tuyaux d'entrée et de sortie d'air y assuraient une ventilation énergique.

L'éclairage était produit par des lampes à incandescence. Dans chacun des six compartiments, il y avait 75 lampes de 16 bougies, réparties en cinq groupes de 15, soit un total de 450 lampes pour toute l'installation.

Grâce à cet éclairage, on pouvait, en pénétrant dans la cave par des ouvertures de 610 millimètres de diamètre, inspecter avec la plus grande facilité l'état des réservoirs et des différentes canalisations que nous décrirons plus loin.

Dans le cas où les réservoirs eussent cessé d'être étanches, l'huile qui s'en serait échappée, aurait suivi sur le radier la pente qui y avait été ménagée et se serait rassemblée à la partie la plus basse où des dispositions spéciales permettaient de l'évacuer.

Les pompes, qui aspiraient l'huile minérale des réservoirs et la refoulaient aux chaudières où elle servait au chauffage des générateurs, étaient placées dans un petit bâtiment, dont l'emplacement est indiqué sur le plan général. Elles se trouvaient donc tout près des réservoirs.

L'installation comprenait, en plus des deux pompes Duplex fournies par la Snow Company, deux chaudières verticales de 40 chevaux-vapeur chacune, une petite pompe alimentaire et un réchauffeur de vapeur.

En temps normal il n'y avait qu'une seule pompe en marche ; on en avait placé deux par mesure de précaution.

La « National Supply Company » de Chicago, à qui avait été confiée l'installation des pompes et de toutes les canalisations d'huile minérale à l'intérieur de Jackson-Park, avait pris toutes les mesures possibles pour qu'aucun accident ne pût empêcher l'huile d'arriver aux chaudières et causer, par suite, l'arrêt de toute les machines de l'Exposition.

Lorsque tout fonctionnait régulièrement, l'huile arrivait dans les réservoirs par la canalisation de la « Standard Oil Company ».

Chaque matin, en présence d'un agent de cette Compagnie et d'un inspecteur du service mécanique, on remplissait complètement tous les réservoirs, après avoir relevé avec le plus grand soin le volume de l'huile qui avait été brûlée la veille.

Des réservoirs, l'huile, aspirée par les pompes, était refoulée dans une colonne régulatrice de 12 mèt. de hauteur avec un diamètre de 965 millimètres, qui servait à maintenir dans la canalisation une pression uniforme.

De là, l'huile entrait dans une conduite de 127 millimètres de diamètre, qui l'amenait, en suivant une ligne absolument droite, au centre même du Bâtiment des Chaudières, après un parcours d'environ 975 mètres.

Dans le cas où un accident se serait produit sur la canalisation de la Standard Oil Cᵒ, et où l'huile eût cessé d'arriver aux réservoirs de l'Exposition, le bon fonctionnement de l'installation n'eût pas été compromis. L'huile, emmagasinée dans les wagons réservoirs (*tank cars*) qui, aux États-Unis, servent communément à son transport, serait arrivée à Jackson-Park par voie ferrée. Elle eût été alors aspirée par une canalisation spéciale qui l'eût prise dans les wagons mêmes, pour la refouler dans les réservoirs de l'Exposition, où elle eût été reprise par les pompes et envoyée aux chaudières.

Si quelque accident était survenu, au contraire, à la canalisation intérieure de Jackson-Park, les pompes auraient envoyé l'huile minérale dans une conduite de secours qui se rendait elle aussi, au « Boiler House », mais en suivant un parcours bien plus long que celui de la conduite dont nous avons parlé.

L'arrangement de la tuyauterie, pour chacune des pompes, était tel qu'elles pouvaient l'une et l'autre produire l'aspiration, soit dans la conduite qui venait des réservoirs, soit dans celle qui, en cas d'accident, eût amené l'huile des wagons-réservoirs.

Les pompes pouvaient aussi refouler l'huile, soit dans les réservoirs, soit dans la colonne régulatrice, et de celle-ci, dans l'une ou l'autre des conduites qui allaient aux chaudières. Les pompes étaient aussi reliées par une conduite d'aspiration, aux canalisations qui allaient au bâtiment des chaudières, de sorte que l'huile, contenue dans l'une ou l'autre de ces conduites, pouvait au besoin être rappelée aux pompes et renvoyée aux réservoirs. On pouvait aussi, par une disposition du même genre, refouler aux réservoirs le contenu de la colonne régulatrice. Les planches (1-2) montrent clairement tous les détails de cette tuyauterie.

Les manœuvres des robinets étaient effectuées automatiquement, à l'aide de l'électricité, par toute une série d'appareils fort ingénieux fournis par la « National Electric Valve Cᵒ », de Cleveland, (Ohio). Les uns, en agissant sur les pompes à huile, maintenaient le niveau constant dans la colonne régulatrice. D'autres modifiaient le débit des pompes alimentaires suivant les variations du niveau de l'eau dans les chaudières. D'autres enfin laissaient arriver plus ou moins d'huile au bec des brûleurs, suivant que la pression de la vapeur dans les chaudières diminuait ou s'élevait.

Quelques autres dispositions de détail complétaient l'installation.

Dans chacun des réservoirs se trouvait un petit serpentin formé d'un tube de fer, dans lequel circulait de la vapeur. Il a paru nécessaire, en effet, de chauffer un peu l'huile minérale, qui, surtout en temps froid, a une forte tendance à se figer, et qui reprend sa fluidité sous l'influence d'une chaleur modérée.

Dans le même but, on avait eu soin de placer, tout le long des canalisations d'huile un petit tube dans lequel on envoyait de la vapeur.

Les Stations centrales d'électricité installées dans le Palais des Machines

Nous avons désigné jusqu'à présent sous le nom de « Power plant » ou installation génératrice *d'énergie* à l'Exposition l'ensemble des installations d'éclairage et de transport de force motrice qui se trouvaient réunies dans le Palais des Machines. Il y avait cependant dans ce dernier bâtiment une dizaine de petites stations centrales absolument distinctes et indépendantes au point de vue électrique.

Chacune d'elles possédait son tableau de distribution et pouvait desservir isolément les parties de l'Exposition auxquelles elle devait fournir l'Éclairage.

Toutes ces stations centrales se trouvaient placées dans la travée Sud du Palais des Machines.

Par une analogie assez bizarre avec les termes employés communément aux États-Unis pour désigner, dans les villes, les pâtés de maisons compris entre 4 rues, on donnait à ces groupes de dynamos et de machines à vapeur le nom de *blocks*. Il y avait donc, en commençant par le côté *Est* du Palais des Machines (voir le plan général planche nos 3 4-5-6) le *block* no 1, le *block* n° 2, etc.

Nous conserverons ici cette désignation.

Les premiers « blocks » comprenaient plus particulièrement les dynamos employées pour le transport de la force motrice.

Dans le *block* n° 1, nous rencontrons quatre dynamos du système Edison exposées par la General Electric Company. Ces dynamos d'une puissance de 200 chevaux-vapeur n'offraient au point de vue de la construction aucune particularité intéressante. Elles formaient deux groupes. Les deux dynamos de droite étaient commandées au moyen d'une courroie par une machine de 480 chevaux-vapeur construite et exposée par la « Ball Engine Company, d'Erie (Pensylvania). Cette machine, du type compound horizontal, avait ses deux cylindres placés en tandem.

Les deux autres dynamos Edison étaient commandées par une machine horizontale « Armington » and Sims de 400 chevaux. Dans le même block et à gauche, se trouvait la grande machine à vapeur de 1 000 chevaux construite par la « General Electric Company ».

Cette machine était directement accouplée à deux dynamos multipolaires système Edison. Nous donnons plus loin une description complète de cette machine.

Le *block* n° 2 comprenait 4 dynamos du système Eddy construites par la « Eddy Electric Manufacturing Company ». Ces dynamos avaient une puissance de 250 chevaux chacune.

Les deux dynamos de droite étaient commandées par une machine à vapeur horizontale à triple expansion construite par la « Phœnix Machine Company ».

La troisième dynamo était commandée par une machine horizontale compound avec cylindres placés en tandem, d'une puissance de 250 chevaux.

Cette machine était, comme la précédente, construite par la « Phœnix C° ». C'est également une machine de ce système, mais à un seul cylindre, qui actionnait la dynamo Eddy n° 4.

Le block n° 2 contenait encore une machine horizontale compound à cylindres juxtaposés, à condensation, d'une puissance de 500 chevaux vapeur et directement accouplée à une dynamo multipolaire du type Westinghouse

La machine à vapeur a été construite par les grandes usines E. P. Allis de Milwaukee (Wisconsin), d'après les plans du directeur même de la Compagnie, M. Reynold. Nous donnons plus loin un dessin d'ensemble de cette machine, qui a été généralement fort admirée.

Dans le *block* n° 3, nous voyons 4 dynamos « Mather » construites par la « Mather Electric motor Company ». On trouvera plus loin une description de ces machines qui présentent plusieurs détails intéressants et sont en grande faveur aux États-Unis. Deux des machines étaient actionnées par une machine « Woodbury » du type horizontal compound; les deux autres par des machines à vapeur du même type, mais à un seul cylindre.

Les 4 moteurs de 100 chevaux de la « C et C. Company » qui se trouvaient dans le même block, étaient commandés par des machines « Ideal » construites par la Compagnie « Ide and Sons » de Springfield (Illinois). Ces machines ont donné un excellent service. Elles sont du type horizontal à grande vitesse, et sont employées dans un très grand nombre de stations centrales, dans l'ouest des Etats-Unis. Leurs constructeurs se sont surtout préoccupés du graissage automatique des parties en mouvement; sans prétendre qu'ils aient résolu le problème d'une façon complète, on peut dire qu'ils ont fait faire un très grand pas à cette importante question.

Leurs machines marchent aux vitesses que nous indiquons ci-dessous, sans exiger la moindre attention du mécanicien qui les conduit.

Vitesse des machines « Ideal » :

Puissance en chevaux.	Nombre de tours par minute.
90—110	300
100—125	300
150—175	275
200—250	250

Toutes les dynamos qui se trouvaient placées dans les trois premiers « blocks » étaient des génératrices qui servaient à actionner à distance les moteurs placés dans les différents bâtiments de l'Exposition.

Dans le *block* n° 4, se trouvaient 16 dynamos à arc du système Brush, exposées par la « Brush Electric Cᵒ » de Cleveland (Ohio). Ces dynamos avaient chacune une capacité de 60 lampes. Nous donnons plus loin une description de ces machines.

Toutes les dynamos Brush qui se trouvaient dans ce block étaient commandées par des machines « Ball et Wood ».

Trois d'entre elles étaient actionnées par une machine de 150 chevaux, du type compound, dont les cylindres étaient placés en tandem. Les trois suivantes étaient attelées à une machine horizontale compound. Les 6 dernières dynamos étaient actionnées par deux machines Wood de 150 chevaux, identiques à celles dont nous avons déjà parlé.

Les machines « Ball et Wood » très en faveur aux États-Unis, sont des machines à grande vitesse. Leur rendement est très élevé. Leur système régulateur laisse seul un peu à désirer. Les ingénieurs de la « Ball et Wood Company » sont très partisans des grandes vitesses angulaires pour les machines à vapeur destinées à l'éclairage électrique.

Le *Block* n° 5 occupait exactement le milieu du Palais des Machines. Il avait une surface double de celle des blocks voisins et comprenait :

1° La grande machine Allis, de 2 000 chevaux ;

2° La machine Fraser and Chalmers, de 1 000 chevaux ;

3° Une machine Mac-Ewen, de 220 chevaux ;

4° et 5° Deux machines Westinghouse, Church et Kerr de 330 chevaux.

Toutes ces machines commandaient par courroie des alternateurs ou des dynamos de la Westinghouse-Company.

La grande machine Allis, construite d'après les plans de M. Reynold, est une machine à quadruple expansion, du type horizontal.

Cette machine a été fort admirée. On en trouvera la description complète dans la partie de la *Revue technique* qui traite des machines à vapeur. Nous nous bornerons à faire remarquer ici que ce type de machines ne présente guère d'avantages sur les machines verticales de même puissance, directement accouplées aux dynamos, tandis qu'il offre cependant un certain nombre de graves inconvénients. La disposition qui consiste à placer les deux courroies, actionnant les dynamos, l'une par dessus l'autre sur le même volant, et qui est assez répandue aux Etats-Unis, ne semble pas donner d'excellents résultats. Lorsque les courroies ont des largeurs considérables, comme c'était le cas pour la machine « Allis », où elles n'avaient pas moins de 2 mètres, il est très difficile de les mettre en place ; s'il survient un accident à l'une des courroies, la réparation est fort pénible, et de plus, les deux alternateurs se trouvent forcément arrêtés à la fois. L'opinion générale, aux Etats-Unis, où il y avait une certaine tendance à employer des machines horizontales à grande puissance pour la conduite des dynamos, semble se prononcer maintenant nettement en faveur des machines verticales directement accouplées aux dynamos ou aux alternateurs qu'elles actionnent.

La machine Fraser et Chalmers, de 1 000 chevaux, attirait aussi beaucoup l'attention. Son volant de 9 mètres de diamètre, faisait 60 tours par minute.

En raison des grandes dimensions de ces machines, il fallut surélever le plancher de ce « block » de 40 centimètres environ au-dessus du plancher du Palais des Machines.

On voyait aussi dans ce « block » deux machines Westinghouse-Church et Kerr, de 400 chevaux-vapeur chacune. Ces machines sont munies de deux volants. Chacune d'elles actionnait par courroie un petit alternateur Westinghouse, d'une capacité de 4 000 lampes, qui servaient à l'éclairage des bureaux, pendant la période des travaux de l'Exposition.

Chacune de ces machines débitait un courant de 100 ampères à un potentiel de 2 400 volts. Elles faisaient environ 1 350 tours par minute.

Leur champ magnétique était excité par 16 bobines. L'enroulement de l'inducteur était absolument le même que celui des grands alternateurs dont on trouvera plus loin la description.

Chacun de ces alternateurs Westinghouse est muni de sa propre excitatrice qui est une dynamo à courants continus, donnant un courant de 60 ampères à un potentiel de 125 volts, avec une vitesse 1 600 tours à la minute.

On voyait aussi dans ce même block une machine de 220 chevaux, construite par la « Mac Ewen Manufacturing Company », de Ridgway (Pensylvania). Cette machine était munie de deux volants et actionnait par courroies deux dynamos à courant continu de la C & C Company. Chacune de ces dynamos, employée pour le service du transport de force, avait une puissance de 80 kilowatts. La force électro-motrice du courant débité par cette machine était de 250 volts.

Ces dynamos faisaient 575 tours par minute. Un petit tableau de distribution spécial se trouvait placé tout près de chacune d'elles. Chacun de ces tableaux était muni de voltmètres Weston.

Dans le block n° 6, on voyait quatre grands alternateurs Westinghouse, directement accouplés à des machines verticales de 1 000 chevaux-vapeur, construites par MM. Westinghouse, Church, Kerr and Company. Toutes ces dynamos étaient munies d'un interrupteur spécial permettant, en cas d'accident, de rompre le courant de l'alternateur.

Les circuits de tous ces alternateurs étaient contrôlés par le grand tableau de distribution de la Westinghouse Company.

Le block n° 7 était composé de trois machines à vapeur de 1 000 chevaux, commandant par courroies trois grands alternateurs Westinghouse.

L'une des machines, construite par la « Buckeye Engine Company » de Salem (Ohio), était à triple expansion.

A côté d'elle, se trouvait une machine « Atlas » de la même puissance mais du type compound.

La troisième, construite par la « Mac-Intosh & Seymour Company » était aussi une machine compound.

Le Block n° 8 était composé de deux grands alternateurs Westinghouse actionnés directement par des machines verticales, absolument identiques à celles qui composaient le block 6. Vers la fin de l'Exposition, on a disposé dans un emplacement resté vide dans ce block, une machine « Ideal » qui actionnait par courroies quatre petites dynamos.

Le block n° 9 comprenait quatorze dynamos pour lampes à arc, exposées par la « Fort-Wayne Electric Company », de Fort-Wayne (Indiana).

Ces machines, dont on trouvera plus loin la description, étaient actionnées au moyen de courroies par différentes machines à vapeur, toutes
du type horizontal.

Ces machines exposées par la « Buckeye Company » étaient au
nombre de cinq :

1° Une machine de 300 chevaux, compound, à cylindres juxtaposés :

2° Deux machines de 125 chevaux, avec un seul cylindre ;

3° Une machine à un seul cylindre, de 190 chevaux ;

4° Une machine compound en tandem, de 150 chevaux.

La machine de 300 chevaux ne commandait pas moins de six dynamos
actionnées par des poulies de renvoi.

Le block n° 10 contenait vingt dynamos de la « Standard Electric Company ». Ces dynamos étaient commandées, à l'aide de transmissions
intermédiaires, par trois machines à vapeur. Deux de ces machines
étaient exposées par la « Russel Machine Company » de Massillon (Ohio),
toutes les deux compound, avec les cylindres placés en tandem.

La troisième machine exposée par la « Erie City Engine Co », n'avait
qu'un seul cylindre.

Le block n° 11, qui se trouvait tout à fait à l'extrémité Ouest de la
salle des machines, était réservé en entier au service du transport de
force par l'air comprimé.

Il était composé de six compresseurs d'air, dont quatre étaient exposés par le Norwalk Iron Works Company, un par la Rand Drill Company
et le dernier par la « Ingersoll et Sergeant Drill Co ».

Dans le block n° 12, qui se trouvait tout entier dans l'annexe du Palais
des Machines, on remarquait seize dynamos du type Thomson-Houston.

Ces machines étaient commandées par trois machines à vapeur exposées par la Compagnie Lane et Bodley.

Deux de ces machines avaient une puissance de 300 chevaux et étaient
du type compound.

La troisième avait une force de 200 chevaux, et n'avait qu'un seul
cylindre.

La « Lane et Bodley Company », de Cincinnati, a des moteurs à vapeur de sa fabrication dans un très grand nombre de stations centrales

de l'Ouest des États-Unis. Toutes les machines construites par cette Compagnie sont du type Corliss. Les ingénieurs de cette compagnie préfèrent, pour les usines d'électricité, les machines à vitesse angulaire modérée. Ils admettent que les avantages, présentés par les machines à grande vitesse angulaire, plus communément employées dans les stations centrales aux États-Unis, sont loin de compenser l'inconvénient qui provient de la nécessité de fréquentes réparations.

Nous résumons dans les deux tableaux suivants les puissances des générateurs et des moteurs à vapeur dont nous venons de parler :

Liste des Générateurs de vapeur installés dans les Chaufferies des Stations Centrales de la World's Columbian Exposition

							chevaux
I . —	2 batteries de	4	générateurs, système	Root	1.500
II . —	2	»	4	»	»	Gill	1.500
III . —	2	»	8	»	»	Heine .	3.750
IV . —	2	»	4	»	»	National	1.500
V . —	5	»	9	»	»	Campbell and Zelt .	3.750
VI . —	5	»	10	»	»	Babcock and Wilcox	3.000
VII . —	2	»	4	»	»	Stirling	1.800
VIII. —	1	»	4	»	»	Heine .	1.900
IX . —		»	3	»	»	Climax	2.000
X . —		»	2	»	»	Stirling	900

Liste des Machines à vapeur installées dans les Stations Centrales de la World's Columbian Exposition

			chevaux-vapeur
1. —	Machine	Ball, compound à cylindres juxtaposés. . .	480
2. —	»	Armington & Sims, simple	400
3. —	»	General Electric, triple expansion et à condensation.	1.000
4. —	»	Phœnix à triple expansion et à condensation.	500
5. —	»	Compound en tandem et à condensation . .	250
6. —	»	Simple	250
7. —	»	E.-P. Allis, compound à cylindres juxtaposés et à condensation	500
8. —	»	Woodbury, compound en tandem et à condensation.	600
9. —	»	Woodbury, compound en tandem et à condensation.	375
10. —	»	A.-L. Ide, simple.	200
11. —	»	A.-L. Ide, compound en tandem et à conden-	

Les dynamos de 1 000 chevaux

DE LA WESTINGHOUSE ELECTRIC AND MANUFACTURING COMPANY DE PITTSBURG

Sur l'arbre de ces dynamos sont montés deux induits placés l'un à côté de l'autre de telle façon que les courants produits diffèrent d'un quart de période. Chacun de ces induits possède une couronne spéciale d'inducteurs fixes. De sorte que l'on peut considérer une même dynamo comme composée de deux alternateurs tout à fait indépendants l'un de l'autre au point de vue de la production des courants. Les courants débités par les induits sont décalés entre eux d'un quart de période. Chaque induit débite son courant à un potentiel de 2 400 volts. Pour chacune des couronnes inductrices, il y a 36 pôles ; la machine marchant à une vitesse angulaire de 200 tours par minute, nous avons donc 3 600 périodes par minute, soit une fréquence de 60 par seconde. L'intensité maximum du courant débité par chacun des induits est de 200 ampères.

Ces dynamos sont représentées sur les planches 11-12 et 13-14.

La particularité la plus intéressante présentée par ces machines est leur système de compoundage. Les inducteurs sont formés de deux enroulements distincts ; celui qui se trouve le plus près de l'axe de rotation de la machine est traversé par un courant fourni par une dynamo excitatrice fonctionnant à un potentiel de 250 volts ; l'intensité de ce courant étant environ 30 ampères.

Toutes les bobines inductrices qui correspondent à un même induit sont reliées en série. Le courant débité par l'excitatrice après avoir passé dans une des bobines et y avoir produit un pôle nord par exemple se rend à la bobine suivante et y produit un pôle sud et finalement quitte la couronne inductrice en un point voisin de celui où il était arrivé en venant de l'excitatrice.

Le courant d'excitation qui passe dans la deuxième couronne inductrice pénètre dans les bobines et en sort en un point tel que l'angle au centre déterminé par ce point et par celui où arrive le courant d'excitation de la première couronne, a une valeur de 90°.

Chacun des inducteurs a en outre un deuxième enroulement traversé par un courant fourni par l'alternateur lui-même.

Le courant débité par cet alternateur au potentiel de 2 400 volts passe dans le circuit primaire d'un transformateur qui est placé dans le corps de l'induit et qui tourne avec lui. Le courant produit dans le circuit secondaire de ce transformateur n'a qu'un potentiel de 36 volts. Ce courant alternatif est redressé par un système ordinaire de commutation. Le courant direct ainsi obtenu traverse le second enroulement de l'inducteur.

La machine fonctionnant à vide, il ne passe aucun courant dans l'enveloppe primaire du transformateur. Le courant secondaire est donc nul.

Dans les bobines inductrices, nous n'avons donc que le courant provenant de la dynamo excitatrice; mais lorsque l'alternateur débite, l'enroulement primaire du transformateur est traversé par le courant. Le courant secondaire augmente ou diminue proportionnellement au courant débité par l'alternateur.

L'intensité des champs magnétiques et par suite la f. e. m. augmentent donc au moment où un accroissement devient utile pour compenser les pertes de potentiel provenant de la résistance intérieure de la machine et de sa self-induction.

L'emploi d'un transformateur pour abaisser la force électro-motrice du courant d'auto-excitation présente de très notables avantages. Avec des potentiels élevés, l'isolement est coûteux et difficile à obtenir. Des enroulements qui seraient soumis à des potentiels de plusieurs milliers de volts, auraient besoin d'être isolés avec un très grand soin. Les enroulements dans les bobines de la couronne inductrice qui ne sont traversés que par des courants à potentiel relativement bas, n'ont besoin que d'un isolement moins rigoureux et par conséquent moins dispendieux.

La construction de l'induit est indiquée sur la planche 11-12.

E est une partie du volant en fonte qui est fixé sur l'arbre au moyen d'une clavette.

Le volant de l'induit n'est point isolé de l'arbre.

Le volant porte sur sa surface extérieure des appendices dont la section a la forme d'un T. B est une des parties du noyau de l'induit composé de tôles de la forme indiquée par le détail de la planche 11-12, placées les unes à côté des autres et maintenues en contact par des boulons dont les positions sont indiquées en D, E, F, G. Chacune de ces tôles est séparée de la suivante par du papier. Entre les feuilles de tôle et les appendices en forme de T on a soin de faire un bourrage de mastic métallique. En C, on voit en coupe les fils composant les enroulements de l'induit. Enfin en A, sont des coins en bois en queue d'aronde disposés dans l'espace laissé libre entre les fils et le noyau de l'induit.

La forme même de ces coins les empêche de sortir de leur logement et permet de marcher à des vitesses relativement considérables sans crainte d'accident. Dans ce système, les enroulements de l'induit se trouvent isolés convenablement et à peu de frais.

L'arbre est en acier ; sa section a un diamètre de $0^m,254$. La poulie de la machine actionnée par courroie n'a pas moins de $2^m,750$ de diamètre et $1^m,900$ de largeur.

Le poids de la machine est d'environ 65 tonnes.

La couronne inductrice se compose de deux parties réunies par des boulons. Dans une installation définitive, on place d'habitude au-dessus de l'alternateur un appareil de levage, un pont roulant par exemple. Cette disposition permet de soulever facilement la partie supérieure de la couronne inductrice de façon à visiter l'induit et à le réparer s'il y a lieu. On n'a point pris beaucoup de soins pour isoler du sol les alternateurs eux-mêmes. Les machines de même modèle qui sont commandées directement par des moteurs à vapeur Westinghouse ne sont même point isolées du sol.

Après avoir parlé des grands alternateurs Westinghouse, nous devons dire quelques mots des dynamos qui contribuent à fournir l'excitation de leurs champs magnétiques. Nous donnons une vue d'ensemble de ces machines planche 5. Ces machines sont commandées directement par des moteurs à vapeur Westinghouse ; elles sont du type multipolaire. Elles offrent une grande ressemblance avec les types de génératrices employées par la Westinghouse Company pour les installations de tramways électriques. Ce type de machine se voit dans un très grand nombre de stations centrales aux États-Unis. Les moteurs Westinghouse qui les commandent ne font pas moins de 350 tours par minute et ont une puissance d'environ 100 chevaux-vapeur. Ces moteurs ne sont pas accouplés à la dynamo d'une façon rigide comme c'est le cas dans un certain nombre d'installations faites en Europe. Le système d'accouplement, comportant des ressorts en spirale, a donné d'excellents résultats.

La question de l'accouplement du moteur à la dynamo a donné lieu aux États-Unis à un grand nombre de recherches et d'inventions. Sans prétendre que la Westinghouse Company ait trouvé la meilleure solution du problème, nous pensons que son système offre, sur la plupart de ceux qui ont été présentés par ses concurrents, de si grands avantages qu'il y a lieu d'en recommander l'emploi dans les stations centrales de tramways électriques, où les moteurs et les dynamos fonctionnent dans des conditions particulièrement sévères par suite des variations brusques de la charge.

Le manchon d'accouplement qui est calé sur l'arbre de la dynamo, est isolé avec le plus grand soin du manchon calé sur l'arbre du moteur. La substance isolante qui a été choisie pour cet usage est la fibre vulcanisée.

On l'emploie en pièces de 1 centimètre d'épaisseur. Les boulons qui réunissent les manchons d'accouplement sont munis de tubes isolants en fibre vulcanisé et de larges rondelles de la même substance.

Au-dessous de la dynamo, on a disposé un plancher en bois d'une épaisseur de 75 mm., qui isole la dynamo de la plaque de fondation. Ces dispositions sont constamment employées aux États-Unis pour les dynamos génératrices des installations de tramways dans lesquelles le retour du courant se fait par les rails.

Chaque dynamo génératrice débite un courant d'environ 300 ampères au potentiel de 280 volts.

L'induit peut supporter cependant un courant de 450 ampères. Le potentiel de 280 volts n'est pas celui qui est généralement employé aux États-Unis pour les installations de tramways électriques, on adopte le plus souvent pour cet usage, un potentiel de 500 volts.

L'inducteur est à quatre pôles. On emploie un système d'excitation compound. Ce sont les enroulements en série qui se trouvent les plus éloignés de l'axe de rotation de la machine.

Moteurs de la C. and C. Electric Motor C°.

Les moteurs de la C. and C. Electric motor Company de New-York sont très appréciés aux Etats-Unis. Leur construction est toute particulière. Les inducteurs à pôles conséquents sont de forme circulaire. C'est de cette forme qu'est dérivé le nom du moteur et par suite celui de la Compagnie. Les inducteurs rappellent, en effet, la forme de deux lettres C dont l'une serait placée dans la position ordinaire et l'autre à l'envers de la façon suivante Ɔ.

Les pièces polaires qui se trouvent au dessous de l'induit sont venues de fonte avec le bâti même de la dynamo, et sont réunies aux inducteurs par des vis. Les paliers sont munis de coussinets à larges surfaces de frottement.

La lubrification est assurée par un anneau graisseur. Un tube de verre adapté aux paliers, permet de connaître à chaque instant le niveau de l'huile dans les réservoirs qui sont ménagés à l'intérieur de ces paliers.

Chaque machine possède un interrupteur à levier, fixé par des vis sur un petit tableau vertical disposé à la partie supérieure de la machine. Les balais sont en charbon et au nombre de quatre. La C. and C. Electric Motor Company construit des dynamos excitées en dérivation. Ces machines peuvent servir aussi bien à l'éclairage par lampes à incandescence qu'à la transmission de la force motrice, le potentiel du courant qu'elles débitent est de 125, 250 ou 500 volts. La puissance de ces machines varie de 1 à 80 kilowatts. Le nombre de tours par minute varie de 625 pour la génératrice de 1 kilowatt à 220 pour celle de 80 kilowatts. Le bâtis de la machine est fixé sur un châssis en bois.

La C. and C. Company construit des moteurs de 1 à 100 chevaux. La vitesse de ces machines varie entre 1 825 tours pour le moteur de 1 cheval à 600 tours pour celui de 100 chevaux. Ces moteurs sont munis de rhéostats de mise en marche d'un usage commode. Ces rhéostats sont très compacts et absolument incombustibles, car il n'entre dans leur construction que du métal, de l'amiante et de l'ardoise. Les boîtes de résistance destinées à être employées avec les moteurs à vitesse constante n'ont pas les dimensions suffisantes pour remplir l'office de régulateurs.

L'interrupteur placé sur la boite de résistance est du type dit à double contact. On n'a par suite pas besoin d'un deuxième interrupteur. Il est disposé de manière à ouvrir simultanément le circuit de l'inducteur et celui de l'induit, ce qui empêche la formation d'arcs voltaïques entre les contacts et l'interrupteur.

Les connections entre la ligne, le rhéostat et le moteur sont d'une grande simplicité.

La C. and C. Company construit pour les moteurs de tramways un système de rhéostat fort ingénieux : tant que le courant passe, le levier du commutateur est maintenu par un petit électro-aimant. Aussitôt que, par suite d'accident, le courant de la ligne vient à être interrompu, l'attraction de l'électro-aimant cesse et le levier du commutateur, sollicité par un ressort à boudin, prend instantanément sa position de repos.

Dynamos et moteurs Mather
DE LA " MATHER ELECTRIC Cᵒ „ DE BOSTON

Les moteurs de cette Compagnie sont remarquables, à la fois, par l'originalité de leur construction et par leur bon rendement. Les machines de la « Mather Electric Company » sont fort simples et se composent d'un nombre très restreint de pièces. Les inducteurs ont une forme circulaire et les pièces polaires sont venues de fonte avec eux. L'ensemble présente l'apparence d'un anneau brisé. Cette forme est particulièrement avantageuse, car on enroule ainsi le maximum de spires inductrices sur un inducteur de longueur minimum. L'inducteur est entièrement enveloppé par son enroulement; l'entrefer est aussi réduit que possible. C'est la forme des inducteurs qui permet aux constructeurs de la machine Mather d'obtenir un meilleur rendement en employant la fonte que d'autres constructeurs avec le fer doux.

Cette forme particulière des inducteurs a été l'objet de nombreux brevets. De forts boulons traversent les pièces polaires. Ils sont entretoisés de part et d'autre de la dynamo, par des pièces en fonte portant les paliers qui supportent l'axe de l'induit. Il suffit, pour monter la machine, de serrer deux écrous; la position relative des différentes pièces de la machine ne peut donc se modifier que très difficilement et par suite, la machine n'est guère sujette aux dérangements si fréquents avec les autres systèmes de dynamos.

L'induit est une modification du type Siemens. L'enroulement en a été étudié avec le plus grand soin, de façon à éviter les étincelles aux balais. On a pris des dispositions tout à fait spéciales pour atténuer les pertes qui proviennent des courants de Foucault. L'induit est bien construit au point de vue mécanique. Il est parfaitement équilibré ; ces machines marchent presque sans bruit : à quelques pas seulement d'une machine de 100 kilowatts, on ne perçoit pas le moindre bruit, même lorsque la machine débite son courant maximum.

En quelques occasions les machines Mather, qui se trouvaient à l'Exposition, ont dû travailler à pleine charge, pendant assez longtemps ; on n'a pu constater cependant aucune élévation de température dans l'induit.

Les paliers, d'un système perfectionné, assurent un excellent graissage des surfaces de frottement. Au-dessous des coussinets se trouve un réservoir d'huile. Une bague, reposant sur l'arbre et passant dans une cavité ménagée dans le coussinet supérieur trempe à sa partie inférieure dans l'huile, qu'elle entraine avec elle ; cette huile, arrivée sur la génératrice supérieure de l'arbre se répand sur toute sa surface, en suivant des petits canaux ménagés dans le coussinet et vient ainsi lubrifier toutes les surfaces de frottement.

Le collecteur et les balais qui, dans une dynamo, sont les parties les plus délicates, ont été étudiés dans le système Mather avec tout le soin désirable : les dynamos donnent peu ou point d'étincelles .

Un système fort simple permet de régler les balais. On peut même enlever un des balais pendant que la machine est en marche. Pendant que l'on fait cette opération, il est impossible de noter le moindre changement dans l'éclat des lampes à incandescence, placées sur les circuits de la dynamo.

Le réglage des dynamos Mather se fait d'une façon absolument automatique. Les balais une fois ajustés, il est inutile de modifier leur position, même avec des variations de charge excessivement considérables.

Les essais rigoureux qui ont été faits pendant la durée de l'Exposition, ont montré d'une façon indiscutable, le bon rendement de ces dynamos.

Les plus petites machines, construites par la « Mather Electric Company, » pour l'éclairage à incandescence, sont du type dit « de 50 lampes ». Le potentiel du courant, débité normalement par ces machines, est 125 volts.

La Mather Electric Company a lancé sur le marché un type de dynamo fort intéressant. Ces machines sont accouplées directement à leurs moteurs. Le réglage des balais se fait très facilement ; les paliers et les coussinets sont les mêmes que ceux de la dynamo du type bipolaire. Un tube de verre permet de se rendre compte du niveau de l'huile dans le réservoir, placé sous les coussinets.

Dans certains cas spéciaux, où l'on a besoin de machines puissantes, qui tiennent très peu de place, la « Mather Electric Company » adopte un autre type de machine, constituée par *deux* inducteurs, en forme d'anneaux brisés, pareils à ceux du type Mather ordinaire. La réunion de ces deux anneaux donne à l'inducteur la forme d'un 8. L'induit se trouve alors placé sur l'axe horizontal de la figure ainsi formée et il tourne entre deux pôles conséquents.

Les entretoises qui supportent les paliers de la machine sont soutenues par des boulons, comme dans le type Mather précédemment décrit. Mais ces boulons, au lieu de passer au travers des pièces polaires, sont supportés par une caisse métallique, dans laquelle le double inducteur se trouve en partie logé et à laquelle il est lui-même fixé à l'aide de boulons. Les paliers sont toujours placés de la même façon que dans les types précédemment décrits, mais le graissage se fait d'une façon différente. Le coussinet supérieur est simplement percé d'un trou sur lequel on visse un graisseur automatique. L'huile qui a servi s'assemble en un point du coussinet inférieur, et, de là, est envoyée dans un réservoir en cuivre placé au-dessous du palier. Les inducteurs dans ce type sont en fer forgé. Ces machines ont un rendement très élevé. Elles sont de plus très compactes ; le type de 37 000 watts ne pèse que 2 150 kilogrammes Ces machines tournent à une vitesse de 800 tours par minute.

Ce type coûte cher, aussi la « Mather Company » ne l'emploie-t-elle que lorsqu'on est absolument obligé d'avoir une machine à la fois puissante et très compacte. Les machines de faible puissance sont montées sur un support spécial, séparé du bâti même de la dynamo par une tablette en bois de 3 centimètres d'épaisseur.

Les moteurs du système Mather ont une forme particulière. Les moteurs de un, trois, six et dix chevaux-vapeur sont du type bi-polaire. L'inducteur a la forme d'un cadre rectangulaire. Les deux bobines inductrices se trouvent placées l'une au-dessus, l'autre au-dessous de l'induit.

L'inducteur est en outre muni de bras, de forme arrondie, qui ressortent en avant et en arrière du cadre, et supportent les paliers et les coussinets dans lesquels tourne l'arbre de l'induit.

Les moteurs de vingt, trente et cinquante chevaux offrent les dispositions générales que nous avons indiquées pour les dynamos à quatre pôles, construites par la même Compagnie. Il est à noter cependant que les paliers sont moins compliqués. Pour les moteurs à grande vitesse, on emploie cependant le système de graissage automatique à bague dont nous avons eu l'occasion de parler plus haut.

Toutes ces machines sont munies de poulies en bois.

Le diamètre de l'induit est choisi de façon qu'il n'y ait pas plus de deux couches de fils superposées. Ceci présente le grand avantage de créer des champs magnétiques plus intenses, en amenant plus près l'un de l'autre le noyau de l'induit et les épanouissements polaires. On évite aussi plus aisément les élévations de température anormales à l'intérieur de l'induit. Les balais sont en cuivre pour les moteurs construits pour des potentiels peu élevés. Pour les moteurs placés sur des circuits de plus de 220 volts, on emploie des balais en charbon.

Les variations de vitesse de ce moteur, quelles que soient les variations de travail qui leur soient demandées, ne montent pas à plus de cinq ou six pour cent de la vitesse normale. Les Ingénieurs de la « Mather Electric Company », se prononcent nettement en faveur des moteurs électriques à très grande vitesse.

Les moteurs à faible vitesse présentent bien un important avantage : celui d'éviter l'emploi de transmissions intermédiaires, telles que courroies, poulies, engrenages, entre le moteur et la machine qu'il commande, ou au moins d'en réduire leur nombre. Mais le rendement des moteurs à petite vitesse construits par certaines compagnies américaines est si mauvais, qu'il est préférable dans bien des cas d'avoir recours aux transmissions intermédiaires. Nous ne parlons bien entendu que des moteurs stationnaires ; pour les moteurs de tramways électriques, la question se présente d'une façon différente, et nous aurons l'occasion dans une autre partie de cette étude de parler de l'excellent moteur pour tramways, système Short, qui se place directement sur l'essieu du tramway qu'il actionne sans l'intermédiaire d'aucun engrenage.

Mais, nous devons noter ici que l'opinion de la Mather Company, qui peut se formuler ainsi : *Il n'y a de limite pratique dans la vitesse des moteurs électriques à installation fixe que le frottement sur les coussinets*, trouve beaucoup d'adhérents dans le monde des ingénieurs américains.

Dynamos génératrices pour transmissions de force
SYSTÈME MATHER

Ces dynamos sont spécialement construites pour le service des stations centrales de tramways. Elles débitent en général leur courant au potentiel de 500 volts. C'est en effet le voltage généralement adopté aux États-Unis pour les tramways à conducteur aérien. Les génératrices Mather sont à excitation compound ; leur réglage est automatique. Les types les plus employés sont ceux de 30, 50 et 75 kilowatts. Les machines de cette puissance sont à quatre pôles ; il en est de même pour la génératrice de 120 kilowatts ; celles de 180 kilowatts ont six pôles.

On remarque que la couronne inductrice des génératrices de 30 et 50 kilowatts est en une seule pièce. La disposition que nous avons indiquée, et qui consiste à avoir deux demi-couronnes superposées et reliées par des boulons, présente un grand avantage. En cas d'accident survenu à l'induit, ou simplement lorsqu'on veut le visiter, il suffit de soulever la demi-couronne supérieure, et l'on se trouve parfaitement à l'aise pour effectuer une réparation sans déplacer l'induit.

Dynamos Edison actionnées par une machine à triple expansion
DE LA « GENERAL ELECTRIC COMPANY »

Ces dynamos sont placées de part et d'autre de la machine à vapeur.

La General Electric Company a installé tout récemment un grand nombre de ces machines, étudiées sous la direction de M. J.-C. Henderson, l'Ingénieur en Chef de la Compagnie. Elles ont des puissances variant entre 100 et 1 500 chevaux-vapeur.

La disposition générale de ces unités est montrée planches 16 et 17. Un des types les plus employés est un moteur de 700 chevaux commandant deux dynamos génératrices qui débitent un courant à 500 volts.

Ce modèle est très répandu dans les stations centrales de tramways électriques.

Dans les usines d'éclairage électrique, on emploie généralement deux dynamos fonctionnant au potentiel de 150 volts. Chacune de ces machines débite un courant de 1 300 ampères.

L'induit est du type Gramme, composé de barres de cuivre en forme d'U. Le noyau est composé de tôles en fer doux. L'extrémité supérieure de l'une de ces barres est reliée à l'extrémité inférieure de la suivante par des barres de cuivre qui font l'office de segments de commutateur. Les balais sont en nombre égal à celui des pôles de la machine et sont disposés de telle sorte qu'il est possible de les régler simultanément. La conduite de la dynamo est donc rendue fort aisée. Les noyaux des inducteurs sont disposés tout autour d'une couronne inductrice en fonte.

La machine à vapeur est du type pilon et à triple expansion. La machine a été étudiée pour fonctionner sous une pression de 12 kilogrammes par centimètre carré.

Les surfaces de frottement sont très étendues. Les dispositions choisies ont du reste été reconnues excellentes par les membres du jury de l'Exposition Colombienne.

Les cylindres ont les dimensions suivantes :

Cylindres à haute pression,   410 millimètres de diamètre ;
  d°   moyenne d°   610   d°   d°
  d°   basse   d°   980   d°   d°

La vitesse du piston est de 18 mètres à la seconde. Les cylindres sont à enveloppe de vapeur. La course du piston est de 760 millimètres. Les tiroirs sont cylindriques et les paliers sont venus de fonte avec le bâti qui est formé de deux parties réunies l'une à l'autre à l'aide de forts boulons.

Le bâti lui-même est boulonné à une grosse plaque de fondation à laquelle est fixé de la même façon le bâti de la dynamo.

La machine est donc réunie à la dynamo d'une façon absolument rigide.

On a donné à la plaque de fondation une forme tout à fait particulière. On a placé dans un logement ménagé dans cette plaque un condenseur à surface muni de 1068 tubes de cuivre de 2m,750 de longueur. Les pompes à air et les pompes de circulation employées dans ce condenseur, sont logées dans un espace ménagé dans le massif de fondation en briques.

L'arbre et la manivelle sont en acier forgé. Ils sont réunis à un plateau contre-poids en fonte. Le diamètre de l'arbre est de 203 millimètres.

Il y a deux paliers par manivelle et de plus un palier à larges coussinets à chaque extrémité de l'arbre du moteur à vapeur. Ces derniers supportent le poids de l'induit.

Le système de distribution de ces machines présente de grands avantages. La régularité de la marche est presque parfaite. A vide la machine ne fait pas un tour de plus qu'en pleine charge. Les cylindres sont supportés par de fortes colonnes en fonte et sont réunis entre eux par des boulons, de sorte que l'ensemble est tout à fait compact.

Un sécheur de vapeur est placé sur le tuyau qui amène la vapeur à la machine. Les constructeurs attribuent le haut rendement de cette unité à l'emploi de vapeur parfaitement sèche. Un extracteur d'huile est placé sur le tuyau qui conduit la vapeur d'échappement au condenseur. Il n'entre donc dans ce dernier appareil que de la vapeur absolument propre. Dans le cas où, par suite d'un accident, l'on ne pourrait employer le condenseur, la machine peut cependant développer une puissance suffisante pour que l'éclairage ne soit pas interrompu. A la station centrale construite à Milwaukee par la Compagnie Edison, une de ces unités débite un courant de 400 ampères au potentiel de 500 volts sans éprouver de variation de vitesse de plus de 1,7 % lorsqu'elle fonctionne à vide ou à pleine charge

---

Moteur à triple expansion accouplé directement à une dynamo multipolaire

EXPOSÉ PAR MM. SCHICHAU ET Cie, INGÉNIEURS A ELBING (ALLEMAGNE)

Cette machine fournit le courant nécessaire à l'éclairage de la section allemande. C'est une machine à triple expansion, à condensation. Les cylindres ont les dimensions suivantes :

Cylindre à haute pression. . . . . 580 millimètres.
»   moyenne » 930   »
»   basse   » . . . . 1 450   »

La course du piston est 700 millimètres. Cette machine marche normalement avec une pression de vapeur de 8 kilogrammes par centimètre carré. Comme la pression de la vapeur fournie par les générateurs de l'Exposition n'était que de 5,5 kilogrammes, la machine, bien qu'étudiée pour donner une puissance de 1 000 chevaux, n'a pu cependant les fournir. Une des particularités de cette machine, fort remarquée par les constructeurs américains, est que les cylindres, au lieu d'être supportés par des colonnes en fonte, le sont par des piliers en fer forgé solidement entretoisés.

Cette disposition donnait à la machine une apparence de grande légèreté, mais elle présente de graves inconvénients ; le principal est la difficulté que l'on éprouve à guider d'une façon convenable la tige du piston. La pompe à air et le condenseur sont placés derrière la machine. Les tiges du piston passent au travers des couvercles des cylindres, et, dans des gaines, à la partie supérieure de la machine. Le tiroir du cylindre de la machine à haute pression est de forme cylindrique. La distribution des autres cylindres est du système Allen.

Le régulateur à force centrifuge a été étudié par MM. Steinle et Hartung, de Quedlinberg (Allemagne).

Cette machine actionne directement une dynamo construite par Siemens et Halske, de Berlin. Cette importante Compagnie, qui possède actuellement une succursale à Chicago, a obtenu d'importants travaux à l'Exposition Colombienne.

La machine, dont nous venons de parler, n'avait pas été construite dans les usines de la Compagnie en Amérique ; elle venait directement d'Allemagne. La même maison avait du reste exposé une machine du même type à l'Exposition de Francfort-sur-le-Mein en 1891.

Les inducteurs de cette dynamo sont fixes, et placés à l'intérieur de l'induit qui est constitué par un anneau porté latéralement par une forte pièce de fonte de forme étoilée.

Les balais recueillent le courant sur les barres mêmes de l'induit ; il y a dix pièces polaires, dont les pôles sont placés en série ; les groupes de balais sont formés de trois balais chacun. On peut agir sur tous les balais à la fois au moyen d'un seul levier. La machine débite 1 400 ampères à

500 volts, ce qui correspond à environ 10 000 lampes de 16 bougies. L'ir
duit seul a un diamètre extérieur de 3ᵐ,350. Les barres de connectio
sont en cuivre étamé. Cette machine fournissait le courant à un certai
nombre de moteurs placés dans la section allemande de la Galerie de
Machines. Elle; alimentait aussi un certain nombre de lampes à arc pla
cées en série.

Une partie du courant se rend à un transformateur rotatif, abaissan
la force électro-motrice de 400 à 110 volts. C'est sur le circuit à 110 volt
qu'étaient placées les lampes à incandescence, qui contribuaient
l'éclairage de la section allemande de la Galerie des Machines.

Tout près de la machine que nous venons de décrire, s'en trouvai
une autre plus petite, mais absolument du même type.

Ls dimensions des cylindres de cette machine étaient les suivantes :

Cylindre à haute pression . . . . . 300 millimètres.
     »   moyenne » 485   »
     »   basse   » 940   »

Cette machine a également été étudiée pour fonctionner avec de la
vapeur à 8 kilogrammes. Sa vitesse angulaire était de 150 tours pa
minute. Elle actionnait, à l'aide d'une transmission par câbles de trans
mission l'arbre qui communiquait le mouvement aux machines-outils,
exposées dans la section allemande.

Dynamos et Moteurs
DE LA « COMMERCIAL ELECTRIC COMPANY » (INDIANAPOLIS).

Ces machines sont du type bipolaire. Les inducteurs et les pièces po
laires sont, dans ces machines, entièrement en fer forgé. Cette disposition
permet d'avoir des machines plus légères, tout en obtenant un meilleu
rendement.

Un induit, du type Gramme, de grand diamètre, est employé pour les
machines de 1/4 de cheval à 10 chevaux. Cette disposition donne toute
la place désirable pour les enroulements de l'induit dans les machines

débitant un courant à haut potentiel. De plus, elle facilite beaucoup les réparations.

Les induits des machines de 1 à 10 chevaux-vapeur, pour les courants de 110 volts, n'ont qu'une seule couche de fils; pour les courants de 260 volts, elles n'en ont que deux. Les réparations sont donc très faciles.

L'entrefer, dans ces machines, se trouve bien plus réduit qu'il n'est, d'ordinaire, dans les machines du même genre. L'excitation de ces machines ne dépense que peu d'énergie.

Les machines, d'une puissance supérieure à 10 chevaux, ont un induit du type *Siemens*. Le diamètre de cet induit est choisi, dans tous les cas, de façon à ce que l'entrefer soit aussi réduit que possible.

Le diamètre de commutation reste le même pour toutes les variations de débit de la machine.

Cet avantage résulte de ce que les inducteurs de la machine sont fort puissants. Les machines, pour éclairage à incandescence, ont une excitation compound. La marche de la machine est à très peu près automatique.

Les moteurs et les machines pour galvanoplastie sont excités en dérivation. Les paliers sont à graissage automatique.

Les moteurs, de 1 cheval-vapeur et au-dessus, sont munis de rhéostats de mise en marche. Toutes les boîtes de résistance ont leur partie supérieure formée d'une tablette d'ardoise. Tous les interrupteurs et toutes les bornes de la machine sont montés sur des tablettes en ardoise.

Les machines, de 1 cheval-vapeur et au-dessus, sont munies de tendeurs de courroie.

La vitesse des machines est modérée.

Les moteurs de ce type sont étudiés pour des potentiels de 110, 220 et 250 volts. Les induits sont interchangeables.

Avec un moteur, fonctionnant sur un circuit à 110 volts, on peut, en changeant l'induit de sa machine, avoir un moteur pour circuit de 500 volts.

Vitesses des Moteurs de la « Commercial Electric Cº », d'Indianapolis.

| Nombre de tours à la minute. | 3.000 | 2.400 | 1.800 | 1.700 | 1.600 | 1.400 | 1.400 | 1.300 | 1.200 = |
| Puissance en chevaux. | 1/4 | 1/2 | 1 | 2 | 3 | 4 | 5 | 7 1/2 | 10 |

Dynamos de la « Standard Company »

Les dynamos génératrices, spécialement construites pour les transports de force, ont une excitation compound. Elles fonctionnent à 250 et
500 volts.

Ces machines présentent quelques particularités fort intéressantes.
La disposition générale de la machine rappelle le type dit « Manchester ».
Les pièces polaires sont en fonte de composition spéciale. Les inducteurs sont en fer doux. Les pièces polaires inférieures sont venues de
fonte avec le bâti de la machine. Les pièces polaires supérieures sont
réunies aux inducteurs par deux boulons. L'ensemble de la machine est
compact et solide.

DYNAMO DE LA « STANDARD ELECTRIC COMPANY »

Les coussinets présentent de très larges surfaces de frottement. La
lubrification est assurée au moyen d'un excellent système de graissage
automatique.

En desserrant deux écrous seulement, on peut enlever les pièces polaires supérieures, retirer l'induit, y faire les réparations convenables, et le remplacer en quelques minutes.

Les écrous, boulons et vis, qui entrent dans la construction de la machine, sont facilement remplaçables.

L'induit est parfaitement ventilé, l'air peut en effet circuler facilement à l'intérieur. Les barres, qui relient les lames du collecteur aux enroulements de l'induit, et les bras de la lanterne, ont une disposition telle qu'elles forment ventilation, et provoquent un tirage énergique.

Les réparations peuvent se faire à moins de frais que dans les autres types de dynamos.

La petite longueur des fils, qui constituent chacun des enroulements de l'induit, permet de les remplacer avec la plus grande facilité.

Dans le cas où tout une partie de l'induit viendrait à être accidentellement mise hors de service, les sections détériorées pourraient être isolées du collecteur; il serait encore possible de se servir de la dynamo: l'effet de l'accident serait purement et simplement d'en réduire le débit proportionnellement à la longueur des fils mis hors de service.

Le collecteur est en cuivre isolé au mica. On remarque peu d'étincelles aux balais.

La vitesse de ces dynamos varie entre 915 et 1 200 tours par minute.

On trouvera ci-après un tableau présentant quelques données intéressantes sur les trois types de dynamos à éclairage par lampes à arc, construites par la « Standard Electric Company ».

Dynamos « **STANDARD** » *pour lampes à arc*

TYPES	NOMBRE de LAMPES	BOUGIES	TOURS par MINUTE	POULIES diamètre et largeur en millimètres	EMPLACEMENT nécessaire SURFACE DE BASE de la dynamo en millimètres	POIDS en KILOS
				1° POUR LAMPES DE 2.000 BOUGIES		
A. 20	20	2.000	1.200	355 × 178	1 066 × 905	970k
A. 30	30	2.000	1.000	406 × 203	1.219 × 1.066	1.522
A. 40	40	2.000	975	406 × 203	1.321 × 1.163	2.065
A. 50	50	2.000	950	457 × 254	1.498 × 1.321	2.721
A. 60	60	2.000	925	457 × 254	1.574 × 1.397	3.039
				2° POUR LAMPES DE 1.600 BOUGIES		
B. 20	20	1.600	1.200	355 × 178	1.066 × 905	970
B. 35	35	1.600	1.000	406 × 203	1.219 × 1.066	1 522
B. 45	45	1.600	1.000	406 × 203	1 321 × 1.168	20.865
B. 55	55	1 600	950	457 × 254	1.498 × 1.321	2.721
				3° POUR LAMPES DE 1.200 BOUGIES		
C. 25	25	1.200	1.200	355 × 178	1.066 × 905	970
C. 40	40	1.200	1.000	406 × 203	1.219 × 1.066	1.522
C. 50	50	1.200	975	406 × 203	1.321 × 1.168	20.865
C. 60	60	1.200	950	457 × 254	1.498 × 1.321	2.721

Machines de l'« Allgemeine Elektricitäts Gesellschaft » de Berlin

Les moteurs pour courants continus et pour courants polyphasés de l'Allgemeine Elektricitæts Gesellschaft présentent un grand intérêt. Un des moteurs à courant continu, du type dit G 600, se trouvait placé sur un des circuits de 500 volts, établis par les soins du service électrique de la World's Columbian Exposition Company. L'intensité de ce courant était de 120 ampères. Ce moteur fait environ 500 tours par minute, sa puissance normale est de 100 chevaux-vapeur, ses inducteurs sont en fonte. L'induit est du type à tambour; il est constitué par des barres de cuivre très bien isolées et de section rectangulaire. Pour empêcher l'échauffement qui peut se produire lorsque la machine travaille pendant une durée assez longue, les pièces qui supportent l'induit ont la forme hélicoïdale, ce qui produit un courant d'air énergique à travers l'induit, pendant que la machine tourne.

Pour mettre en marche le moteur, on se sert d'un rhéostat à liquide. Ce moteur commande par courroies un alternateur triphasé, du type DM 600, qui débite trois courants alternatifs décalés d'un tiers de période.

MACHINE DU TYPE DM 600

L'Allgemeine Electricitæts Gesellschaft a fait, à Francfort-sur-le-Mein, de très intéressantes expériences. Avec la collaboration des ingénieurs des ateliers d'Œrlikon, cette Compagnie a réalisé la transmission d'une force motrice de 300 chevaux-vapeur à une distance de 175 kilomètres, de Lauffen-sur-le-Neckar à Francfort.

En dépit des doutes que cette expérience avait soulevés et de l'opposition que le système rencontrait, les magnifiques résultats obtenus alors ont montré les avantages que présente ce système par rapport aux courants alternatifs simples et aux courants continus. Les machines à champs magnétiques tournants, que l'on voyait à Chicago, ont mis en relief, d'une façon bien nette, les avantages du système.

La machine type DM 600 a une puissance de 72 000 watts et une vitesse de 428 tours par minute. La fréquence du courant est de 50 périodes par seconde. L'intensité maximum du courant dans chacun des circuits est 400 ampères. Le nombre des pôles est de 14. La dépense d'excitation, lorsque la machine marche à pleine charge, n'est guère que de 700 watts. Ces 700 watts ne constituent que le centième environ de la puissance de la machine et le rendement industriel de la machine est de 0,92, en tenant compte du courant d'excitation.

Les enroulements aboutissent à trois anneaux collecteurs sur lesquels frottent des balais. Le courant ainsi produit est employé à actionner un certain nombre de moteurs à champs magnétiques tournants. Le plus grand de ces moteurs est une machine du type DT 500, à induit à tambour, avec 8 pôles. Il fait 750 tours par minute, sa puissance est d'environ 50 chevaux-vapeur. Il ne dépense qu'un courant de 280 ampères à 100 volts. Le rendement industriel de ces machines est supérieur à 0,91.

Le moteur suivant est du même système (type DR 50), sa puissance est environ 5 chevaux-vapeur. Il actionnait directement une pompe Sulzer. Un moteur de 1 cheval-vapeur, qui se trouvait placé près de celui de cinq chevaux, était muni d'un frein, de façon à montrer la grandeur du couple moteur au moment de la mise en marche. Avec ces moteurs, il est excessivement facile de renverser le sens du courant. Un moteur du type DR 5, d'une puissance d'un demi-cheval donnait une excellente idée des types de petits moteurs construits par l'Allgemeine Elektricitæts Gesellschaft. Ces trois derniers moteurs devraient normalement être placés sur un circuit de 100 volts. Ils font 1 500 tours par minute.

Le plus petit moteur, type DR 1, commande un ventilateur. Il n'a qu'une puissance de 1/8 de cheval-vapeur. Il est du type bipolaire et fait 2 700 tours par minute.

Tous les moteurs à champs magnétiques tournants, construits par l'Allgemeine Electricitæts Gesellschaft, ont leur induit construit de façon particulière. Une série de barres en cuivre traversent le noyau en fer doux de l'induit et sont réunies à chacune de leurs extrémités par un anneau en cuivre. On ne fait passer aucun courant dans les circuits de l'induit. Il se meut simplement sous l'action des champs magnétiques tournants. Pour mettre en marche les petits moteurs, il suffit de placer l'interrupteur dans la position convenable. Les moteurs de grande puissance ne peuvent démarrer d'eux-mêmes, on est obligé d'avoir recours à un appareil de mise en marche. Ces moteurs à champs magnétiques tournants présentent l'avantage de n'avoir ni balais, ni collecteurs.

Les moteurs peuvent fonctionner pendant une longue durée sans exiger de réparations. Ils ne nécessitent que peu de soins : la première personne venue peut les entretenir en bon état. Leur mise en marche n'exige pas une grande dépense de courant. Les constructeurs préten-dent que leur rendement est supérieur à celui des moteurs à courants continus. Nous ne connaissons malheureusement pas le résultat des essais comparatifs qui ont été faits dans la section de l'Electricité, sous la direction de M. Barrett.

Le moteur de 50 chevaux à champs magnétiques tournants commande directement une dynamo à courant continu du type G 300. Pour réunir l'arbre moteur à celui de la dynamo, on se sert d'un système d'accou-plement spécial. La dynamo G 300 ressemble beaucoup à l'électro-moteur G 600, dont nous avons eu l'occasion de parler précédemment. Cette machine débite un courant de 300 ampères à 120 volts.

Le courant débité par cette machine alimentait les lampes qui éclai-raient l'Exposition allemande dans le Palais de l'Électricité et les appareils spéciaux pour l'éclairage de la scène dans les théâtres. Ce courant était également employé à faire marcher les pendules électriques et toute une série de petits moteurs à courant continu du type dit « S ».

Dans ces moteurs à courant continu, les inducteurs sont en fer forgé.

Le collecteur est composé d'un grand nombre de touches. Toutes les parties sont bien proportionnées, on ne remarque aucune étincelle aux balais. Le réglage des balais est facile ; une fois qu'il est effectué, le réglage du courant débité par la dynamo se fait d'une façon automati-que. Les deux plus petits moteurs S^1 et S^2 donnent respectivement une puissance de 1/16 et 1/8 de cheval-vapeur. Chacun d'eux actionnait un ventilateur. Un autre moteur actionnait une petite machine à percer.

La puissance des moteurs des types S^3, S^6, S^{10}, S^{50}, S^{90} est respective-ment 1/4, 1/2, 1, 2 1/2, 4 et 6 chevaux-vapeur.

Toutes les machines, dont nous venons de parler, étaient reliées à un tableau de distribution, placé au milieu de l'emplacement réservé à l'Allgemeine Elektricitæts Gesellschaft. Après avoir passé par le tableau de distribution, les conducteurs se rendaient dans toutes les parties de la section allemande. Les instruments de mesure, placés sur le tableau de distribution, étaient très remarqués. Les ampère-mètres sont construits pour des intensités de courant de 30 à 20 000 ampères pour courants continus et de 60 à 1 000 ampères pour courants alternatifs. Les voltmètres pour courants continus ont été étudiés pour des potentiels de 5 à 350 volts et, pour les courants alternatifs, de 70 à 350 volts. Un voltmètre spécial, dit *voltmètre compensateur* attirait beaucoup l'attention des ingénieurs. Pour le réglage de la force électromotrice, l'Allgemeine Electricitæts Gesellschaft a créé un excellent type de voltmètre enregistreur. Son voltmètre à signal indique automatiquement les variations de potentiel, au moyen d'une sonnerie électrique ou de lampes colorées. Le wattmètre, exposé par cette Compagnie, est constitué en principe par un mécanisme d'horlogerie ; le passage du courant produit une accélération de la vitesse normale ; cette accélération est automatiquement enregistrée sur un cadran.

Dynamos et Moteurs Perret

CONSTRUITS PAR L'« ELEKTRON MANUFACTURING COMPANY » DE SPRINGFIELD (MASSACHUSETS)

Dans ces machines, l'induit est composé de feuilles de tôles de forme circulaire et présentant des dents sur leur périphérie. Les dents forment des rainures longitudinales, dans lesquelles on place l'enroulement de l'induit. Les champs magnétiques sont aussi formés de feuilles de tôle.

Les feuilles de tôle, aussi bien dans les champs magnétiques que dans l'induit, se trouvent dans des plans parallèles. Les fibres du fer se trouvent dirigées dans le sens même des lignes de force. Il n'y a point de gaine d'air entre les pièces polaires et les dents de l'induit.

L'entrefer se trouve réduit au minimum pour permettre la libre rotation de l'induit. La machine présente une très faible résistance magnétique.

Les constructeurs de la dynamo Perret ont prêté une grande attention à la question du réglage automatique du courant débité par la machine.

Le réglage de la dynamo Perret est complètement automatique. Dans une installation de ce système, on peut éteindre brusquement toutes les lampes, sauf une, sans qu'il soit possible de percevoir la moindre variation dans l'éclat de la lampe laissée allumée. Ce réglage parfait assure aux lampes à incandescence, placées dans des circuits alimentés par des dynamo Perret, une très grande durée.

Les machines de ce système présentent un autre avantage. Elles ont une vitesse modérée, bien que leur rendement spécifique soit très élevé.

La plupart des autres dynamos donnent, on le sait, de forts mauvais rendements, dès que leur vitesse diminue. La plupart des constructeurs de dynamos ne peuvent livrer, à un prix raisonnable, des machines à vitesse modérée, ayant un rendement élevé. En comparant les vitesses des dynamos, système Perret, de diverses puissances, avec les vitesses des dynamos d'autres systèmes et ayant respectivement les mêmes puissances, on se rendra compte, que, dans bien des cas, l'emploi d'une dynamo Perret peut rendre inutile l'emploi d'une transmission intermédiaire entre le moteur et la dynamo.

Toutes les parties de la dynamo Perret sont rigoureusement interchangeables. Les paliers et les coussinets ont de très larges surfaces de frottement. La lubrification des coussinets est assurée au moyen d'un appareil de graissage automatique perfectionné. Les collecteurs sont munis de lames en cuivre forgé, isolées entre elles par du mica.

Les balais sont en charbon. Les rhéostats sont absolument incombustibles et sont, en grande partie, composés d'ardoise et de porcelaine.

Les champs magnétiques des moteurs Perret sont constitués par trois électro-aimants, placés symétriquement autour de l'induit ; chacun de ces électro-aimants est à deux pôles. L'enroulement est fait de telle façon que les pôles sont alternativement de sens contraire. Un boulon en fer doux passe dans une ouverture ménagée dans chacune des pièces polaires.

Ces boulons servent aussi à relier les champs magnétiques aux deux flasques en fer placés de part et d'autre des électro-aimants. Les cadres ont la forme annulaire et sont boulonnés au bâti de la machine. Il n'y a point de dérivation de flux magnétique dans les flasques et dans l'arbre de la machine, car les champs magnétiques sont écartés de ces flasques par des cales en métal non magnétique. L'induit est monté sur l'arbre, par l'intermédiaire d'une lanterne également en métal non magnétique. Il ne peut donc y avoir aucune perte de flux. Tout l'induit et une partie des champs magnétiques sont renfermés dans une enveloppe en tôle. L'avantage, qui consiste à pouvoir marcher économiquement avec une faible vitesse, est encore bien plus important pour les moteurs que pour les dynamos. Dans la plupart des établissements industriels, la vitesse des arbres de transmission doit être modérée. Les moteurs Perret, qui ne font pas plus de 600 à 700 *tours par minute*, permettent de se passer, dans bien des cas, de transmissions intermédiaires. On réalise de la sorte une double économie : d'abord le coût, puis la suppression du travail de frottement de ces transmissions. L'avantage est particulièrement précieux, dans le cas où le moteur doit commander un ascenseur ou un monte-charge. La faible vitesse de ces moteurs permet de les appliquer avantageusement à un grand nombre d'usages industriels, par exemple, pour commander des pompes, des machines de mines, des treuils, grues, ponts-roulants et autres appareils de levage, des perforatrices, etc.

On les emploie dans bien des cas où les moteurs à grande vitesse ne peuvent donner de bons résultats.

Bien que la vitesse de ces moteurs soit très modérée, ils ne pèsent pas plus, et ne tiennent pas plus de place que la plupart des autres. Pour les très petites puissances 1/8 et 1/6 de cheval-vapeur, l'Elektron Company emploie un type de moteur à deux pôles.

Les champs magnétiques de ces moteurs sont encore formés par des feuilles de tôle réunies par des boulons qui traversent les pièces polaires et portent, en avant et en arrière de la machine, les pièces supportant les paliers et les coussinets de l'induit.

A la partie supérieure de la machine, se trouve une planchette en ardoise sur laquelle est fixé un interrupteur du type dit « à lame de couteau. » (Knife-blade.)

Pour les puissances de 1/4, 1 et 2 chevaux, le moteur a une forme spéciale. Les conducteurs toujours constitués par des feuilles de tôle, ont la forme d'un V. Il n'y a que deux pôles conséquents, l'un au dessus, l'autre au-dessous de l'induit. L'arbre de ce dernier est supporté par une pièce en forme de croix, qui est soutenue par quatre boulons traversant les pièces polaires.

Dans les installations, faites par l'Elektron Manufacturing Cº, elle garantit une durée de 600 heures pour les lampes à incandescence qu'elle fournit. On peut compter, cependant, une durée de 1000 heures.

Voici, d'après la même Compagnie, le coût annuel d'une installation de 100 lampes, allumées 1000 heures par an. On suppose, dans ce devis, le charbon à 25 francs la tonne.

10 chevaux-vapeur dépensant 3 kilogr. de charbon par cheval-heure, 30 tonnes à 25 francs	750 fr.
Renouvellement des lampes	250
Entretien de l'installation. Réparations	500
Main-d'œuvre	1.000
	2.500 fr.

Le coût de la lampe-heure ne serait donc que de 0 fr.,025. Les stations centrales, aux États-Unis, fournissent en général la lumière électrique au prix de 0 fr.,05 par lampe.

Moteur Dahl pour courants alternatifs

Ce moteur peut être actionné par un courant alternatif ordinaire.

Il a un très bon rendement et marche avec une vitesse qui, en pratique, peut être considérée comme constante.

Dans le moteur Dahl, au démarrage, le courant alternatif passe redressé à travers un circuit d'induit et une bobine d'inducteur, associés en tension. Puis, lorsque la vitesse du moteur est devenue synchrone avec celle du générateur, on fait passer le courant alternatif non redressé à travers l'induit et un courant redressé à travers une ou plusieurs bobines excitatrices de l'inducteur.

Certains moteurs à courants alternatifs peuvent être montés en circuit avec un alternateur, pourvu qu'au préalable, on ait eu soin de les rendre synchrones. Ils continuent à marcher en synchronisme avec l'alternateur, et cela, aussi longtemps qu'on envoie le courant, jusqu'à ce que la charge ait atteint une certaine limite. Si la charge vient à dépasser cette limite, les moteurs s'arrêtent.

Le rendement de ces moteurs est parfois très élevé, mais ils travaillent néanmoins dans des conditions désavantageuses, car, pour pouvoir s'en servir il est nécessaire d'avoir une disposition spéciale permettant de les lancer avant d'y faire passer le courant alternatif, l'excitation doit de plus se faire à l'aide d'un courant continu.

Lorsque dans le moteur Dahl, l'induit est arrivé au synchronisme, on permute les circuits de façon à ce que les fils qui amènent le courant alternatif se trouvent réunis aux anneaux du collecteur, tandis que les balais du collecteur sont mis en communication chacun avec une des extrémités de la bobine excitatrice. Le collecteur fournit alors un courant continu, destiné à l'excitation constante des inducteurs, pendant que le moteur marche comme un moteur synchrone.

Le moteur *Dahl* se met automatiquement en marche. La vitesse de ce moteur est pratiquement constante aussitôt qu'il se trouve en synchronisme avec le générateur.

Il est évidemment à désirer pour tout moteur électrique, qu'il donne le moins possible d'étincelles au moment du démarrage. Il est à désirer également qu'il n'y ait pas de point mort, qui puisse gêner sa mise en marche.

Mais en même temps, et cela, dans le but de maintenir le synchronisme, il est préférable d'employer dans l'induit un système d'enroulements à pôles parfaitement définis, disposition qui, dans une certaine mesure, se trouve en opposition avec les *desiderata* que nous venons d'énoncer. C'est pour concilier, dans la mesure du possible, ces *desiderata*, que la Dahl Company emploie deux enroulements indépendants et disposés différemment sur le noyau de l'induit.

La disposition d'un de ces enroulements dit « *en tambour* » est choisie de façon que la mise en marche du moteur ait lieu d'une façon uniforme. On arrive à ce résultat en enroulant le fil sur la surface de l'induit avec la plus grande régularité et d'une manière bien uniforme.

Après avoir mis le moteur en marche et lorsque son mouvement est devenu synchrone, on met l'enroulement « *en tambour* » hors du circuit alternatif et on met, au contraire, dans le circuit, le deuxième enroulement dit « *en navette.* »

Par l'emploi de l'enroulement en tambour, on évite les points morts et la mise en marche du moteur se fait très doucement et avec une grande facilité.

La *Dahl Company* emploie généralement les deux systèmes d'enroulement que nous venons de décrire parce qu'elle pense que ces types d'enroulements conviennent parfaitement aux exigences de la pratique. Mais elle emploie parfois quelques autres systèmes d'enroulement également intéressants.

Le principe Dahl peut être utilisé pour changer des courants alternatifs, par exemple, en courants continus ou pour transformer des courants alternatifs simples en courants polyphasés.

On peut également accoupler mécaniquement et électriquement deux machines de façon à ce que l'une des machines serve à la mise en marche et que l'autre rende le fonctionnement synchrone. Dans ce cas, la première machine sera munie de l'enroulement *distribué* et la seconde, de l'enroulement *concentré*. Il n'est pas nécessaire que les deux machines aient le même nombre de pôles, l'une de ces deux machines peut être *bipolaire*, par exemple, pendant que l'autre est une machine à *six pôles*;

Appareils de levage à moteurs électriques
DE LA BRUSH ELECTRIC COMPANY

L'application des moteurs électriques à la commande des appareils de levage prend tous les jours, aux Etats-Unis, des développements tels que les constructeurs français ne peuvent rester indifférents aux progrès de cette nouvelle branche de l'industrie électrique.

On peut dire que l'application des moteurs électriques aux appareils de levage a produit une véritable révolution dans la construction de ces machines.

On se sert aux Etats-Unis d'un très grand nombre de ponts roulants à commande électrique. Ces appareils sont munis en général de trois motours. L'un d'eux est destiné à produire le mouvement du pont roulant tout entier suivant la longueur de l'atelier, un second moteur détermine le mouvement du fardeau suivant la direction même du pont roulant. Le troisième moteur enfin sert à l'élévation du fardeau. Il existe un certain nombre de cas particuliers où il y a avantage à employer un moteur supplémentaire, comme par exemple, quand on a à manœuvrer des fardeaux de poids très différents.

On se sert alors d'un moteur à faible vitesse pour élever les fardeaux très pesants. L'autre moteur qui est à grande vitesse, sert à élever les charges légères.

Les constructeurs d'appareils de levage à moteurs électriques ont pour habitude d'employer des moteurs faisant un grand nombre de tours par minute et de réduire leur vitesse à l'aide d'un train d'engrenage.

En général, la vitesse des ponts roulants suivant la direction longitudinale de l'atelier ne dépasse pas 45 à 50 mètres par minute.

Pour l'élévation du fardeau, on préfère en général des vitesses de $4^{m},50$ à 5 mètres par minute. Les pertes dues au frottement sont en général très considérables, car on est obligé, dans la plupart des cas, d'employer plusieurs trains d'engrenages.

La « Brush Electric Company » a mis récemment sur le marché un type de moteur à vitesse modérée qui trouve son application indiquée dans la construction de la plupart des appareils de levage.

On trouvera dans les planches de la 2° partie de cet ouvrage, les dessins de plusieurs types de moteurs pour appareils de levage tels qu'ils ont été étudiés par la « Brush Electric Company » et qu'ils se trouvaient exposés dans le Palais de l'Électricité. Un de ces moteurs fait environ 200 tours par minute et développe une puissance de 10 chevaux-vapeur en donnant le même rendement qu'un moteur à grande vitesse.

Le pont roulant à commande électrique, construit par la « Brush Electric Company » est muni de deux moteurs de ce type de la force de 10 chevaux servant à produire l'élévation du fardeau et le déplacement du pont dans le sens longitudinal, et d'un moteur de la force de 5 chevaux destiné à produire le mouvement du fardeau dans le sens transversal.

Ce dernier moteur ne fait que 100 tours à la minute. Pour manœuvrer l'appareil, l'opérateur tourne un volant à main à l'aide duquel on peut introduire des résistances dans le circuit et obtenir ainsi des variations de vitesse. C'est ce même volant à main qui commande le mécanisme de changement de marche.

Ces moteurs peuvent se placer sur un circuit à 500 volts.

Les moteurs spéciaux pour appareils de levage ne diffèrent des types ordinaires de dynamos et moteurs Brush qu'en ce que le collecteur se trouve placé entre les deux pièces latérales, servent de support aux pièces polaires. Cette disposition réduit dans de notables proportions l'emplacement occupé par le moteur.

Les porte-balais sont fixes, car il est inutile de changer la position des balais sur le collecteur à mesure que la charge varie. On se sert de balais en charbon et il y a très peu d'étincelles au collecteur. Le moteur qui produit le déplacement de l'appareil dans le sens longitudinal est commandé directement par l'arbre horizontal qui règne d'un bout à l'autre du pont. Cet arbre transmet son mouvement à l'aide d'une seule paire d'engrenages aux roues du truck que supporte le pont.

Le moteur qui sert à l'élévation du fardeau transmet son mouvement à l'aide d'une simple vis sans fin.

Ces moteurs trouvent aussi leur application pour la commande des grues.

La Brush Company construit une grue de 15 tonnes munie d'un moteur de 10 chevaux et faisant 200 tours à la minute. Ce moteur commande un arbre intermédiaire qui commande lui-même par engrenage le tambour du treuil.

La manœuvre de ces grues se fait également à l'aide d'un volant à main. Les moteurs fonctionnent sur un circuit à 500 volts.

Le moteur, le rhéostat et les interrupteurs sont renfermés dans une boîte recouverte de tôle vernie qui protège complètement tout le mécanisme.

Ce type de grue peut s'employer aussi bien à l'extérieur qu'à l'intérieur des bâtiments.

———————

Appareils de mesure employés par le service électrique de l'Exposition.

Les appareils de mesure pour les courants électriques, construits par la Weston Electric Company contiennent plusieurs perfectionnements importants.

C'est d'abord un dispositif ayant pour objet d'amortir le mouvement de l'index, de façon à rendre l'appareil complètement apériodique ou à peu près.

Puis une disposition, à l'aide de laquelle le cadran gradué de l'instrument peut être mis en place sans rien déranger des organes moteurs de l'appareil, et par laquelle aussi ses indications peuvent être rendues visibles dans les endroits obscurs.

L'application du système amortisseur employé par la « Weston Electric Company », peut être faite à tout instrument ayant une aiguille indicatrice montée sur un arbre mobile. Sur cet arbre, on fixe un disque en aluminium. Ce métal est choisi à cause de sa faible densité. Le disque est logé entre les pôles d'un petit aimant permanent supporté par une console en matière non magnétique.

Cette construction est préférable à toute autre disposition dans laquelle les extrémités polaires d'un aimant sont disposées de chaque côté d'un disque rotatif.

Par suite de la production de courants de Foucault, le mouvement d'un corps métallique qui se meut transversalement aux lignes de force dans un champ magnétique est ralenti, et dans le cas présent, la résistance qui s'oppose à la rotation du disque est suffisante ou peut être réglée de façon à être suffisante pour amortir les oscillations de l'aiguille seule ou de l'aiguille et des organes qui y sont reliés.

Il est à remarquer que l'effet retardateur du champ magnétique sur le disque ne doit pas produire des perturbations dans les indications de l'appareil; il doit être simplement suffisant pour empêcher les oscillations de l'aiguille autour de sa véritable position d'équilibre.

Il y a grand avantage à placer l'échelle d'un instrument de mesure électrique de façon à pouvoir l'enlever sans déranger les autres organes de l'appareil, spécialement lorsque l'instrument est étalonné.

Un certain nombre des instruments de mesure construits par la Western Company portent un cadran gradué, translucide, fixé à l'instrument, et facilement démontable sans déranger le mécanisme moteur de l'instrument.

Parafoudre, système Wurtz

EMPLOYÉ PAR LA WESTINGHOUSE Cᵒ DE PITTSBURG

Le parafoudre système Wurtz est en grande faveur aux États-Unis. La disposition générale de l'appareil est indiquée planche 50-51 il se compose essentiellement de sept cylindres métalliques disposés les uns à côté des autres dans une position verticale et laissant entre-eux un espace d'air. Le nombre de ces cylindres varie d'ailleurs suivant l'intensité et le potentiel des circuits que l'on a à protéger.

Les cylindres ont les dimensions suivantes, diamètre 25 millimètres, hauteur: 75 millimètres, l'intervalle entre les cylindres est un peu moins d'un millimètre. La figure de la planche montre que les connexions sont faites entre les deux cylindres extrêmes.

Le cylindre du milieu est mis en communication avec la terre. De sorte qu'un seul parafoudre suffit pour protéger tout le circuit. Lorsque la ligne devient chargée d'électricité statique, des décharges se produisent sous forme d'étincelles qui traversent l'espace d'air qui sépare le cylindre médian des deux cylindres voisins.

De là, la décharge se rend à la terre sans causer de dommages aux machines ou appareils.

Les cylindres sont massifs et ne peuvent être brûlés par les décharges, ils sont formés d'un alliage connu sous le nom de *non arcing metal* dont la composition est telle qu'il ne peut s'établir entre eux d'arc voltaïque. Il s'en suit que les courants de grande intensité qui prennent naissance dans les conducteurs, ne peuvent arriver à la terre et que les dynamos ne restent pas en court circuit pendant un instant appréciable. Les surfaces des cylindres ne sont point polies et présentent un très grand nombre d'arêtes vives qui facilitent les décharges de l'électricité statique. On peut facilement se rendre compte du fonctionnement de ce parafoudre en y faisant passer la décharge d'une bouteille de Leyde. On remarque alors la production d'étincelles de couleur bleue qui traversent les espaces d'air.

On a fait aussi un autre genre d'expérience : un parafoudre absolument identique à celui représenté planche 50-51 fut intercalé dans le circuit d'une dynamo. Les sept cylindres furent reliés électriquement au moyen d'une mince feuille de clinquant.

Au moment de la fermeture du circuit, on voyait souvent se produire une étincelle. Les feuilles de clinquant restaient intactes, ce qui montrait bien avec quelle rapidité le court circuit se trouvait détruit.

Si l'on s'était servi de tout autre métal que de l'alliage « anti-arc », (« anti-arcing metal ») il est absolument évident que la machine courrait le risque d'être complètement détruite. Ce parafoudre est très solidement construit. Il ne contient aucune partie mobile, aucun solénoïde offrant de la résistance au passage de la décharge statique. Il ne nécessite aucun soin particulier et très peu ou même pas d'entretien. Dans le cours des trois dernières années, plus de 2 000 appareils de ce genre ont été en usage dans les différentes parties des États-Unis. Leur fonctionnement a partout donné la plus grande satisfaction.

Dans certains cas, on a vu les étincelles jaillir continuellement entre les cylindres sans causer aucun dommage aux parafoudres et sans occasionner d'interruption dans le service d'éclairage.

L'expérience a montré cependant que dans le cas de décharges très fortes, une partie de l'électricité statique peut se rendre à la dynamo pendant que l'autre se rend à la terre. Il faut en conclure que les longues lignes doivent être protégées avec leur propre parafoudre. Si l'on a soin de prendre cette précaution, les dynamos et les transformateurs se trouvent dans une sécurité presque absolue.

Il faut, bien entendu, que le parafoudre soit relié à la terre par un conducteur aussi court que possible.

La question des parafoudres est de la plus grande importance pour les lignes de tramways qui sont fréquemment exposées aux décharges atmosphériques. Dans le cas des lignes de tramways, un des balais de la dynamo et un balai du moteur sont reliés à la terre. On pourrait supposer à première vue que cette disposition suffit à rendre inoffensive toute décharge qui pourrait être préjudiciable aux machines ou à la ligne. La pratique a démontré cependant que les enroulements des champs magnétiques et ceux des induits, offrent une grande résistance au passage de décharge de haute fréquence, comme le sont les décharges d'électricité atmosphérique. Il s'ensuit que l'isolement des machines se trouvant détruit, elle sont fréquemment mises hors d'usage.

C'est en vue de combattre ces dangers que la « Westinghouse Electric Company » a imaginé le parafoudre Keystone. En regardant les diverses figures de la planche 50-51, on verra que la décharge passe de la ligne au parafoudre en traversant l'espace d'air et se rend de là à la terre.

La chaleur produite par le passage de l'étincelle dans le parafoudre est suffisante pour produire une dilatation de l'air à l'intérieur de la chambre de l'appareil

Les pièces de charbon que l'on voit représentées en traits forts sur la planche 50-51 sont alors projetées violemment à l'extérieur de la chambre. Lorsque ces pièces de charbon se séparent du bloc sur lequel elles s'appuyaient, il y a formation de deux arcs voltaïques. La dilatation de l'air à l'intérieur de la chambre en est donc augmentée. Les pièces se trouvent alors projetées dans la position marquée en pointillé. Le circuit se trouve interrompu et les machines sont protégées.

Les pièces A et B retombent ensuite dans la position représentée en traits pleins et se trouvent prêtes à fonctionner à nouveau.

Cet appareil a un fonctionnement instantané. La durée de la décharge n'est pas appréciable. Dans une expérience qui a été faite récemment, les câbles d'une importante station électrique de New-York ont pu être mis en court circuit. L'appareil fonctionna avec une telle rapidité qu'on ne put constater d'étincelles aux balais des dynamos génératrices. On remarquera que la « Westinghouse Company » a choisi de préférence des parafoudres ne contenant absolument aucun solénoïde.

On admet en effet que les décharges d'électricité statique de caractère oscillatoire ne sont point gênées seulement par la résistance ohmique du conducteur mais aussi et surtout, par sa self-induction.

CANALISATIONS ÉLECTRIQUES

La plupart des canalisations employées, soit pour l'éclairage, soit pour les transports de force, soit encore pour les téléphones et les télégraphes quittaient la Galerie des Machines par une grande galerie souterraine qui se dirigeait d'abord vers le Bâtiment de l'Électricité et se rendait ensuite au Palais des Arts Libéraux, puis au Bâtiment du Gouvernement et enfin au Pavillon des Pêcheries.

Pendant ce parcours, la galerie était interrompue sur une longueur d'une trentaine de mètres, chaque fois qu'elle rencontrait les canaux ou lagunes qui établissaient des communications entre les différents points de Jackson-Park. On avait adopté des dispositions tout à fait spéciales pour faire passer les canalisations au-dessus de ces lagunes.

La section de la galerie diminuait à mesure que l'on s'éloignait de la Galerie des Machines ; sur toute sa longueur elle était constituée par des cadres en bois placés à des intervalles de 30 centimètres environ et maintenant extérieurement sur leurs quatre côtés des cloisonnements en planches.

Le plafond ne se trouvait qu'à 45 centimètres seulement au-dessous du sol. Dans le radier en béton soigneusement cimenté on avait ménagé une pente pour les eaux d'infiltration.

Pour rendre les parois de la galerie à la fois imperméables et incombustibles, on les avait recouvertes d'une couche de ciment de 25 millimètres d'épaisseur. La galerie était éclairée par des lampes à incandescence de 16 bougies placées en série. Elles étaient fixées au plafond par des isolateurs en verre. Au départ de la Galerie des Machines, la galerie souterraine était double et avait la section représentée sur la planche 18-19.

La galerie se trouvait donc formée par la juxtaposition de deux couloirs parallèles. Dans chacun de ces couloirs, il y avait une place suffisante pour 240 gros câbles. Ceux-ci étaient supportés par des isolateurs en verre placés à la façon ordinaire sur des traverses en bois maintenues elles-mêmes par des cadres en fonte de forme spéciale. Ces cadres en fonte étaient fixés aux parois par des boulons et se trouvaient placés à des intervalles de 9 mètres. Les traverses en bois avaient une section de 5 pouces sur 10; elles étaient au nombre de 12 et portaient chacune isolateurs. Sur chacun des isolateurs on pouvait placer 2 câbles.

Une allée avait été ménagée au centre du couloir. Les canalisations téléphoniques ou télégraphiques étaient placées le long des murs et au plafond.

La galerie conservait la même section sur une longueur de 487 mètres jusqu'au « Bâtiment de l'Électricité. »

Là, elle se dédoublait : un des couloirs qui la composaient se dirigeait vers l'Ouest et se rendait au Bâtiment des Mines distant d'environ 97 mètres. L'autre se dirigeait vers le Palais des Manufactures et des Arts Libéraux. Il rencontrait sur ce parcours le « North Canal » (voir le plan de Jackson-Park planche 21-22).

Aux approches du pont qui faisait face au portique Ouest du Palais des Manufactures et des Arts Libéraux, la galerie s'élargissait peu à peu et en arrivant près du canal elle se trouvait présenter la même largeur que le pont.

Les conducteurs quittaient alors la galerie, franchissaient le canal sur des supports isolants disposés par rangées de dix sur des traverses en bois fixées au tablier du pont.

Pendant ce court trajet, les fils se trouvaient suffisamment à l'abri des accidents et des influences atmosphériques. Ils pouvaient être visités et réparés avec la plus grande facilité.

Après le passage du « North Canal », les conducteurs entraient de nouveau dans la galerie souterraine qui reprenait peu à peu sa section ordinaire, et après un parcours de 100 mètres environ, arrivait au portique du Palais des Manufactures et des Arts Libéraux, sous la travée Ouest duquel on avait construit un couloir souterrain de 550 mètres de long. Du Palais des Manufactures et des Arts Libéraux à celui du Gouvernement et sur une profondeur de 213 mètres, la galerie ne présentait rien de particulier. Mais avant d'arriver au Pavillon des Pêcheries, elle rencontrait encore un des canaux que les conducteurs traversaient de la même façon que précédemment.

La longueur totale de la galerie était donc supérieure à un kilomètre. Le nombre des conducteurs qui était de 480 au départ de la Machinery Hall n'était plus que de 40 lorsqu'on arrivait au *Pavillon des Pêcheries.* Des ouvertures placées sous les ponts et sous les planchers des différents bâtiments, assuraient la circulation de l'air dans la galerie. Il a été reconnu absolument inutile de recourir à une ventilation artificielle.

On pouvait pénétrer dans la galerie par 1 500 « manholes » ou trous d'hommes répartis sur toute la longueur de la galerie, les manholes étaient clos hermétiquement.

Dans les bâtiments que traversait la galerie, on avait placé un grand nombre d'escaliers par lesquels il était facile de descendre dans le couloir souterrain.

Les canalisations pouvaient donc, sur tout leur parcours être inspectées et au besoin réparées avec la plus grande facilité.

Règlement établi par l'Administration de l'Exposition Colombienne, pour l'établissement des canalisations électriques

Nous donnons ci-dessous un résumé du Règlement établi par l'Administration de l'Exposition Colombienne, pour l'établissement des canalisations électriques. Nous pensons que la comparaison de ce Règlement avec les Règlements similaires employés en France peut avoir quelqu'intérêt pour nos lecteurs :

1° *Poids des conducteurs par mètre courant.* — Les conducteurs doivent être en cuivre; leur poids par mètre courant doit être au moins égal à celui des fils qui constituent le circuit principal des régulateurs des lampes à arc placées sur le circuit ou l'induit de la dynamo qui débite le courant.

2° Les *jonctions* doivent être faites de façon à assurer des contacts parfaits et durables. Les soudures employées ne doivent point exercer d'action corrosive sur les surfaces en contact. La jonction doit être recouverte de matières isolantes, de façon à présenter les mêmes garanties d'isolement que le reste du circuit. On peut faire les jonctions par procédés de soudure électrique.

Canalisations à l'extérieur des bâtiments.

Les conducteurs doivent être recouverts d'au moins deux couches de substances isolantes : celle qui entoure le conducteur doit être imperméable. La couche extérieure doit présenter de bonnes garanties de résistance. Les fils employés comme attaches doivent être aussi bien isolés que les conducteurs eux-mêmes.

Les conducteurs aériens doivent, autant que possible, être supportés par des poteaux, et pouvoir être facilement visités. Lorsqu'on obtient l'autorisation de les faire passer sur des bâtiments, on doit les placer à une hauteur de 2^m,130 au moins au-dessus du toit.

A leur entrée dans les bâtiments, ils doivent être placés de façon à rester hors de la portée des occupants. Dans le cas des lampes à arc, ils doivent être placés au moins à une distance de 25 centimètres des murs du bâtiment. Cette distance sera réduite à 15 centimètres pour les circuits de lampes à incandescence, partout où les fils seront laissés apparents.

Lorsque les circuits pour lampes à incandescence se trouvent placés à proximité d'autres circuits électriques, on doit prendre toutes les mesures possibles pour, *qu'en cas d'accident*, les deux circuits ne puissent venir en contact.

Les fils aériens, qui relient les canalisations principales placées dans la rue, doivent se trouver, en tout cas, à une distance de 25 centimètres pour les circuits des lampes à arc, et, à une distance de 15 centimètres, pour les circuits des lampes à incandescence, des murs extérieurs du bâtiment.

A l'endroit où les conducteurs entrent dans les bâtiments, ils doivent être passés dans des tubes de verre ou de porcelaine.

Ces tubes doivent être dirigés de *bas en haut*, en traversant le mur, pour *entrer* dans le bâtiment. Les deux conducteurs, qui composent le circuit, doivent entrer dans le bâtiment, ou en sortir, à peu près au même endroit, et devraient traverser un coupe-circuit placé dans un endroit dont l'accès, en cas de feu, soit facile aux pompiers et à la police.

Circuits à haut potentiel à l'intérieur des bâtiments.

A l'intérieur des bâtiments, les conducteurs pour circuits de lampes à arc doivent être recouverts d'une enveloppe isolante. De plus, ils doivent être supportés par des isolateurs empêchant leur contact avec tout mur, cloison, plafond ou plancher. La distance, séparant tout conducteur des murs, plafonds, cloisons ou planchers, doit être au moins de 5 millimètres. Les fils doivent être parfaitement posés et séparés les uns des autres à l'aide de matières isolantes. Le fil + et le fil —, dans un circuit de lampes à arc, doivent être maintenus à une distance d'au moins 20 centimètres l'un de l'autre, excepté dans les parties voisines des tableaux de distribution et des coupe-circuits, où il est nécessaire de les rapprocher.

Dans les cas exceptionnels, où les conducteurs sont parfaitement isolés, et où des mesures spéciales sont prises pour leur pose, la distance fixée ci-dessus peut être réduite, dans le cas, par exemple, où les conducteurs, parfaitement isolés par plusieurs couches de gutta-percha, sont renfermés dans des tubes en plomb placés eux-mêmes à l'intérieur de tubes en fer.

Dans tous leurs passages, à travers les murs, cloisons ou planchers, ils doivent être placés dans un tube de porcelaine ou de verre. L'emploi des tubes en caoutchouc, pour cet usage, est formellement interdit.

Lampes à arc. — Les cadres des lampes à arc, et toutes les différentes parties de ces lampes, doivent être parfaitement isolés des conducteurs voisins. Toutes les lampes à arc doivent être munies de globes; des dispositions devront être prises pour empêcher les particules enflammées de tomber sur le sol.

Lorsqu'il se trouve au-dessous d'une lampe installée dans ces conditions, le globe doit être entouré par une toile métallique capable de maintenir les fragments de verre dans le cas où le globe viendrait à se briser. Les globes brisés doivent immédiatement être remplacés.

Dans les Bâtiments où se trouvent des matières inflammables, chaque lampe doit être munie d'un « spark-arrester » ou pare-étincelles.

Chaque lampe doit être munie de son propre interrupteur, et aussi d'un interrupteur automatique capable de mettre le courant en dérivation dans le cas où la longueur de l'arc deviendrait dangereuse.

Système à basse tension.

Les règles sont les mêmes que celles que nous venons d'énumérer, à quelques exceptions près.

La distance de 25 centimètres, qui doit séparer les deux conducteurs, sera réduite à 15 centimètres, dans le cas des circuits de 250 volts.

Dans la pose des fils à l'intérieur des bâtiments on devra veiller à ce que les fils soient toujours très facilement accessibles.

Dans les bâtiments où l'on n'a pas à craindre l'humidité, on pourra ne pas employer pour les conducteurs d'enveloppes imperméables. Mais, dans ce cas, les fils doivent être posés avec un soin tout particulier.

Lorsque les conducteurs traversent des murs, cloisons ou planchers, ils devront se trouver à au moins 25 centimètres l'un de l'autre, à moins qu'ils ne soient placés dans des tubes de verre ou de porcelaine, ainsi qu'il a été précédemment expliqué.

On veillera, avec une attention toute particulière à ce que, pendant les travaux de construction et de réparations, les conducteurs ne soient pas détériorés par les maçons, charpentiers et autres ouvriers.

Les *conduites* ne doivent pas présenter de solution de continuité d'une boîte de jonction à l'autre. Elles doivent être en matériaux absolument incombustibles. Tous les conducteurs, dans lesquels circule un courant de moins de *six ampères*, doivent être placés dans des conduites séparées. Dans les branchements, on peut placer côte à côte, dans la même conduite, des conducteurs parcourus par des courants de moins de *cinq ampères*.

Conducteurs pour courants alternatifs.

Dans les systèmes où l'on emploie des courants alternatifs à haut potentiel, les *transformateurs* seront placés à l'extérieur des bâtiments, toutes les fois que cela sera possible.

Dans le cas où ils devront forcément être placés à l'intérieur des bâtiments, ils seront renfermés dans des caniveaux construits avec le plus grand soin. Ces caniveaux devront, autant que possible, être placés près des endroits où les conducteurs du système primaire entrent dans le bâtiment.

Entre ces points, les conducteurs devront être isolés par une couche épaisse de matière isolante.

Les conducteurs du circuit primaire seront munis d'un interrupteur double, ou d'interrupteurs simples pour chacun des conducteurs. Ces interrupteurs devront être placés de préférence à l'extérieur du bâtiment, dans une position telle, qu'en cas de feu l'accès en soit facile aux pompiers et à la police.

Dans le cas d'installations particulières, le transformateur devra être placé aussi près que possible de la dynamo. Tous les conducteurs du système primaire devront être isolés avec le plus grand soin.

On n'emploiera que des matières isolantes de première qualité. Les compositions à base de caoutchouc ou de gutta-percha sont autorisées.

Toutes les fois qu'on emploie un courant de force électromotrice telle qu'il puisse produire des dommages dans les appareils ou machines placés en série, on doit intercaler sur le circuit, auprès de chacune de ces machines ou appareils, un interrupteur automatique capable de rompre le courant avant que les dommages se produisent.

A chaque branchement dans les circuits, on placera sur le plus petit des deux conducteurs ainsi réunis, un coupe-circuit. Le courant maximum, qu'il est possible de faire passer en toute sécurité, dans un conducteur de diamètre donné, doit ne pouvoir causer dans le conducteur une élévation de température supérieure à 100 degrés centigrades.

Tous les interrupteurs, coupe-circuits, etc., doivent être montés sur des bases incombustibles. Ils doivent fonctionner de façon qu'en aucun cas il ne puisse se former d'arc voltaïque entre les parties métalliques de ces appareils.

Dans les règlements précédents, on appelle *circuits* à *haut potentiel* tous les circuits dont le potentiel est supérieur à 250 volts, même dans le cas où les courants sont employés à alimenter des lampes à incandescence.

Nombre et répartition des lampes à incandescence dans les principaux bâtiments

Palais de l'Administration	2.919
Palais de l'Agriculture	728
Salle de spectacle, casino et péristyle	4.122
Galerie des Beaux-Arts et ses annexes	17.774
Palais des Manufactures et des Arts Libéraux	1.113
Palais des Machines et ses annexes	1.772
Palais des Dames	3.272
Bâtiments divers	6.074
Total	37 774

Nombre et répartition des lampes employées par l'Administration de l'Exposition pour la décoration extérieure des bâtiments, des jardins, des bassins, etc.

Bassins et ponts	2.331
Dôme du Palais de l'Administration	2.049
Autres édifices	3 786
Nombre total des lampes employées dans un but décoratif	8.166
Total des lampes à incandescence à Jackson-Park (appartenant à la World's Columbian Exposition Company	45.960
Nombre des lampes éclairant les Pavillons des États et ceux des Gouvernements étrangers	4.881
Nombre de lampes éclairant les Pavillons des concessionnaires à Midway-Plaisance	5.416
Nombre de lampes éclairant les Pavillons des concessionnaires à Jackson-Park	1.947
Lampes appartenant aux exposants ou à des concessionnaires dans les bâtiments de l'Exposition	7.468
Total	19.712
Nombre total des lampes à incandescence à Jackson-Park et Midway-Plaisance	65.672

Eclairage du Palais des Beaux-Arts

Le Palais des Beaux-Arts n'a point été construit pour un usage temporaire comme les autres bâtiments de la Word's Columbian Exposition. Il est assis sur de solides fondations et est presque entièrement construit en fer et briques. Le bâtiment principal a une longueur de 150 mètres sur une largeur de 97. A chacune de ses extrémités, il est relié par une galerie à un pavillon annexe de 44 mètres $\times$ 67 mètres.

Cet édifice présente la particularité de n'avoir pas une seule fenêtre. Chacune des salles qui le composent est éclairée par un comble vitré.

Pour produire le soir un éclairage convenable, il n'a pas fallu moins de 1600 lampes à incandescence de 16 bougies. Nous donnons planches 22-23 et 24-25 les plans détaillés de cette installation.

Ces lampes sont placées sur les circuits secondaires du système de distribution Westinghouse. Les canalisations du circuit primaire (2000 volts), viennent de la station d'électricité du Machinery Hall. Celles qui amènent le courant aux transformateurs placés à l'Est du Palais suivent d'abord la grande galerie souterraine dont nous donnons une description dans une autre partie de cet ouvrage et après s'en être détachées arrivent au Palais des Beaux-Arts. Les conducteurs, dans cette seconde partie du circuit, sont logés dans les conduites en bois dont nous avons déjà eu l'occasion de parler. Les conducteurs qui se rendent aux transformateurs placés à l'Ouest du Palais y arrivent par une canalisation souterraine qui suit sur tout son parcours, depuis le Machinery Hall jusqu'au Palais des Beaux-Arts la ligne de l'Intra-mural Railway.

Les conducteurs, dans cette dernière partie sont des câbles recouverts d'une enveloppe de plomb.

Les transformateurs sont placés dans des sortes de caveaux qui ont été aménagés dans les fondations et dans les piliers qui supportent le dôme.

Ces caveaux construits en brique, sont au nombre de 37, ainsi répartis:

20 se trouvent dans les murs de fondation de bâtiment principal, 3 à l'intérieur des piliers du dôme.

4 dans les murs de fondation de pavillon annexe.

Ils contiennent environ 80 transformateurs.

Chacun de ces transformateurs correspond à 200 lampes. Ils sont placés dans les caveaux sur des supports isolants.

Les fils du circuit secondaire, après avoir quitté les caveaux des transformateurs, se rendent aux interrupteurs « principaux ». Pendant tout ce trajet, ils se trouvent à l'intérieur de murs supportés par des isolateurs en verre.

Les fils qui servent à l'éclairage du dôme sont placés dans l'intérieur des piliers qui supportent la coupole. Les boîtes où sont placés les interrupteurs et où se trouvent aussi des coupe-circuits du type communément employé par la Westinghouse Company, ont des dimensions très différentes suivant leur position. Elles ont, en moyenne, 1ᵐ,50 de largeur sur 1 mètre de hauteur, et une profondeur de 25 centimètres, Elles sont placées à l'intérieur des murs. Leurs portes forment des panneaux dont les moulures correspondent exactement à celles des boiseries des salles d'exposition de tableaux. Ces boîtes sont au nombre de 186 dont 114 dans le bâtiment principal et 36 dans chaque annexe.

Le dôme est divisé en 86 panneaux disposés suivant 4 rangées horizontales.

Chacun de ces panneaux porte en son milieu une grande rosace. Au centre de chacune, on a placé une lampe.

Les fils sont placés sur des isolateurs en verre dans l'espace compris entre le plafond en forme de dôme et la coupole proprement dite. Comme ces lampes sont absolument inaccessibles par en bas, il a été nécessaire de les remplacer en cas de besoin par la partie supérieure.

On a donc ménagé dans le plafond des trous présentant exactement la largeur suffisante pour le passage d'une lampe. Les lampes sont vissées elles-mêmes à un disque de bois qui vient se loger dans le trou du plafond.

Le disque, une fois en place, la lampe se trouve dans la position convenable.

Les fils qui alimentent le courant à ces lampes sont flexibles et assez longs pour qu'on puisse facilement enlever une lampe et la remplacer par une autre.

Tous les détails d'architecture qui constituent la décoration intérieure du dôme sont accusés par des rangées de lampes à incandescence.

Les galeries principales au nombre de quatre servent aux expositions de sculpture. Elles sont éclairées au moyen de lustres. Dans chacune des galeries de côté Ouest, il y a deux de ces lustres.

La galerie Nord et la galerie Sud n'en ont qu'un seul. Chacun des lustres est formé de 69 lampes, Le courant leur arrive par un conducteur placé dans les vides ménagés à l'intérieur des murs en briques. Ils montent ainsi jusqu'au plafond, puis suivent la partie inférieure des fermes pour arriver à l'aplomb des lustres. Dans ce parcours, les fils sont recouverts de moulures en bois. Pour chacun des lustres, on compte treize fils du numéro quatre (jauge Brown and Sharpe).

Chacune des galeries principales est en outre éclairée au moyen de lampes à incandescence placées au centre des rosaces sculptées sur les murs à des distances de 60 centimètres, les unes des autres.

Les salles de peinture sont au nombre de 78, 36 dans le bâtiment principal, 18 dans chaque annexe et 6 dans les galeries. Leur plafond vitré est de forme concave. Entre le plafond et le toit, on a ménagé un espace vide dans lequel on a placé tous les fils. Ceux-ci se trouvent disposés sur des isolateurs en verre de forme ordinaire. Toutes les lampes sont montées sur des réflecteurs qui renvoient la lumière sans gêner les yeux des visiteurs.

Les réflecteurs sont disposés en rangée et sont suspendus par des tubes à l'intérieur desquels passent les deux fils de circuit des lampes.

Les plafonds des six vestibules du bâtiment principal et des pavillons annexes sont divisés en panneaux.

Au centre de chacun d'eux, on a placé trois lampes. Pour pouvoir remplacer ces lampes, il eut été difficile d'adopter une disposition analogue à celle qui a été employée pour les lampes qui éclairaient les dômes.

Il y a bien au-dessus du plafond des vestibules un espace suffisant pour pouvoir y placer les fils. Mais on ne pouvait ménager dans le plafond des trous de dimensions convenables

Lorsqu'on veut remplacer une des lampes, il faut descendre à l'aide d'une corde tout le groupe auquel elle appartient. Les fils qui amènent le courant à ces lampes, leur sont reliés de telle façon qu'il est très facile d'interrompre momentanément les connections que l'on rétablit aussitôt que les lampes sont remontées.

Pour le Palais des Beaux-Arts, on n'a pas fait servir l'éclairage électrique à la décoration du bâtiment. On a simplement cherché à répartir les lampes de la façon la plus avantageuse afin d'obtenir un éclairage convenable dans les conditions particulières où l'on se trouvait placé.

Les nouvelles lampes de la Westinghouse Electric Manufacturing Company

La lampe à incandescence récemment fabriquée par la Westinghouse Electric Company et employée à l'exclusion de toute autre par le service électrique de l'Exposition Colombienne est formée de deux parties disposées de telle façon que si un filament est brûlé, l'ampoule de verre puisse encore servir. Les inventeurs de cette lampe sont Sawyer et Man, dont les brevets remontent à 1878. Ces lampes, telles quelles furent obtenues par Sawyer et Man ne donnèrent point de bons résultats au point de vue pratique. Il fallait, en effet, roder à l'émeri le bouchon en verre qui fermait l'ampoule. C'était là une opération délicate et coûteuse qui fit bientôt abandonner le système. L'idée fut reprise par les ingénieurs de la Westinghouse Electric Company. Il fut reconnu que le problème se réduisait à trouver un moyen économique et rapide d'obtenir une fermeture hermétique et durable. La Westinghouse Company fit construire dans ce but tout un outillage spécial. Et bientôt ces lampes purent être livrées à aussi bon marché que celles des autres systèmes. On les vend actuellement aux États-Unis 1 fr. 50 environ, c'est-à-dire un tiers moins cher que les lampes Edison.

La Westinghouse prétend qu'en plus de leur bon marché, leurs lampes qu'elles vendent sous le nom de « Sawyer-Man's stopper-lamp » présentent *un grand nombre* d'avantages importants. Les soins apportés par la Compagnie dans la fabrication des lampes lui permettraient de garantir une augmentation de rendement de 20 % par comparaison avec les lampes des autres systèmes. On pourrait donc, dans une installation, remplacer 2500 lampes Edison par 2000 lampes « Sawyer-Man » et avoir un aussi bon éclairage. Il entre bien certainement beaucoup d'exagération dans ces affirmations. Nous devons pourtant reconnaître que ces lampes sont excellentes.

Il y avait à Jackson-Park un nombre considérable de ces lampes — 87000 environ.

Dans la lampe Westinghouse le bouchon en verre est rodé à l'aide de machines perfectionnées.

Lorsqu'après avoir placé le bouchon dans l'ampoule, on se prépare à y faire le vide, on rend la fermeture absolument hermétique au moyen d'un ciment de composition spéciale. Cette matière est élastique et permet à la dilatation du verre de s'effectuer librement. L'air ne peut entrer dans l'ampoule alors même que le verre de l'ampoule et celui du bouchon se dilatent inégalement.

C'est à l'intérieur même du bouchon en verre que passent deux fils de fer d'une longueur d'un centimètre environ fixés *intérieurement* aux filaments de charbon. L'emploi du fer a paru préférable a celui du platine dont on se sert pour certains autres types de lampes.

L'extrémité de chacun des fils de fer à l'extérieur du bouchon présente un diamètre bien plus gros que la partie du fil qui se trouve à l'intérieur. Le contact se trouve donc parfaitement assuré.

Ce système présente un grand avantage : celui de ne pas exiger l'emploi de garnitures en cuivre analogues à celles des lampes Édison fixées à l'ampoule à l'aide de plâtre.

Il arrive fréquemment que les ampoules des lampes de ce dernier type se séparent de leurs douilles. La lampe se trouve donc immédiatement hors d'usage.

Dans les lampes Westinghouse la partie de l'ampoule voisine du goulot et le bouchon lui-même présentent une grande solidité.

On remarquera que, grâce à la matière avec laquelle les contacts sont assurés, on obtient un ensemble à la fois compact et solide.

Le plus petit diamètre du support est de 26 millimètres et le plus grand est 31. La longueur du support est environ 58 millimètres.

Eclairage des bâtiments par lampes à arc

Il a fallu recourir à l'emploi de lampes à arc pour l'éclairage des principaux Palais. Les conducteurs, après avoir suivi la grande galerie sou-

terraine entraient dans les différents bâtiments. Ils se rendaient tout
d'abord à un coupe-circuit et à un interrupteur. On ne se servait, d'ailleurs, de ces appareils qu'en cas d'urgence absolue. C'était toujours à
l'aide des interrupteurs placés au tableau de distribution que l'on ouvrait
ou fermait les divers circuits.

Toutes les canalisations entre la galerie souterraine et les différents
bâtiments étaient isolés avec le plus grand soin. On se servait de fil n° 6
(jauge « *Brown and Sharpe* ») fournis par la « Safety Insulated Wire
Company. »

Ces fils se trouvaient placés au-dessous des planchers. Ils étaient supportés par des isolateurs en porcelaine.

Les lampes dans la plupart des bâtiments, avaient été placées dans
les allées, à 7^m,50 environ au-dessus du sol, et à des intervalles variant
de 5 à 9 mètres. Dans certains bâtiments cependant, les lampes étaient
bien plus rapprochées.

Dans le Palais des Manufactures et Arts libéraux, l'on a été amené
à adopter des dispositions tout à fait particulières. En raison de la grande
hauteur des fermes, il était impossible de placer les lampes de la
façon ordinaire.

On a donc suspendu à une hauteur de 42 mètres, cinq grandes couronnes en fers profilés.

Celle qui se trouvait au milieu du Palais au-dessus de la « Tour de
l'Horloge » n'avait pas moins de 23 mètres de diamètre.

La couronne centrale supportait 102. 98 de ces lampes, alimentées
par les machines de la General Electric Company, allumées de sept heures
à onze heures. Les 4 autres lampes, placées sur les circuits de la Brush
Electric Company, restaient allumées toute la nuit. On avait ménagé
entre le cercle extérieur et le cercle intérieur une passerelle sur laquelle
l'ouvrier chargé du nettoyage et de l'entretien des lampes pouvait circuler à l'aise. Cet ouvrier montait d'abord sur le toit, upis descendait
à l'aide d'une échelle sur la passerelle. Les lampes étaient suspendues
par paires aux extrémités d'une corde passant sur deux poulies. Chacune
des lampes du cercle intérieur faisait contrepoids à une lampe du cercle
extérieur. Les conducteurs électriques allaient d'une lampe à la suivante, et étaient d'une longueur telle que l'on pouvait aisément soulever les lampes ou les abaisser, lorsqu'on avait à les nettoyer.

Les quatre couronnes latérales avaient un diamètre de 18 mètres.
Chacune d'elle supportait 72 lampes de la General Electric Company, et

4 lampes de la Brush Electric Company de Cleveland (*Ohio*). Les galeries latérales du Palais des Manufactures et des Arts libéraux étaient éclairées par des lampes à arc suspendues au plafond à la manière ordinaire.

Dans les ailes du Palais, où il n'y avait pas de galeries, les lampes étaient suspendues à des fils d'acier fixés aux fermes mêmes du bâtiment. Dans tout le Palais des Manufactures, il n'y avait pas moins de 1100 lampes de la General Electric Company, et 96 lampes Brush.

Pour l'éclairage du Palais des Transports, on ne s'est point trouvé en présence de difficultés comparables à celles que l'on a rencontrées pour l'éclairage du Palais des Manufactures et des Arts libéraux. Mais à cause de la couleur foncée des wagons, voitures et locomotives qui y étaient exposés, on fut obligé de placer les lampes à des intervalles beaucoup plus petits.

L'annexe du Palais des Transports était éclairée par des lampes à arc fournis par la « Helios Electric Manufacturing Company » et placées par séries de trois sur le circuit à courants alternatifs de la « Westinghouse Company. »

Le courant secondaire qui les alimentait avait une force électro-motrice de 100 volts. La lampe Helios, dont on trouve la description dans une autre partie de cet ouvrage fonctionne en effet sur les mêmes courants que les lampes à incandescence. Il n'a pas fallu moins de 149 lampes pour obtenir dans l'annexe du Palais des Transports un éclairage suffisant.

Le Palais des Transports lui-même était éclairé par 291 lampes de la Western Electric Company, 26 lampes restaient allumées toute la nuit.

L'éclairage du Machinery Hall n'a présenté aucune difficulté. Il a fallu simplement prendre soin, en plaçant les lampes, de ne pas gêner le mouvement des ponts roulants.

Dans l'annexe du Machinery Hall, les lampes étaient placées en séries de 10 sur le circuit à 500 volts.

La répartition des lampes à arc avait primitivement été ainsi fixée :

Palais des Manufactures et des Arts Libéraux. . .	1.200 lampes
Palais de l'Agriculture et annexe	500
Palais des Transports	350
Palais de l'Horticulture.	250
Palais des Mines.	200
Palais des Pêcheries.	50
Pavillon de l'État d'Illinois.	77
Machinery hall	250

Le rapport du nombre des lampes qui restaient allumées toute la nuit à celui des lampes qui ne restaient allumées que de 7 à 11 heures tous les soirs est environ 1/5.

Les ouvriers chargés de l'entretien des lampes et du remplacement des charbons étaient au nombre de 6 ou 7 pour 1 000 lampes.

Liste des dynamos pour éclairage par lampes à arc dans les différentes stations centrales de l'Exposition.

L'installation de la Western Electric Company comprenait :
10 dynamos pour le service de l'Exposition, 2 pour son installation particulière, en tout 12 dynamos à raison de 50 lampes chacune, soit 600 lampes.

La Thomson-Houston Electric Company avait 27 dynamos pour le service de l'Exposition de 50 lampes chacune, soit 1350 lampes en tout.

L'installation de l'Excelsior C° se composait de :
6 dynamos pour l'Exposition, de 50 lampes chacune soit 300 lampes

La Standard Electric Company 22 dynamos à 50 lampes chaque, soit 1 100 également pour le service de l'Exposition.

La Fort Wayne Company 13 dynamos de 60 lampes chacune, soit 780 et pour son installation particulière 2 dynamos de 60 et 80 lampes respectivement, ce qui représentait 140 lampes.

La Brush Electric Company mettait également en ligne 720 lampes pour l'Exposition à raison de 60 lampes par dynamo, ce qui représente 12 dynamos plus 4 autres de même puissance, c'est-à-dire 240 lampes en totalité pour son installation particulière.

Liste des **machines** *et* **dynamos** *dans les stations centrales de la galerie des Machines avec indication du nombre de lampes à arc alimentées par chaque machine et la répartition de ces lampes dans les différents* **bâtiments** *ou allées de Jackson-Park.*

Machine Ball et Wood de 150 chevaux-vapeur
COMPOUND

Diamètre du cylindre à haute pression . . . . . 330^{mm}	Elle commandait par courroie 3 dynamos Brush de 60 lampes chacune.
Diamètre du cylindre à basse pression . . . . . 508 m/m	Soit 120 lampes ainsi réparties :
Course du piston . . . . 406 m/m	

Répartition
{
58 dans le Palais des Mines côté Est,
58 —   —   — du rez-de-chaussée
58 —   —   — côté ouest
58 —   —   — galerie.
}

Note. — Ces lampes brûlaient de 7 heures à 11 heures.

Machine Ball et Wood de 100 chevaux-vapeur
SIMPLE

Diamètre du cylindre . . 406ᵐᵐ   Elle commandait par courroie 3 dynamos
Course du piston . . . . 406 »   Brush de 60 lampes chaque.

Répartition
{
58 lampes allée entourant le Palais de l'administration
60 —   dans le Machinery hall et le Palais des transports
59 —   dans le Palais de l'Horticulture et dans le Palais
des Mines.
}

Machine Ball et Wood de 200 chevaux-vapeur
COMPOUND

Diamètre du cylindre à haute   Elle commandait par courroie 4 dynamos
pression . . . . . . 355ᵐᵐ   Brush de 60 lampes à arc.
Diamètre du cylindre à basse
pression . . . . . . 558 »
Course du piston . . . . 304 »

Répartition
{
Ces 240 lampes étaient réparties dans la partie de
Jackson-Park appelée « Wooden-Island ». Voir
sur le plan général.
}

Machine Ball et Wood de 150 chevaux-vapeur
SIMPLE

Diamètre du cylindre . . . 406ᵐᵐ   Elle commandait par courroie 3 dynamos
Course du piston . . . . 406 »   Brush de 60 lampes chaque.

Répartition
{
38 dans le Palais des Manufactures
30 —   — de l'Horticulture
4 dans le bâtiment des Pêcheries
18 dans le Pavillon de l'Illinois.
}

Ces lampes brûlaient toute la nuit.

Répartition
{
20 dans les allées autour du Palais des Manufactures
32 dans le Palais de l'Horticulture
29 dans le Palais du Gouvernement.
}

Machine Ball et Wood de 150 chevaux-vapeur
COMPOUND

Diamètre du cylindre à haute   Actionnait par courroie 3 dynamos Brush
pression . . . . 330ᵐᵐ   de 60 lampes.
Diamètre du cylindre à basse
pression . . . . . . 508 »
Course du piston . . . . 406 »

Répartition
{
3 dans le bâtiment des Pêcheries
12 dans le Palais des Mines
22 dans les allées autour du Palais des Mines.
58 dans le Palais des Manufactures.
}

Machine Buckeye de 300 chevaux-vapeur
COMPOUND

Diamètre du cylindre à haute
pression 355ᵐᵐ

Diamètre du cylindre à basse
pression . . . . . 711 »

Course des pistons. . . 609 »

Elle actionnait par courroie 6 dynamos
Wood : de la Fort Wayne Company,
de 60 lampes chacune.

Répartition

Dynamo Wood n° 1. — 50 lampes dans le Machinery hall
—   —   n° 2 — 60   —   —
—   —   n° 3. — 60 lampes dans le pavillon de l'Illinois.
—   —   n° 4. — 60 l. Palais de l'Horticulture (extérieur)
—   —   n° 5. — 58 l. dans le Palais des Dames (extérieur)
—   —   n° 6. — 56 lampes Midway-Plaisance (extérieur).

Ces lampes brûlaient toute la nuit.

Machine Buckeye de 125 chevaux-vapeur
SIMPLE

Diamètre du cylindre. . . 330ᵐᵐ

Course du piston . . . . 533 »

Actionnait par courroie 3 dynamos Wood
de 60 lampes.

Répartition

58 dans le Palais de l'Horticulture et dans le Palais
des Dames.
58 Palais des Dames et Pavillon de l'Illinois (extérieur).
56 dans Midway.

Ces lampes brûlaient de 7 heures à 11 heures.

Machine Buckeye de 125 chevaux-vapeur
SIMPLE

Diamètre du cylindre . . . 330ᵐᵐ

Course du piston . . . . 660 »

Commandait par courroie 2 dyanmos
Wood de 60 lampes.

Répartition

53 dans Midway
57 dans Midway (extérieur).

Ces lampes brûlaient de 7 heures à 11 heures.

Machine Buckeye de 190 chevaux-vapeur

Diamètre du cylindre . . . 420ᵐᵐ

Course du piston . . . . 762 »

Tenue en réserve.

Machine Russel 500 chevaux-vapeur
COMPOUND

Diamètre du cylindre à haute
pression 381ᵐᵐ

Diamètre du cylindre à basse
pression . . . . . 609 »

Course du piston . . . . 609 »

Commandait par courroie 12 dynamos
Standard de 50 lampes.

Répartition
- Standard n° 1. —
- — n° 2. — Palais de l'Agriculture, péristyle
- — u° 3. — — — rez-de-chaussée (centre)
- — n° 4. — — — — (nord)
- — n° 5. — — — — sud
- — n° 6. — — — galerie nord
- — n° 7. — — — rez-de-chaussée (est)
- — n° 8. — — — — (ouest)
- — n° 9. — — — galerie sud
- — n° 10 ⎱
- — n° 11 ⎰ Annexe du Palais de l'Agriculture et promenades autour de ce Palais.
- — n° 12

Ces lampes sauf le numéro 10 brûlaient de 7 heures à 11 heures.

Machine Russell de 216 chevaux-vapeur
COMPOUND

Diamètre du cylindre à haute
pression . . . . . . 330^{mm} Commandait par courroie 12 dynamos
Diamètre du cylindre à basse   Standard de 50 lampes.
pression . . . . . . 520 »
Course du piston . . . . 508 »

Répartition
- 49 sur la promenade devant le Palais des Manufactures sur le bord du lac.
- 50 sur la « Terrasse »
- 48 dans les jardins.

Machine « Erie-City »
SIMPLE

Diamètre du cylindre. . . 381^{mm} Commandait par courroie 4 dynamos
Course du piston . . . . 309 »   Standard de 50 lampes.

Répartition
- 19 Exposition de la Cordonnerie
- 27 Pavillon de l'Anthropologie
- 50 Pavillon des Forêts
- 28 Machinery hall
- 10 Pavillon des Forêts
- 10 Pavillon de l'Anthropologie ⎱ Brûlant toute la nuit.
- 9 Exposition de la Cordonnerie. ⎰

Machine Lane et Bodley de 150 chevaux-vapeur
COMPOUND

Diamètre du cylindre à haute
pression . . . . . . 406^{mm} Commandait par courroie 7 dynamos
Diamètre du cylindre à basse   Thomson-Houston de 50 lampes
pression . . . . . . 762 »   chaque.
Course du piston . . . . 1.066 »

Toutes ces lampes se trouvaient dans le Palais des Manufactures.

Machine Lane et Bodley de 150 chevaux-vapeur

Diamètre du cylindre . . . 457ᵐᵐ   Commandait 4 dynamos système Thom
Course du piston . . . . 1.066 »   son-Houston de 50 lampes chaque.

Toutes ces lampes se trouvaient dans le Palais des Manufactures où elles restaient allumées de 7 heures à 11 heures.

Machine Lane et Bodley de 150 chevaux-vapeur
COMPOUND

Diamètre du cylindre à haute   Cette machine commandait par courroie
  pression . . . . . . 279ᵐᵐ   6 dynamos Thomson-Houston toutes
Diamètre du cylindre à basse   placées dans le Palais des Manufactures
  pression . . . . . . 533 »   et Arts Libéraux.
Course des pistons . . . 406 »

Ces lampes restaient allumées de 7 heures à 11 heures.

Machine Atlas de 500 chevaux-vapeur
COMPOUND

Diamètre du cylindre à haute   Cette machine commandait par courroie
  pression . . . . . 355ᵐᵐ   10 dynamos Thomson-Houston de
Diamètre du cylindre à basse   50 lampes à arc.
  pression 620ᵐᵐ

Toutes ces lampes se trouvaient placées dans le Palais des Manufactures, 150 de ces lampes restaient allumées pendant la nuit.

Machine Walertown de 250 chevaux-vapeur
COMPOUND

Diamètre du cylindre à haute   Cette machine commandait 5 dynamos
  pression . . . . . . 254ᵐᵐ   de la « Western Electric Company »
Diamètre du cylindre à basse   de 50 lampes chacune.
  pression . . . . . . 406 »
Course du piston . . . . 162 »

Toutes ces lampes se trouvaient réparties dans le Palais des Transports et brûlaient de 7 heures à 11 heures.

Machine de la « New-York Safety Company » de 150 chevaux-vapeur

Diamètre du cylindre . . . 381ᵐᵐ   Cette machine commandait 3 dynamos
Course du piston . . . . 406 »   de la « Western Electric Company » de
                                    50 lampes chaque.

Ces lampes étaient toutes dans le Palais des Transports et restaient allumées toute la nuit.

Machine « Erie City » de 225 chevaux-vapeur
SIMPLE

Diamètre du cylindre . . . 381ᵐᵐ   Cette machine commandait par courroie
Course du piston . . . . 609 »   deux dynamos de la « Western Electric Company » de 50 lampes.

Toutes ces lampes étaient placées dans le Pavillon de l'Anthropologie.

Machine de la « Bass engine Cᵒ » de 220 chevaux-vapeur
COMPOUND

Diamètre du cylindre à haute
pression 406ᵐᵐ

Cette machine commandait 6 dynamos
de « l'Excelsior Company » de 50 lampes

Diamètre du cylindre à basse
pression . . . .   75l »
Course du piston 1.066

Répartition des
lampes

50	Palais de l'Horticulture (dôme)
50	— — (galerie nord et nord-est)
50	— — (galerie principale)
50	— — (galerie sud)
50	— — (galerie ouest)
50	Pavillon des Pêcheries / Bassin Central / Canal sud.

Toutes ces lampes restaient allumées de 7 heures à 11 heures.

Répartition des lampes à arc

dans les principaux Bâtiments de Jackson-Park.

Palais des Machines (Machinery Hall).

Nombre de lampes à arc.   238
Distance entre les lampes. 8ᵐ,20
Nombre des lampes à arc sous les portiques.   26

Annexe du Palais des Machines.

Nombre des lampes à arc.   188
Distance entre les lampes. . . . . 8 mètres
Nombre total des lampes dans le Machinery hall et son annexe.   426
Machinery hall dans son annexe et leurs dépendances . . .   452

Palais de l'Horticulture.

Nombre de lampes à arc :
1° Sous le dôme   37
2° Dans les galeries   52
3° Dans les pavillons.   48
Distance des lampes entre-elles :
1° Sous le dôme. 8ᵐ,10
2° Dans les galeries. . . . . 8 ,20
3° Dans les pavillons . . . . 10 ,»»
Nombre des lampes :
1° Dans les galeries du dôme   36
2° Dans les galeries des pavillons.   27
Nombre total des lampes employées à l'éclairage intérieur du Palais
de l'Horticulture   200
Nombre de lampes dans les dépendances   17

Bâtiment de l'Exposition Anthropologique

Nombre des lampes :
1° Dans le Bâtiment proprement dit.   55
2° Dans les galeries   32
   Nombre total des lampes à arc à l'intérieur du bâtiment (anthro-
   pologreat building 1 galeries comprises.   87

Palais des Manufactures et des Arts Libéraux.

Nombre des lampes :
1° Pour le bâtiment proprement dit, excepté les « *coronas* » . .   369
2° Pour les « coronas ».   414
3° Pour les galeries   314
Distance des lampes entre elles :
Pour 1° . . . . 10 mètres
Pour 3° . . . . 12 —
   Nombre total des lampes pour tout le Palais des Manufactures et
des Arts Libéraux, coronas et galeries comprises. 1.117
   Nombre total des lampes à arc dans le Palais des Manufactures
et ses dépendances 1.187

Palais de l'Agriculture.

Nombre des lampes :
1° Dans le bâtiment principal   202
2° Dans l'annexe   81
3° Dans les galeries   165
Distance des lampes entre-elles .
Pour 1° . . . . 13 mètres
Pour 2° . . . . 13 —
Pour 3° . . . . 14 —
   Nombre total des lampes pour tout le bâtiment.   118
   Nombre total des lampes dans le bâtiment et ses dépendances .   464

Palais des Mines

Nombre des lampes :
1° Dans le bâtiment.   113
2° Dans les galeries   64
Distance des lampes entre-elles :
Pour 1° . . . . 10 mètres
Pour 2° . . . . 15 —
   Nombre total des lampes dans le Palais des Mines. . . .   177

Ces lampes brûlaient toute la nuit.

Bâtiment des Pêcheries

Nombre de lampes à arc :
1° dans le bâtiment proprement dit.   28
1° dans les galeries   14
3° dans le Pavillon ouest   7

Distance des lampes entre elles pour 1° . . . .   15 mètres
—   —   ···   pour 2° , ...   15 —
—   —   —   pour 3° . . . .   17 —
Nombre total des lampes dans le bâtiment des Pêcheries. . .

Pavillon de l'État d'Illinois

Nombre de lampes à arc :
1° dans le bâtiment   33
2° escaliers et galeries.   39
Distance des lampes 1° . . . .   10 mètres
—   —   2° . . . .   15 —
Nombre total des lampes à l'intérieur du Pavillon de l'État
d'Illinois   71

Palais des Transports

Nombre de lampes :
1° dans le bâtiment proprement dit   181
2° dans les galeries   130
Distance des lampes entre elles pour 1° . . . .   11 mètres
—   —   —   pour 2° . . . . : .   10^m,90
Nombre total des lampes pour le Palais des transports. . . .   312

Annexe du Palais des transports

Nombre des lampes   149

Bâtiment des Forêts (forestry building)

Nombre des lampes   59

Pavillon de l'exposition de la Cordonnerie et des industries du cuir

Nombre de lampes.   48

Moyenne générale

Nombre des lampes pour les principaux palais 3.159
Nombre total des lampes dans les principaux bâtiments et leurs
dépendances. 3.308
Nombre de lampes dans divers bâtiments non mentionnés. . :   18
Nombre total des lampes dans tous les bâtiments 3.426

Candélabres pour lampes à arc

Les lampes à arc étaient suspendues à des candélabres dont nous
donnons les dessins planche 30-31. Le candélabre reposait sur une sorte
de boîte en chêne dont la partie supérieure arrivait au ras du sol. Les

conducteurs branchés sur les circuits principaux passaient à l'intérieur du fût du candélabre pour se rendre à la lampe. Les conducteurs arrivaient au candélabre dans des conduites en bois. Ces conduites s'arrêtaient à une vingtaine de centimètres du pied du candélabre. Les conducteurs passaient alors à l'intérieur de coudes en *porcelaine vitrifiée* Cette matière isolante était aussi employée pour les conducteurs qui passaient au-dessous des planchers des bâtiments.

Le contrat pour tous les travaux de pose fut accordé à la Safety Insulated Wire & Cable Company de New-York.

Il n'y avait pas moins de 87 kilomètres de fils de cuivre n° 6. (B et S). gauge, isolés par une enveloppe de caoutchouc de 3 millimètres. Les câbles étaient protégés sur toute leur longueur par une gaine de plomb.

La résistance d'isolement de l'enveloppe isolante de ces câbles devait être d'au moins 1500 megohms par kilomètres. Les jonctions étaient faites en soudant des manchons de cuivre aux abouts des conducteurs et en recouvrant tout l'ensemble d'une enveloppe de caoutchouc d'excellente qualité. On protégeait ensuite la jonction en enroulant tout autour un rouleau de plomb.

PRINCIPAUX TYPES DE LAMPES A ARC EMPLOYÉES PAR LE SERVICE ÉLECTRIQUE DE L'EXPOSITION

Lampes de la « General Incandescent Arc Light Company » de New-York.

Ce type de lampe qui servait à l'éclairage de la partie Est du Palais de l'Electricité peut se placer tout aussi bien sur les circuits à courants continus ordinaires, sur les circuits à courants alternatifs, et sur les circuits à 500 volts employés en Amérique pour le service des tramways électriques.

Celles qui se trouvaient dans le Palais de l'Electricité différaient beaucoup au point de vue des dispositions d'ensemble, mais possédaient toutes un système de réglage analogue.

Dans les lampes « Bijou », le porte-charbon supérieur est attaché à une chaînette qui passe au-dessus d'un tambour.

Pour les circuits à courants continus le mécanisme ne comporte qu'un seul électro-aimant dont l'enroulement est le même pour les lampes de différente capacité. La résistance de la bobine placée en dérivation est d'environ 440 ohms. Le mouvement des charbons est réglé à l'aide d'un ressort à compression.

La différence de potentiel entre les deux charbons est :

1° pour un courant de 4 ampères =. . . . . . . 41 volts
2° » » 6 ampères =. . . . . . 42 »
3° » » 8 ampères =. . . . . . 43 »
4° » » 10 ampères ==. . . . . . 44 »

Si deux lampes sont placées en série sur un courant de 115 volts à potentiel constant et réglées pour une dépense de 8 ampères a différence de potentiel entre les charbons étant 43, il faudra intercaler une résistance de 4 ohms. Chacune des lampes est munie de sa propre résistance : une bobine présentant une résistance de 2 ohms est placée au-dessus du mécanisme régulateur de chaque lampe. Cinq de ces lampes peuvent être placées sur un circuit de 230 volts.

Dans le cas de circuits de 500 volts (circuits des tramways), 10 lampes peuvent être placées en série.

Les lampes sont munies d'une autre bobine placée en dérivation, dont l'effet est d'intercaler dans le circuit une résistance spéciale dans le cas où par suite d'un dérangement quelconque, une des lampes viendrait à ne plus fonctionner; il s'en suit donc que l'extinction d'une lampe ne produit aucune gêne dans la marche des autres.

Toutes les lampes pour circuits à courant direct sont munies d'un mécanisme au moyen duquel la lampe est mise en court circuit aussitôt que les charbons sont consumés. De sorte qu'il ne peut se produire entre les porte-charbons d'arc voltaïque. Les lampes « Bijou » se placent sur les circuits à potentiel constant. Ce sont les plus petites lampes à arc placées sur le marché. Elles ont une hauteur de 65 centimètres environ. Elles se prêtent très bien à la décoration.

Pour les circuits à courants alternatifs les lampes de la « General Incandescent Lamp Company » sont de deux types :

L'un est destiné aux courants de 30 volts; elles ne sont pas munies de résistances additionnelles.

Le second type se place sur un circuit de 50 volts. On intercale alors une résistance spéciale. Sur un circuit de 100 volts trois lampes peuvent être placées en série en intercalant une résistance.

Le cadre de la lampe est complètement isolé des parties traversées par le courant.

Lampes à arc Byng

Les lampes Byng exposées par la General Electric Company de Londres servaient à éclairer les sections anglaises dans différents bâtiments.

Au point de vue de sa construction, la lampe Byng est une lampe du type différentiel. Elle ne comporte ni mouvement d'horlogerie ni ressorts, ni mécanisme quelconque. Elle est munie d'un électro-aimant, dont l'effet est, à un moment donné, de mettre en court circuit les champs magnétiques. Le noyau de fer doux du porte charbon inférieur est muni d'un solénoïde en fil fin placé en série avec les fils fins de l'électro-aimant. L'autre solénoïde formé de gros fils, est placé en série avec le 2° enroulement de l'électro-aimant. Lorsque le courant passe dans la lampe, les deux porte-charbons se trouvent en équilibre. Lorsque la lampe est placée sur le circuit, le premier effet du courant est de séparer les deux charbons et il n'y a alors que le solénoïde à fil fin qui soit traversé par le courant. Le porte-charbon inférieur se trouve donc attiré jusqu'à ce que les charbons viennent de nouveau en contact. A ce moment le courant passe et l'action du solénoïde placé en dérivation cesse. L'effet du solénoïde placé en série est alors de soulever le porte-charbon supérieur. Le courant principal se trouve gêné par la résistance de l'arc et de nouveau le courant passe par le solénoïde placé en dérivation.

Les deux enroulements de l'électro-aimant sont de sens différents et tendent à se neutraliser l'un l'autre. L'effet d'attraction sur le noyau ne se produit que lorsque l'action de l'un des deux courants devient prédominante.

Si les effets des deux courants se neutralisent mutuellement les charbons se trouvent en équilibre.

S'il se produit la moindre variation dans la longueur de l'arc ou dans l'intensité du courant principal, l'équilibre se trouve rompu et le système fonctionne comme il a été indiqué précédemment. De façon à éviter les mouvements trop brusques des charbons, la lampe est munie d'une sorte de frein qui empêche les charbons de s'abaisser ou de s'élever de plus de quelques millimètres jusqu'à ce que la lampe se soit réglée.

Les mêmes types de lampes peuvent être munies de 2 charbons. Les lampes elles-mêmes sont nickelées.

Un frein sert à empêcher les charbons de trop se séparer lorsque le courant arrive dans la lampe.

Un des grands désavantages que présente l'éclairage à arc pour l'éclairage intérieur des usines et des manufactures est l'intensité de l'ombre projetée sur le plancher et les machines. Lorsque le travail des ouvriers demande beaucoup de soins et d'attention comme dans les fabriques d'horlogerie par exemple, il est absolument impossible d'employer des lampes à arc.

La General Electric Company Limited a imaginé un système d'éclairage indirect qui permet de tourner la difficulté.

La lampe « Byng » du type « renversé » est construite de la même façon que les autres lampes de la même marque. Elle est munie d'un réflecteur, qui projette la lumière sur le plafond. La lumière se trouve alors diffusée dans tout l'appartement, produisant ainsi un éclairage indirect beaucoup moins fatigant.

Lampe à arc système Pilsen

Les lampes Pilsen servaient à l'éclairage des sections allemandes dans un certain nombre de Palais.

Le mécanisme régulateur de ces lampes est de la plus grande simplicité. Tout le système régulateur ne comporte que deux bobines de fil de cuivre et une corde passant sur une poulie. Il n'y a aucun ressort. Un des enroulements auquel on donne le nom principal S, se trouve placé en série sur le circuit des lampes. L'autre est placé en dérivation. Les deux noyaux de fer doux peuvent se mouvoir dans la direction de l'axe des bobines. Ils ont une forme conique.

Les porte-charbons sont reliés à des noyaux de fer doux.

Les deux enroulements se trouvent placés tout près l'un de l'autre et sont fixés à des traverses.

Les porte-charbons sont des tubes en laiton qui entourent le noyau conique en fer doux. Ils sont suspendus à une corde en soie et passent au-dessus d'une poulie à gorge.

Les charbons se meuvent donc toujours d'une quantité égale. Le charbon positif de bas en haut et le charbon négatif de haut en bas.

Chaque porte charbon possède un double guidage.

Les deux noyaux de fer doux sont soulevés par l'action des solénoïdes lors du passage du courant. Mais les mouvements qui en résultent sont de direction opposée.

Le solénoïde en série tend à produire une séparation. Le solénoïde placé en dérivation, tend au contraire à produire un rapprochement. De sorte que, tant que la longueur de l'arc est normale, les charbons se trouvent en équilibre.

A mesure que les charbons se consument, la position relative du solénoïde et du noyau de fer doux se trouvent altérés.

La section du charbon négatif inférieur a une surface moitié de celle du charbon positif supérieur. Il s'ensuit que les deux charbons s'usent également et que l'arc reste rigoureusement à la même place.

Les deux bornes de la lampe, aussi bien que toutes les parties traversées par le courant se trouvent bien isolées du reste de la lampe. Si des lampes se trouvent placées en série sur le même circuit, le courant doit y être toujours constant, de façon à ce que chacune des lampes, indépendamment des autres, soit capable de donner la quantité de lumière qu'elle doit normalement produire. C'est pour cette raison que les lampes sont munies d'une résistance de compensation qui, lorsque les lampes sont éteintes, se trouve intercalée sur le circuit et y permet le passage du courant. C'est un l'électro-aimant muni d'une vis de contact qui met automatiquement la lampe hors du circuit.

Dans le cas de lampes placées en dérivation, les circuits dérivés sur lesquels les lampes sont placées peuvent être ouverts indépendamment l'un de l'autre. La lampe pour circuits dérivés est munie d'une résistance de compensation.

Aussitôt que les charbons de la lampe sont brûlés, la traverse du porte-charbon négatif vient butter contre la partie supérieure de la lampe. Cette disposition empêche le porte-charbon de trop se rapprocher. L'arc disparaît immédiatement si les lampes sont placées deux en série sur le même circuit, chaque paire de lampes est indépendante des deux autres. Mais dans le cas où l'une des lampes placées en paire vient à s'éteindre, l'autre s'éteint aussi.

La lampe peut très bien fonctionner dans une position inclinée, puisque la pesanteur n'est pas employée pour produire les mouvements des charbons. Ces lampes conviennent donc parfaitement à l'éclairage des gares, des chantiers, des rues où elles sont exposées aux intempéries et au vent. Leur usage est tout indiqué pour l'éclairage des bateaux.

Lampes Siemens et Halske

Les lampes exposées par cette Compagnie et qui servaient à l'éclairage des sections allemandes et à celui de la « Gare terminus » de l'Exposition, sont de plusieurs types.

A. — Types pour courants continus :
1° Lampes de petite dimension pour courants de 1 à 3 ampères.
2° Lampes de moyenne dimension pour courants de 3 à 10 ampères.
3° Lampes de 10 à 35 ampères.

B. — Lampes pour courants alternatifs.
1° Petites lampes pour courants de 1,5 à 4,5 ampères.
2° Lampes de 3 à 16 ampères.
3° Lampes de 17 à 35 ampères.
Les lampes de petit modèle ont toutes la même longueur.
Les lampes de moyenne dimension ont les longueurs suivantes :
40 cm., durée de 10 heures ; 50 cm., durée de 14 heures ; 65 cm., durée de 18 heures. Le fonctionnement des lampes Siemens et Halske est trop connu pour qu'il y ait lieu de le décrire en détail. Nous nous bornerons à constater que ces excellentes lampes commencent à acquérir aux États-Unis la grande faveur dont elles jouissent en Allemagne.

Lampe différentielle « système Thomson-Houston »

Dans cette lampe, construite par M. von Hefner-Alteneck, le mécanisme régulateur se compose de deux solénoïdes formés l'un de gros fil, l'autre de fil fin. Si l'effet d'attraction de la bobine inférieure l'emporte sur celui de la bobine supérieure, le noyau de fer doux est attiré de haut en bas. Au moyen d'un système de leviers, le noyau peut agir sur un mécanisme d'horlogerie qui est maintenu en mouvement par le poids de la crémaillère fixée au porte-charbon supérieur.

Lorsque le courant arrive dans la lampe, la bobine à gros fil attire fortement le noyau de haut en bas. L'effet de ce mouvement est de soulever le charbon supérieur. L'arc se trouve donc ainsi formé.

Lorsque les charbons sont consumés, un courant plus fort traverse la bobine de fil fin ; le noyau de fer doux est attiré de bas en haut; le porte-charbon supérieur se trouve alors abaissé. Le mécanisme de cette lampe est excessivement sensible : elle peut se placer sur des circuits en dérivation. Dans ces derniers cas, la lampe est munie d'un interrupteur automatique. La lampe, une fois éteinte, se trouve en court circuit.

Ces lampes ont une hauteur qui varie entre 300 et 400 millimètres. Leur durée est de huit heures.

Lampes à arc « Helios »

POUR COURANTS ALTERNATIFS DE LA « HELIOS ELECTRIC COMPANY » DE PHILADELPHIE.

La lampe « Helios » a été inventée en Allemagne par Carl Coerper. Elle a été notablement perfectionnée par la Compagnie qui exploite aux Etats-Unis les brevets de « l'Helios Actien-Gesellschaft für Elecktrisches Licht » de Koln-Ehrenfeld (Allemagne).

Le mécanisme en est très simple. Le charbon inférieur est attaché à une chaîne qui passe sur la poulie de l'appareil régulateur. L'autre extrémité de la chaîne est attachée au porte-charbon supérieur. Cette disposition a pour effet de faire monter le charbon inférieur lorsque le charbon supérieur descend, et avec la même vitesse. L'arc reste donc dans une position fixe depuis le commencement du passage du courant jusqu'à ce que les deux charbons soient entièrement brûlés.

Une disposition particulière a permis d'augmenter le pouvoir éclairant des lampes d'au moins 40 %. Elle consiste simplement à placer un petit réflecteur qui projette vers le sol la lumière émise par le charbon inférieur. L'appareil régulateur se compose essentiellement d'un simple solénoïde. Un levier, en pressant sur la surface d'un galet, fait avancer les charbons. On peut ainsi ne les faire monter que de un demi-millimètre à la fois. Une sorte de « dash pot » sert à rendre aussi réguliers que possible, la montée ou la descente des charbons.

La longueur d'une lampe d'une durée de sept heures n'est que de 65 centimètres. La lampe de douze heures a une hauteur de 80 centimètres. Les lampes ont toujours *une seule* paire de charbons.

Cette lampe a rencontré, dès son introduction aux Etats-Unis, un très grand succès. Elle donne une lumière blanche et très fixe. Elle présente en plus, certains avantages : elle fonctionne sur les circuits à bas potentiel, et son mécanisme est si simple qu'il n'y a guère de dérangements à craindre.

D'après cette Compagnie ;

1 lampe à arc ordinaire pour courants continus de 1.200 bougies dépense 7 ampères à 110 volts, soit	770 watts
1 lampe Hélios de 1.500 bougies dépenserait : 10 ampères à 50 volts, soit.	500 w.
En ajoutant 5 % de perte (transformateur)	25 w.
Total. . .	525 watts.
1 lampe Hélios de 1.500 bougies à courant alternatif dépense un courant de 10 ampères à 30 volts.	300 watts.
5 % en plus (transformateur).	15 w.
	315 watts.
2 lampes à arc ordinaire pour courant continu, placées en série sur un circuit de 110 volts (pour lampe à incandescence) dépensant 7 ampères à 110 volts.	770 watts.
2 lampes Hélios placées en dérivation sur le secondaire d'un transformateur, dépensent 20 ampères à 30 volts. . . .	600 watts.
En ajoutant 5 %.	30 w.
	630 watts.

En résumé :

La puissance dépensée par 2 lampes à arc à courant direct. .	770 watts.
— — 2 lampes Hélios.	630 w.
On réalise donc une économie de	140 watts.

En faisant la même comparaison avec des lampes de 2000 bougies, nous obtenons les tableaux suivants :

1° *Lampe à courant continu*

1 lampe 110 ampères, 45 volts en tenant compte des résistances placées sur le circuit de 110 volts.	1.100 w.
2 lampes 10 ampères, 45 volts en tenant compte des résistances (comme précédemment)	1.100 w.

2° Lampe Hélios

1 lampe (14 ampères, 30 volts)	420 w.
2 » » 30 volts) 420 watts chaque.	840 w.
Lampe de 1.200 bougies placée en série	315 w.
1 lampe Hélios de 2.000 bougies, 10 ampères, 30 volts. . .	300 w.
5 % en sus.	15 »
	315 w.
Lampe à arc de 2.000 bougies placée en série: 10 amp. 45 v.	450 w.
Lampe Hélios 2.000 bougies, 14 ampères 30 volts	420 »
5 % en plus	441 w.

D'après la « Hélios Electric Company » :

1 lampe à courant continu de 2.000 bougies dépenserait autant de courant que 14 lampes à incandescence de	16 bougies
1 lampe Hélios de 1.500 bougies dépenserait autant de courant que 5 1/2 lampes de	16 »
1 lampe à courant continu, 2.000 bougies, 1.100 watts dépenserait autant de courant que 20 lampes de	11 »
1 lampe Hélios de 2.000 bougies	7 1/2
2 lampes à courant continu, 1.500 bougies.	7
2 lampes Hélios, 1.500 bougies.	5 1/2
2 lampes à courant continu, 2.000 bougies, 1.100 watts. . . .	10
2 lampes Hélios, 2.000 bougies, 840 watts	7 1/2

Nous donnons ci-dessous un tableau comparatif indiquant le coût d'une installation d'éclairage faite avec des lampes Hélios.

On admet, en général, aux Etats-Unis, que le prix d'une installation de lampe à arc pour courants continus est environ 400 francs par lampe.

Avec une lampe Hélios de dix ampères, qui donne la même quantité de lumière que 5 lampes 1/2 à incandescence de seize bougies, nous aurions :

Lampes	1° Transformateur	2.500 fr.
de 10 ampères	2° Alternateur.	2.500
1.500 bougies	3° 50 lampes Hélios à 110 francs . . .	5 500
	Coût total. . . .	10.500 fr.

Avec des lampes de quatorze ampères et de 2000 bougies, nous aurions :

1° Transformateur.	4.000 fr.
2° Alternateur	4.000
3° 50 lampes Hélios à 110 francs	5.500
Total. . .	13.500 fr.

La « Hélios Electric Company » emploie pour son système d'éclairage par lampes à arc, le transformateur Stanley.

Ces transformateurs sont construits par la Stanley Electric Manufacturing Company, de Pittsfield Mass.

Le *transformateur* récemment mis en vente par cette Compagnie a déjà obtenu un grand succès. C'est le 1er avril 1891 que la Stanley Electric Company a mis en vente ses premiers transformateurs. Ils se trouvent maintenant dans la plupart des installations américaines qui emploient les courants alternatifs. Ce transformateur présente, en effet, un avantage tout particulier. Son système d'isolement est bien supérieur à tout ce qui a été employé jusqu'à présent aux Etats-Unis. On n'y emploie ni huile, ni mica, ni papier préparé.

Ces substances, l'huile elle-même, perdent, en effet, à la longue, leurs propriétés isolantes.

La « Stanley Cⁿ » a créé un type de transformateur dont le rendement reste absolument constant, même après un très long service.

Dans le transformateur Stanley, les enroulements se trouvent complètement noyés dans la masse isolante. Une coupe de transformateur présente l'apparence de la section d'un câble sous-marin d'excellente qualité.

Le transformateur se trouve donc absolument à l'épreuve de l'humidité. L'appareil tout entier peut être plongé sous l'eau tout en continuant à donner le même rendement.

Les enroulements primaires et secondaires se trouvent protégés de tout contact extérieur. Ils ne peuvent entrer accidentellement en contact avec le noyau en fer laminé.

Chaque transformateur, avant de quitter les ateliers de la Compagnie, est essayé sous une couche d'eau.

Dans ses ventes, la Compagnie assure ses transformateurs contre tous risques, même contre ceux d'incendie pour une durée de cinq ans.

Les procédés d'isolement employées par le Stanley Electric Company sont coûteux. Mais le rendement de ses transformateurs est excellent.

Les résultats obtenus par cette Compagnie ont été du reste aussi rapides qu'importants.

En moins de deux ans, le rendement des transformateurs fabriqués par la « Stanley Company », a été amélioré de 10 %. Le prix de ces appareils a été réduit de 33 %.

A pleine charge, le rendement des transformateurs atteint 97,5 % pour les transformateurs de grande puissance. Pour les transformateurs de petite puissance, il ne descend pas au-dessous de 93 %.

A demi-charge, les transformateurs Stanley donnent un rendement variant entre 90 et 97 %.

A 1/4 de charge, le rendement ne descend pas au-dessous de 96 % pour les grands transformateurs, et 85 % pour les petits.

Le fonctionnement du transformateur Stanley est absolument régulier.

Canalisations pour le transport de la force

En plus des nombreux circuits qui servaient à l'éclairage électrique de Jackson-Park, il n'y avait pas moins de huit circuits spécialement affectés au service du transport de la force.

Tous ces circuits se rendaient ou envoyaient des branchements dans les différents bâtiments de Jackson-Park. Ils exigeaient environ 31 700 mètres de câbles, isolés par une enveloppe de caoutchouc de 3 millimètres d'épaisseur. Les réseaux étaient numérotés de 1 à 8. Les sept premiers étaient traversés par des courants de 500 volts. Le circuit n° 8 par un courant de 220 volts. Le réseau n° 1 amenait le courant aux moteurs placés dans le Palais des Transports et dans le bâtiment annexe. Il était constitué de 10 câbles nos 0000 (jauge Crown et Sharpe), qui venaient de la station installée dans la Machinery Hall, par la « C. & C. Electro Motor Company ». Ils passaient d'abord par la grande galerie souterraine, puis à partir de l'angle Nord-Ouest de l'annexe du Palais des Machines, ils étaient accrochés à la structure du chemin de fer surélevé.

Les câbles du réseau n° 2 se rendaient au centre même du Palais des Transports, où ils amenaient le courant à un certain nombre de moteurs d'une puissance totale de 400 chevaux-vapeur. Le courant de ce circuit ne servait pas seulement à actionner des moteurs, mais aussi à alimenter des lampes à arc appelées « incandescent arc lamps », placées en série de dix.

Le réseau n° 2 était formé de 4 câbles n° 0000 (jauge Brown et Sharpe),
et se rendait par la galerie souterraine, devant le Palais du Gouvernement. Deux branchements s'en détachaient alors et entraient dans ce bâtiment où ils actionnaient des moteurs employés à divers usages. Deux
branchements se rendaient au pavillon des « Pêcheries » où ils amenaient
le courant à deux moteurs de la « C. and C. Electro Motor Company »,
qui actionnaient des pompes. Ces pompes étaient destinées au service
de l' « aquarium ». Un autre branchement était formé de deux fils n° 0
(jauge Brown et Sharpe). Ces fils quittaient alors la galerie souterraine
et passaient sur des isolateurs placés eux-mêmes sur des traverses
situées au-dessous de la voie du chemin de fer aérien.

Ils se rendaient à l'extrémité nord de Jackson-Park et revenaient en
suivant la ligne de l'intra-mural jusque devant l'entrée du Palais des
« Dames » (Women s' building).

Du Palais des Dames, un circuit formé de deux fils n° 000 (B & S),
se dirigeait vers le Sud, puis tournait à l'Est, pour se rendre à la station
centrale de la « C. & C. Electric Motor Company ». La longueur de ce
circuit était d'environ neuf kilomètres.

Au pavillon dénommé sur le plan « Service Building» un branchement
se détachait du circuit et amenait le courant à un moteur de cinq chevaux. Au pavillon de l'État de New-York, un moteur de vingt-cinq
chevaux de la C. & C. Electro Motor Co, actionnait un ventilateur qui
se trouvait placé sur un branchement du même circuit.

Au Palais des Dames, deux moteurs de vingt chevaux assuraient le
service des ascenseurs.

Dans l'angle Nord-Ouest du palais de l'Horticulture, se trouvaient
plusieurs moteurs représentant une puissance totale de cinquante
chevaux-vapeur.

Dans le bâtiment des Services de la Construction, se trouvaient deux
moteurs de trois et cinq chevaux qui actionnaient des ventilateurs.

Le réseau n° 3 formé de quatre câbles n° 0000 (B & S), passait sur des
isolateurs fixés à des traverses au-dessous de la voie du chemin de fer
aérien et se rendait jusqu'au milieu de Midway-Plaisance (voir plan général). Là, il se divisait en deux branchements formés chacun de deux
câbles n° 0000 (B & S), qui étaient portés sur des poteaux de forme octogo-
nale d'un modèle assez artistique. Ce circuit suivait toute la longueur de
Midway-Plaisance et émettait de distance en distance des branchements.
Il y avait en effet, à Midway-Plaisance, et pour des usages excessive-

ment variés, un nombre considérable de moteurs représentant un total de deux cents chevaux-vapeur.

Le réseau n° 4, formé de six câbles n° 0000 (B & S), après avoir quitté l'angle S.-E. du Machinery Hall, se rendait dans des conduites en poterie à la ligne du chemin de fer surélevé, la suivait jusqu'au Pavillon de la Laiterie où un moteur de dix-sept chevaux et demi commandait par courroie une machine à fabriquer la glace et un autre moteur d'une puissance de trente chevaux actionnait les transmissions. A l'angle Sud-Ouest de l'annexe du Pavillon de l'Agriculture, se trouvaient six moteurs. Deux de ces moteurs avaient une puissance de soixante chevaux. Un autre donnait soixante-dix chevaux. Les deux derniers, trente chevaux.

Tous ces moteurs servaient à actionner les transmissions.

Le réseau n° 5 était formé de six câbles n° 0000. Il quittait la Machinery Hall près du pavillon des pompes Worthington et suivait la ligne du chemin de fer aérien jusqu'à un point voisin de l'annexe du Palais de l'Agriculture. Il se rendait alors au milieu du Casino où se trouvaient placés un certain nombre de moteurs. Puis aux trottoirs mobiles (movable sidewalks), où ils amenaient le courant aux moteurs que nous décrirons dans une autre partie de cet article.

Le réseau n° 6 composé de quatre câbles n° 0000, amenait le courant au Palais des Manufactures où il n'y avait pas moins de dix moteurs ayant une puissance de cent cinquante chevaux.

Le réseau n° 7 fournissait quatre cents chevaux-vapeur au Palais des « Mines Mining Building » où arrivaient six câbles n° 0000.

Les moteurs électriques qui se trouvaient dans le Palais des Mines actionnaient des pompes, des ventilateurs et diverses autres machines.

Nous donnons planche 32-33 les détails des isolateurs et supports sur lesquels étaient placés les conducteurs dont nous venons de parler.

Principales transmissions de force réalisées à Jackson-Park

Tableau indiquant la puissance en watts des dynamos génératrices qui se trouvaient dans l'usine électrique de l'Exposition et le potentiel des courants qu'elles débitaient

NOM DU CONSTRUCTEUR	NOMBRE de MACHINES	PUISSANCE de chaque machine	POTENTIEL DU COURANT qu'elles débitent	PUISSANCE TOTALE	
Entrepreneurs					
Mather Electric Company	2	225 kw.	550	450 kw.	
» » »	2	120 »	550	240 »	
C.-C. Electric Motor Company	2	80 »	550	160 »	
» « »	2	80 »	250	160 »	} 2.289 kw.
Eddy Electric motor Company	4	186 »	550	744 »	
Westinghouse Electric Manufacturing Company	1	376 »	550	376 »	
Exposants					
Jenney Electric Company	1	80 »	500	80 »	
National Electric Company	1	40 »	500	40 »	} 515 kw.
Western Electric Company	4	137 » 1/2	250	560 »	
Fort Wayne Electric Company	1	120 »	500	120 »	
Total . .				2.804 kw.	

Applications diverses de l'éclairage électrique

Une application intéressante a été réalisée par la « General Electric Company », de New-York, sous la direction des ingénieurs du service électrique de l'Exposition.

Le ministère de la marine des États-Unis avait donné à son exposition une disposition tout à fait particulière. Sous la surveillance d'officiers de la marine américaine, on avait reproduit en grandeur naturelle un des bâtiments de la flotte.

Bien que ce modèle de navire auquel on avait donné le nom d'*Illinois* fut construit en briques et en bois, il reproduisait dans ses moindres détails l'aménagement intérieur d'un navire de guerre. Les canons, les machines, les mâts, les cabestans, étaient à la place qu'ils auraient occupée sur un bateau véritable.

Des officiers et des marins en uniforme recevaient les visiteurs ; tout donnait l'illusion d'un véritable navire.

Comme cette exposition devait être ouverte le soir au public, et qu'il fallait en assurer l'éclairage, la General Electric Company y vit une occasion d'appliquer son système d'éclairage pour navires de guerre.

Il fut donc décidé d'accord avec le service électrique, qu'au lieu d'éclairer cette partie de l'Exposition avec des lampes à incandescence placées sur les circuits de la Westinghouse Company, la General l'Electric C° y installerait une petite usine spéciale.

Ce modèle de navire mesurait 105 mètres de l'avant à l'arrière. La largeur maxima était environ 21 mètres, c'était en somme la reproduction du cuirassé *Oregon* qui a exactement les dimensions que nous venons d'indiquer, avec un tonnage de 10 231 tonnes, une puissance de 9 000 chevaux, et une vitesse de 16 nœuds.

Le nombre des lampes à incandescence à bord de ce navire était d'environ 350.

Les dynamos qui assuraient cet éclairage actionnaient aussi quelques moteurs et fournissaient le courant à un projecteur de 38 000 bougies.

Sur les bateaux de guerre du type *Oregon*, l'installation comporte deux dynamos génératrices de 16 kilowatts, construites par la General Electric Company. Ces dynamos sont du type multipolaire. Les dynamos sont directement accouplées au moteur à vapeur. Nous voyons à bord de l'*Illinois* deux dynamos absolument identiques.

Comme l'on ne pouvait songer à installer des générateurs de vapeur pour actionner la machine, et que d'un autre côté on devait montrer au visiteur une usine en marche, on eut recours à un artifice : Une des dynamos fonctionna comme moteur. Mais pour réaliser cette transmission de force, il a fallu employer une disposition assez compliquée.

La dynamo multipolaire en effet, ne peut fonctionner comme moteur qu'avec un courant au potentiel de 80 volts. Or le courant fourni par les services de l'Exposition était au potentiel de 500 volts. Il a donc fallu recourir à l'emploi d'un moteur de cinquante chevaux, pour courants de 500 volts, directement accouplé à une génératrice multipolaire, débitant un courant de 52 kilowatts.

Le potentiel de 500 volts était en effet réduit à 500 volts grâce à cette disposition.

Il y avait encore une autre difficulté : Le circuit de 500 volts qui se trouvait le plus rapproché de l'*Illinois* était le circuit du chemin de fer dit « Intramural » dont on trouve la description dans une autre partie de cet article. Sur des circuits de cette sorte, les variations sont considérables

Il fallut donc employer un appareil de contrôle spécial. Cet appareil fonctionne automatiquement et intercale au moment convenable, une résistance dans le circuit d'excitation du moteur.

On trouvera planche 32-33, un diagramme représentant les connexions du moteur et de la génératrice. On a représenté également en diagramme l'appareil régulateur. En posant les fils et en installant les dynamos à bord de l'*Illinois* on s'est rigoureusement conformé aux instructions et règlements qui ont été publiés par le ministère de la marine américaine à l'usage des maisons d'électricité qui exécutent des travaux pour le compte du gouvernement.

Nous donnons planche 32-33 un diagramme du tableau de distribution.

Les conducteurs sont munis d'une enveloppe isolante de qualité spéciale et sont absolument imperméables. Dans les boîtes de jonction, les fils passent à travers des rondelles en gutta-percha et le couvercle de la boîte produit une fermeture hermétique.

Le navire possède deux projecteurs électriques. Chacun de ces projecteurs dépense un courant de 80 ampères au potentiel de 80 volts.

Ces projecteurs sont manœuvrés à l'aide de petits moteurs électriques. L'officier de service peut élever ou abaisser le projecteur et diriger le faisceau lumineux sur tous les points de l'horizon. Par une disposition ingénieuse, le projecteur peut recevoir un mouvement continu, fort lent et être amené automatiquement sur tous les points de l'horizon.

Le vaisseau est muni d'un appareil pour signaux système « Ardois ». Les fanaux, au nombre de cinq, sont allumés ou éteints à l'aide d'un petit tableau de distribution placé dans la chambre du second capitaine.

Tout message peut être transmis avec des lampes de deux couleurs (blanche et rouge).

Cette installation a été faite sous la surveillance de M. J.-H. Altekamp Ingénieur de la Marine Américaine et par M. Cl. Matteson.

Le Chemin de fer électrique de l'Exposition

Dès le commencement des travaux de l'Exposition, on s'est préoccupé d'assurer le transport rapide des visiteurs dans l'enceinte de l'Exposition.

La création d'un chemin de fer aérien, à traction électrique, ayant été décidée, on en a accordé la concession à la « Western Dummy Railway Company », qui s'engagea à le construire et à l'exploiter à ses risques, et à verser un quart de ses recettes à la « Word's Columbian Exposition Company ».

Ce chemin de fer, auquel on a donné le nom de « Columbian Intramural Railway », avait une longueur d'environ cinq kilomètres. Son tracé a été étudié avec le plus grand soin, de façon à desservir les principaux points de l'Exposition, sans trop nuire à l'effet esthétique des édifices et du paysage.

Sur tout son parcours, il comportait deux voies supportées par la même charpente. Aux extrémités de la ligne, ces voies se réunissaient par des courbes de 30m,480 de rayon destinées à éviter l'emploi de plaques tournantes. L'une de ces boucles se trouvait au Sud-Ouest du Palais de l'Agriculture près du pavillon Krupp, l'autre entre le Palais du Gouvernement (Government Building) et l'Aquarium. Les trains qui arrivaient à l'une des extrémités par la voie n° 1, s'engagaient dans la courbe, et repartaient par la voie n° 2, pour faire une manœuvre analogue à l'autre bout de la ligne. Il n'y avait donc aucune perte de temps, et les trains se succédaient à quelques minutes d'intervalle avec la plus grande régularité.

Bien que le sol de Jackson-Park fût presque plat, le profil de l'Intramural présentait un grand nombre de rampes nécessitées par
l'obligation où l'on s'était trouvé de faire passer la ligne au-dessus de
certaines constructions, telles que l'Annexe du Palais des Transports
(Transportation Building) et la Galerie vitrée de la Station terminale. La
pente en quelques endroits était de 2/100 ; sur le reste du parcours elle
variait entre 1,5/1000 et 42/1000. La différence de niveau entre le point
le plus élevé des rails, et le point le plus bas était de 8^m,93. La hauteur
du rail au-dessus du sol variait de 3^m,65 à 5^m,50. Les courbes étaient nombreuses. Leur rayon était parfois inférieur à 45^m,72.

Le tracé comprenait en totalité 3047 mètres de voie unique, 4511 mètres de double voie.

Il y avait dix stations, chaque train s'arrêtant dix-huit fois dans un
trajet d'aller et retour qui s'effectuait en quarante-cinq minutes. La vitesse moyenne, en raison du rapprochement des stations n'était pas
considérable. En quelques points du parcours elle atteignait cependant
40 kilomètres à l'heure.

La charpente sur laquelle les voies étaient posées n'était pas partout
construite de la même façon. Sur la plus grande partie de la ligne, elle
était ainsi formée : se succédant de 7^m,62 en 7^m,62 dans le sens de la
direction des voies, et placés par groupes de deux, s'élevaient des poteaux
en bois, de section carrée (30 centimètres sur 30 centimètres), qui
reposaient sur des massifs de béton de 2^m,13 de long sur 2^m,13 de large
et 30 centimètres de profondeur.

L'intervalle entre les deux poteaux d'un même groupe était d'environ
3 mètres, Ils étaient réunis à leur partie inférieure par une traverse de
30 centimètres sur 30 centimètres, et supportaient à leur partie supérieure une poutre de 30 centimètres sur 40^{cm},87, placée de champ et
faisant en dehors de chacun des poteaux une saillie d'environ 1^m,52.

Les détails des assemblages et des fondations sont montrés sur la
planche 40-41.

C'est à la partie supérieure des cadres ainsi formés que venaient
s'appuyer les poutres en fer qui portaient les traverses de la double voie.
Ces poutres, dont la section était en I, étaient fortement entretoisées
par des fers cornières. Elles avaient une hauteur de 33 centimètres.

Les traverses dont la section mesurait 15^{cm},2 sur 20^{cm},5, étaient très
rapprochées. La distance entre leurs axes n'était que de 330 millimètres
à l'endroit des joints des rails et de 0^m,640 dans les autres parties.

Dans l'intervalle de 2 mètres à 2^m,50 qui sépare les deux voies, on avait placé un petit plancher sur toute la longueur de la ligne.

Les rails étaient les mêmes que ceux qui sont employés par le « Pensylvania Railroad ».

A 457 millimètres en dehors de chacun des rails des deux voies, on avait placé un autre rail absolument identique, mais ne reposant plus directement sur les traverses dont il était séparé par des cales en bois de 228 millimètres de haut, placées à des intervalles d'environ 2 mètres.

C'est par ces rails, sur lesquelles glissaient les contacts mobiles ou « sabots frotteurs » suspendus à la première voiture de chaque train, que le courant était transmis aux moteurs électriques qui actionnaient les essieux.

Sur les parties de la ligne les plus éloignées de la station d'électricité, on rencontrait pour chacune des voies une troisième paire de rails.

Ceux-ci, qui ne s'étendaient que sur les 3/5 environ de la longueur totale des voies, étaient employés comme « feeders ». Ils étaient placés tout près et à l'extérieur des rails sur lesquels glissaient les frotteurs. Ils reposaient comme eux sur des cales en bois.

Ces dernières produisent un isolement assez satisfaisant pour qu'on ait cru pouvoir les employer de préférence à des subtances comme le verre ou la porcelaine, qui auraient donné de meilleurs résultats mais auraient coûté beaucoup plus cher. Le retour du courant se faisait par l'intermédiaire des roues de la voiture automobile. Celles-ci le transmettent aux rails sur lesquels elles circulaient. Ces rails eux-mêmes étaient reliés électriquement aux poutres en fer qui portaient les traverses de la voie. Il a fallu, pour assurer la bonne transmission du courant d'une poutre à la suivante sur toute la longueur de la ligne, les réunir les unes aux autres par des lames de cuivre fixées au fer par des rivets également en cuivre. Ces lames de cuivre avaient une épaisseur de 1^{mm},59 et une largeur de 50 millimètres.

Tous les soins possibles avaient été pris dans la pose des rivets pour assurer un contact parfait entre le cuivre et le fer.

D'autres lames de cuivre absolument semblables et placées d'une manière identique permettaient au courant de passer d'un rail au suivant.

De gros fils de cuivre établissaient la communication entre les rails de la voie et les poutres.

Les feeders étaient réunis de la même façon aux rails des frotteurs.

Chaque train était formé de trois voitures ordinaires et une voiture automobile.

Les voitures avaient été construites par la « Jackson Sharp C° », de Wilmington, dans le Delaware. Elles étaient montées sur « trucks » construits par la même Compagnie, d'après les modèles en usage courant sur les chemins de fer aériens de Chicago et de New-York. Le seul perfectionnement notable a été l'adoption pour les voitures de l'Intramural, du système de rouleaux préconisé par la « Jewet Supply C°. » Ces rouleaux étaient interposés entre le truck et la caisse de la voiture. C'est à leur emploi que les Ingénieurs de l'Intramural Railway attribuent l'extrême facilité avec laquelle les trains circulaient dans des courbes d'un très petit rayon.

Les roues des trucks étaient en fonte. Elles avaient 1 mètre de diamètre.

Les bancs, disposés pour 84 voyageurs par voiture, étaient placés perpendiculairement à la direction de la voie, comme dans les wagons français ; alors que sur les chemins de fer aériens de New-York et de Chicago, ils sont disposés dans le sens de la longueur. Les voitures étaient fermées sur les côtés par des portes qui, en glissant, rentraient dans les panneaux lorsqu'on arrivait aux stations et laissaient ainsi un passage libre aux voyageurs. Toutes les portes d'un même côté du car étaient ouvertes ou fermées en même temps. Cette manœuvre était faite par le *serre-frein* et le *conducteur* qui se tenaient respectivement le premier entre les deux dernières voitures et le second entre les deux premières. L'éclairage des voitures était assuré par des lampes à incandescence. Il y en avait 14 par voiture.

Les voitures automobiles avaient un moteur spécial pour chacun de leurs quatre essieux.

C'est la « General Electric C° » qui a fourni tout l'appareillage électrique. Les moteurs étaient du type Thomson-Houston. Ils n'avaient que deux balais en charbon. Ils communiquaient le mouvement aux essieux à l'aide d'un seul train d'engrenage. La vitesse maxima qu'ils pouvaient donner à la voiture était de 56 kilomètres.

Chaque moteur pouvait développer 133 chevaux et pesait 1.814 kilog.

Pour chaque voiture automobile, il y avait 4 sabots-frotteurs ; deux de chaque côté, soutenus par des madriers en chêne qui, placés dans l'axe de chaque truck, font de chaque côté une saillie de 487 millimètres en dehors des roues. Les « *sabots frotteurs* » ou contacts mobiles, étaient

constitués par une pièce en fonte supportée par un losange articulé
A B C D. La forme du sabot était telle qu'il s'appliquait exactement sur
le rail dont nous avons parlé.

Les premières fois qu'on a essayé le matériel roulant de l'Intramural
les frotteurs étaient en laiton. Ils étaient de plus, disposés de façon à
recevoir un ressort qui, pressant sur leur partie supérieure devait mieux
assurer leur contact avec le rail.

Mais l'expérience a montré que le poids seul du sabot suffisait pour
cela et l'on a supprimé le ressort. On a vu aussi que le fer donnait
d'aussi bons résultats que le laiton, tout en coûtant moins cher, et on
lui a, naturellement, donné la préférence. Les frotteurs, et par conséquent les rails qui leur fournissent le courant, ont été placés en dehors
de la voie, et non pas à l'intérieur, suivant l'axe longitudinal de la voiture automobile, ainsi que cela s'était presque toujours fait au para-
vant dans les installations analogues. La disposition employée par l'Intramural présente certains avantages dont le principal est de rendre les
frotteurs très facilement accessibles.

La mise en marche des moteurs, les changements dans leur vitesse,
et leur arrêt, étaient effectués à l'aide d'un commutateur placé tout-à-fait
à l'avant de la voiture automobile.

Cet appareil ressemble assez, par sa forme extérieure, aux commutateurs employés communément pour les tramways électriques.

Au départ, les moteurs étaient tous quatre réunis *en série* (période
n° 1). Puis les moteurs étaient groupés deux par deux *en série*, et les
deux groupes ainsi formés étaient eux mêmes réunis en quantité (période n° 2). Enfin, lorsqu'on voulait donner aux moteurs la vitesse
maximum, on les réunissait *tous* en quantité (période n° 3).

On évitait les variations brusques au moyen de résistances placées
sous le plancher de la voiture. Il est à noter, du reste, que l'on ne passait
point sans transition de la période 1 à la période 2.

Il se trouve, en effet, entre ces deux périodes un instant où deux des
moteurs sont en court circuit et les deux autres en série.

De même, entre la période 2 et la période 3, il existe un instant
intermédiaire de très courte durée, pendant lequel deux des moteurs
sont en court circuit et les deux autres en quantité.

Toutes ces différentes dispositions sont obtenues successivement en tournant l'axe du commutateur de la position d'arrêt à la position de vitesse maxima.

Il était donc possible de faire varier l'allure du train dans des limites très étendues et sans transitions brusques. La manœuvre du commutateur, en raison de la pesanteur des pièces que l'on a à mouvoir, était trop fatigante pour pouvoir être faite à la main. Des dispositions spéciales permettaient de l'effectuer mécaniquement à l'aide de l'air comprimé.

L'air comprimé était fourni par une petite pompe actionnée par un moteur électrique de la force de 3 chevaux. Une disposition ingénieuse permettait de régler automatiquement le fonctionnement de la pompe, de façon à maintenir toujours la même pression dans le réservoir d'air.

Quand cette pression devenait trop forte, une soupape en s'ouvrant rompait le circuit sur lequel est placé le moteur de la pompe et celui-ci s'arrêtait. Si au contraire la pression redevenait normale, la soupape retombait et le circuit étant rétabli le moteur se remettait en marche.

La même pompe fournissait l'air comprimé pour les freins installés par la « New York Air Brake Cº ».

Avant de décrire l'Usine qui produisait le courant électrique et l'envoyait dans les canalisations dont nous avons parlé, nous résumons dans le tableau suivant quelques données numériques relatives au matériel roulant de l'*intramural*.

Longueur des voitures.	. . . .	16^m,76
Largeur —	. . . .	2 ,44
Hauteur —	. . . .	3 ,65
Distance entre les axes des trucks	. . . . .	8 ,25
Diamètre des roues.	. . . .	0 ,91
Poids de la caisse de la voiture	. . . .	7.250 kilogr.
— des deux trucks.	. . . .	5.000 —
— total de la voiture	. . . .	12.500 —
— de 4 moteurs.	. . . .	6.250 —
— des boîtes de résistance	. . . . . .	4.536 —
— du commutateur.	. . . .	0.000 —
— de la pompe et du moteur.	. . . . .	544 —
— total de la voiture automobile.	. . . .	20.200 —

La station d'électricité qui fournissait le courant à l'*Intramural-Railway* était placée au sud-est de l'Exposition à moins de 60 mètres du rivage du lac et tout près des réservoirs d'huile minérale que nous avons déjà eu l'occasion de décrire.

Cet emplacement a été choisi à cause des avantages qu'il présentait au point de vue de l'approvisionnement des chaudières, en eau et en combustible.

L'installation de cette usine a été faite par la « General Electric Company ». Mr. B. J. Arnold, l'ingénieur qui a dirigé ces travaux a bien voulu nous communiquer les dessins d'ensemble que l'on trouvera planches 34-35, 36-37 et 38-39.

En s'y reportant, on remarquera les dispositions qui avaient été prises pour permettre aux visiteurs de circuler tout autour des machines et des dynamos et les examiner sous tous leurs aspects, sans gêner en rien les mécaniciens et leurs aides.

On verra que le chef électricien pouvait, du haut de la plate-forme sur laquelle était placé le tableau de distribution, examiner avec la plus grande facilité tout ce qui se passait dans la salle des machines et dans la chaufferie.

Les bâtiments n'offraient rien de bien intéressant. Ils étaint en bois et staff. Les charpentes d'un type très commun aux États-Unis étaient assez disgracieuses mais fort économiques.

Les fondations des machines présentaient quelque difficulté. Le sol dans cette partie de l'Exposition est particulièrement mauvais.

On avait d'abord songé à enfoncer des pieux, ainsi que cela s'était fait pour la Galerie des Machines. Mais on a reculé devant la dépense que cette méthode eût entrainée, et l'on s'est borné à faire une fouille de 1^m,05 de profondeur au fond de laquelle on établit un solide plancher. Sur ce plancher, l'on construisit un plateau de béton long de 39^m,62 sur 18 mètres de large et 0^m,90 de hauteur, sur lequel l'on éleva les fondations en brique auxquelles on a donné une hauteur de 10 mètres. Grâce à cette disposition, la pression sur le sol n'était pas excessive.

Les machines à vapeur étaient au nombre de 5 :

1° Une machine Reynolds, 558^{mm}+1066^{mm}+1219^{mm} compound en tandem, à distribution Corliss, construite par la « E. P. Allis Company » de Milwaukee. Elle actionnait directement une dynamo de 500 kilowatts. Sa vitesse angulaire était de 80 tours par minute.

2° Une machine verticale Hamond-Williams, 550 × 1 068 × 1 200 compound, commandant directement une dynamo de 500 kilowatts, ayant une vitesse angulaire de 100 tours à la minute.

3° Une machine Green 508^{mm}, × 965^{mm}, × 1 219^{mm} compound en tandem, commandant par courroie, une dynamo de 500 kilowatts à 100 tours par minute.

4° Une machine Mac-Intosh et Seymour, 330^{mm}, $\times$ 584^{mm}, $\times$ 1 523^{mm}, compound, commandant directement une dynamo de 200 kilowatts à 150 tours par minute.

5° Une machine Reynolds-Corliss, 812^{mm}, $\times$ 1 066mm, $\times$ 1 523^{mm} compound, commandant directement une dynamo de 1 500 kilowatts à 80 tours par minute.

Le montage de cette dernière machine a été fait pour la première fois à la station même de l'Intramural. Les nombreuses parties qui la composent ont été envoyées séparément à l'Exposition par les différentes usines ou fonderies auxquelles la « Allis Company » avait confié le soin de leur exécution. Quelques unes de ces parties présentaient un poids si considérable qu'il a fallu employer pour leur transport un wagon construit spécialement dans ce but par la « Chicago et North Western Railway Company.

La dynamo a été construite par la « General Electric Company » C'est une des machines les plus puissantes qui existent actuellement; elle développe une puissance de 1 500 kilowatts. Elle est du type T-H à 12 pôles.

L'induit a un diamètre de 3^{m},60. Le noyau en fonte est renforcé par un cercle d'acier de 177^{mm} de largeur sur une épaisseur de 80^{mm}. Les bras sont au nombre de six. Sur la jante, on a placé parallèlement à l'arbre de couche 29 barres prismatiques laissant entre-elles des vides, dans lesquels on a inséré les appendices en forme de queue d'aronde dont sont munies à leur partie inférieure les feuilles de tôle qui composent le noyau de l'induit. Les feuilles ont la forme de secteurs. Il en faut neuf pour faire un tour complet, la neuvième recouvrant même à moitié la feuille qui a été insérée la première.

Trottoirs mobiles à moteur électrique

Le système de transport par voie ferrée connu sous le nom de *Movable Sidewalk* ou *Trottoirs mobiles* et expérimenté pour la première fois à l'Exposition Colombienne, a été inventé par MM. J.-L. Silsbee et Max E. Schmidt (brevet américain n° 440725, 18 novembre 1890). Ces messieurs ont cédé leurs brevets à la Multiple Speed et Traction C°.

Cette Compagnie désireuse de montrer publiquement les avantages des Trottoirs mobiles en construisit à l'Exposition dès les premiers mois de 1892, une petite ligne de forme elliptique et d'une longueur de 274,50 (900 pieds). Le fonctionnement en fut si parfait que des ingénieurs de la plus haute distinction tels que MM. Georges S. Morisson, Charles L. Strobel, Elmer L. Corthell, etc., n'hésitèrent pas à se prononcer hautement en faveur du nouveau système de transport et approuvèrent en tous points les plans de la Compagnie.

Celle-ci n'obtint point, cependant, l'autorisation d'établir une ligne de trottoirs mobiles tout autour de l'Exposition.

Après une compétition des plus vives, la concession du chemin de fer intérieur de l'Exposition fut accordée à la Western Dummy C° qui construisit l'*Intramural Railway* dont nous avons précédemment donné la description.

La Compagnie reçut en compensation le droit de construire et d'exploiter une ligne de son système sur la plus longue des deux jetées qui s'avancent dans le lac Michigan et servent de débarcadère aux bateaux à vapeur.

Le principe de l'invention de MM. Silsbee et Schmidt est on ne peut plus simple :

Deux plates-formes, l'une fixe, l'autre possédant une vitesse de 9655,8 (6 miles) à l'heure, sont séparées par une plate-forme intermédiaire qui se met avec une vitesse de 4827^m,9 (3 miles) seulement.

Pour gagner leur destination, les voyageurs passent de la plate-forme fixe (n° 1) à la plate-forme intermédiaire (n° 2) et de celle-ci à la troisième sur laquelle sont placés les sièges ; et lorsqu'ils sont arrivés au point où ils désirent s'arrêter, ils sortent en suivant un ordre inverse.

La plate-forme n° 2 qui est fort étroite, n'a point d'autre utilité que de servir de transition entre la première et la troisième. Mais le passage qui se fait par enjambement d'une plate-forme à la suivante n'offrait-il aucune difficulté ? C'était là le point délicat, celui qui a suscité au système des trottoirs mobiles les critiques les plus sérieuses. Une exploitation d'une durée de trois mois, sans aucun accident, avec un nombre de voyageurs transportés supérieur à 200 000, s'est prononcée sous ce rapport en faveur du système et a même fourni la statistique suivante, assez curieuse : sur 10 personnes qui passent pour la première fois d'une plate-forme à la suivante, une seule éprouve quelque embarras. A la seconde fois, 99 sur 100 passent sans la moindre hésitation. Enfin sur 1000 personnes qui effectuent ce passage pour la troisième fois, il n'en est plus une seule en moyenne qui y trouve la plus petite difficulté.

Il est de toute importance que le rapport entre les vitesses des deux plate-formes mobiles reste aussi constant que possible. Pour arriver à ce résultat, les inventeurs des trottoirs mobiles ont trouvé une solution fort ingénieuse : les deux plate-formes sont supportées par une même série ininterrompue de trucks qui circulent continuellement et en sens inverse sur deux voies parallèles réunies par une boucle à chacune de leurs extrémités.

L'une des plate-formes est portée par les essieux; l'autre, au contraire repose sur la partie supérieure des roues par l'intermédiaire d'une bande d'acier sans fin à laquelle les inventeurs ont donné le nom de « rail mobile ».

Ce rail acquiert par son frottement sur le bandage de la roue une vitesse très sensiblement égale au double de celle des essieux.

L'on sait, en effet, que lorsqu'un cylindre roule sur un plan la vitesse de l'axe et celle d'un point quelconque de la surface latérale sont entre elles dans le rapport de 1 à 2.

Les planches 42-43, 44 et 45, montrent en coupe et en élévation les détails de la construction des trucks et des plate-formes.

Les trucks ont une longueur de 3^m,812 (12 pieds et demi), l'intervalle entre les essieux est de 1^m,750 (5 pieds 9 pouces).

Les roues au nombre de quatre, sont en fonte et fort robustes. Les essieux, au contraire, sont légers. Ils n'ont en effet qu'une faible charge à porter.

On remarquera que la plate-forme à faible vitesse est placée en porte-à-faux. Elle a une largeur de 4 mètres environ (13 pieds). Elle est portée par un châssis dont la construction n'offre rien de bien particulier.

L'autre plate-forme a une largeur de 1^m,750. Elle repose sur un châssis en chêne qui porte à sa partie inférieure des coussinets en fonte, munis de fentes longitudinales dans lesquelles vient se loger la partie supérieure du rail mobile.

Entre celui-ci et le coussinet, on a eu soin d'interposer un sabot en acier trempé, séparé lui-même du corps du coussinet par une bande de caoutchouc qui forme ressort.

Les rails mobiles sont en acier et de section rectangulaire. Ils ont

_100 millimètres (4 pouces) de hauteur avec 12^{mm},5 (1/2 pouce) d'épais-
seur.

Ils sont formés de segments de 39^m,650 (130 pieds) de longueur réunis
les uns à la suite des autres à l'aide de rivets. On n'a pris aucune disposition spéciale pour compenser les dilatations et contractions qu'éprouvent
les rails mobiles sous l'influence de la température.

L'expérience a montré que c'eût été absolument inutile. En effet, malgré la longueur de ces rails (plus de 1 220 mètres, 4 000 pieds), les variations de température n'ont eu d'autre effet que de faire subir aux rails
un déplacement de 25 millimètres (1 pouce) environ dans le sens latéral
sur les bandages des roues.

En conséquence on a eu soin de laisser un jeu d'environ 37^{mm},5 (un
pouce et demi) entre les rails mobiles et les boudins des roues.

Sur les 360 trucks que comportait l'installation de l'Exposition, il y en
avait 10 qui étaient munis de moteurs électriques. Ces trucks spéciaux
étaient complètement construits en fer alors que les autres avaient leur
châssis en bois.

Pour chacun de ces trucks, il y avait deux moteurs, un pour chaque
essieu.

Les moteurs étaient du type G. de 30 chevaux, de la General Electric C°.
Ils avaient 4 pôles et développaient une puissance de 15 chevaux chacun. Ils transmettaient leur mouvement aux essieux à l'aide d'un double
train d'engrenages.

Ils recevaient le courant de génératrices installées dans la Galerie des
Machines. La prise de courant se faisait par un *trolley* ou contact mobile, de forme ordinaire, placé à l'extrémité d'une tige qui était fixée
elle-même à la partie inférieure de la plate-forme à faible vitesse.

Ce trolley glissait sur un conducteur supporté au niveau de la voie
des rails fixés par des isolateurs à huile.

Au lieu de relier électriquement les uns aux autres, les rails fixes et
de les faire servir au retour du courant, il a paru préférable d'utiliser
à cet effet les rails mobiles. Ceux-ci formaient un excellent conducteur.

Par l'intermédiaire des roues, le courant arrivait ensuite dans une des
sections des rails fixes et de là revenaient aux dynamos génératrices.

On avait placé sur le circuit principal un interrupteur automatique;
de sorte qu'il suffisait aux agents de la Compagnie ou en leur absence
à n'importe quel voyageur, de presser du doigt un des boutons que
l'on avait placés d'une façon très apparente tous les 9^m,150 (30 pieds)

le long de la ligne, pour faire fonctionner l'interrupteur et provoquer l'arrêt du train.

La mise en marche des plate-formes et leur arrêt étaient effectués en temps ordinaire par l'électricien chargé de la conduite des dynamos. Des communications téléphoniques reliaient la partie de la Galerie des Machines où étaient placées les génératrices à différents points de la plate-forme fixe des trottoirs mobiles.

Les trucks n'étaient point munis de freins. L'expérience a montré en effet, qu'aussitôt que les moteurs s'arrêtent, le frottement des rails mobiles sur le bandage des roues suffit pour produire l'arrêt presque instantané de tout le système.

Toutes les précautions possibles étaient prises pour la sécurité des voyageurs.

De chaque côté des rails fixes, on avait placé de fortes longrines destinées à rendre moins graves les conséquences d'un déraillement.

Si l'on se rend compte du reste que cette éventualité est peu probable en raison de la faible vitesse des trucks, on admettra que les trottoirs mobiles n'offrent guère plus de danger que n'importe quel autre système de transport.

On ne peut leur contester aussi un certain nombre d'avantages qui leur sont propres.

En premier lieu c'est la facilité qu'ils offrent de transporter par unité de temps un nombre énorme de voyageurs.

En prenant par exemple la petite ligne de l'Exposition, on voit que les bancs placés sur la plate-forme qui se meut avec une vitesse de 9 654 mètres (6 miles) à l'heure sont placés à intervalles de 915 millimètres (3 pieds). Ils peuvent recevoir trois personnes chacun. On voit donc que 31 680 voyageurs passent par heure en un point donné. Si la plate-forme mobile était assez large pour y placer 4 sièges de front, ce nombre atteindrait 42 240. On remarquera aussi la légèreté du matériel roulant :

Le poids des trucks est de..........	681 k^u	(1 500 livres).
Avec les plates-formes......·	1.226 k^g	(2.700 livres).
Poids des trucks munis des moteurs.	5.440 k^g	(12.000 livres).
Poids total du train................	471.252 k^g	(1.038.000 livres).
Poids mort par passager..........	70 k^g 522	(5.173 livres).

Comme les charges roulantes se trouvent beaucoup mieux réparties qu'avec tout autre système, les travaux d'art deviennent moins coûteux.

M. Geo. S. Morison, le célèbre constructeur de ponts métalliques a dessiné pour les trottoirs mobiles dans le cas d'une ligne surélevée, des structures d'une légèreté étonnante.

En raison de l'uniformité du mouvement, de sa continuité, de l'absence de chocs de toute sorte et de la régularité de l'effort à demander aux machines motrices, les dépenses d'opération et d'entretien sont très réduites.

Canots électriques.

Ces embarcations faisaient un service régulier entre la colonnade qui réunissait le Palais des Machines à celui de l'Agriculture et le Pavillon des Pêcheries. Elles ont une longueur de 10 mètres sur une largeur de 2^m,590. Leur tirant d'eau est d'environ 660 millimètres.

Chacune de ces embarcations faisait environ 64 kilomètres par jour, et comme il y en avait une cinquantaine, les parcours totalisés s'élevaient à 3 200 kilomètres par jour.

L'hélice de ces canots est actionnée par un moteur électrique de quatre chevaux. L'appareil de manœuvre de courant est un commutateur au moyen duquel on peut agir sur le courant débité par les accumulateurs de façon à donner au moteur six vitesses différentes :

    4 vitesses différentes pour marche en avant :

    2   —   pour marche en arrière.

La vitesse *normale* de ces embarcations n'est pas considérable. Il y avait en effet sur les bassins un très grand nombre d'embarcations de plaisance et il fut reconnu nécessaire comme mesure de prudence d'exiger une vitesse très modérée.

Pour la vitesse *normale*, les accumulateurs sont groupés en trois batteries de 26 éléments placés en série. Cet arrangement donne une force électro-motrice de 52 volts et un courant de 42 à 45 amperes, ce qui correspond à 14 ou 15 ampères par élément.

Dans le circuit du courant débité par les accumulateurs ainsi groupés, l'on peut intercaler une *résistance*.

Une autre disposition consiste à placer les 78 accumulateurs qui se trouvent dans chaque embarcation en deux groupes de 39 placés en série. On obtient ainsi une force électro-motrice ae 78 volts avec un courant de 55 ampères.

Des résistances peuvent encore dans ce cas être intercalées dans le circuit et permettent de faire varier la vitesse du moteur.

Les accumulateurs étaient chargés à une station placée au-dessous de l'annexe du Palais de l'Agriculture, qui, on le sait, est construit sur pilotis.

Le tableau de distribution de cette station était relié électriquement aux dynamos de la « General Electric Company » dont on trouve la description dans une autre partie de cet article.

Il fallait environ cinq à sept heures pour charger les accumulateurs. On employait un courant de 15 ampères.

Ces embarcations ont permis aux visiteurs de bien se rendre compte des avantages présentés par l'électricité sur la vapeur pour cet usage particulier.

Le public du sport et les journaux spéciaux ont été unanimes à reconnaitre que dans un avenir très prochain les moteurs à vapeur et à gaz employés sur les petites embarcations de plaisance, céderont la place aux moteurs électriques. Le principal avantage de ces derniers est de ne donner ni fumées incommodantes, ni odeurs désagréables.

Point de mécanismes à graisser et à surveiller en route : La conduite de l'embarcation devient d'une simplicité parfaite.

La sécurité est absolue ; pendant une durée de plus de six mois et avec cinquante embarcations, on n'a pas eu à enregistrer, à l'Exposition, un seul accident de quelque importance.

Il est arrivé quelquefois que les hélices ont été endommagées par des corps flottants, mais les moteurs électriques ont donné une satisfaction complète.

La Compagnie qui avait obtenu de la « World's Fair Company » la concession pour transporter les visiteurs sur les bassins et lagunes — et à qui appartenaient ces embarcations, réalisa de gros bénéfices.

Nous sommes à même de donner ici un tableau résumant les opérations de cette Compagnie jusqu'à la fin d'octobre.

Nombre total des voyageurs transportés par les canots électriques de l'Exposition, de mai à octobre 801.000
Nombre maximum de passagers transportés en un jour par une seule embarcation 464

Nombre maximum des passagers transportés dans un seul
voyage aller et retour   40
Moyenne par embarcation 3.122
Nombre de jours pendant lesquels le service a fonctionné . .   6.594
Moyenne par jour . . . .
Nombre maximum de kilomètres parcourus par embarcations
et par jour. 37 1/2
Nombre minimum de kilomètres parcourus par embarcation et
par jour   14

Dépenses d'exploitation

Chargement des accumulateurs au tarif de 0 fr., 15 centimes par
cheval-vapeur électrique 2fr,75
Moyenne du coût des réparations par jour pour le matériel suivant :
54 moteurs ;
162 Boîtes à étoupes :
3.524 accumulateurs ;   . . . .   2 ,15
54 commutateurs.
Renouvellement des accumulateurs par embarcation et par jour .   2 ,05
Réparations diverses . . . .   0 ,45
Coût des réparations par embarcation et par jour 7fr,50
Coût en moyenne par embarcations et par kilomètre la main-
d'œuvre dépenses d'administration non comprises 0fr,30

Fontaines lumineuses électriques

Les fontaines lumineuses de Jackson-Park étaient placées l'une à
gauche, l'autre à droite de la belle fontaine allégorique du sculpteur
Mac-Monnie, sur le bord du grand bassin central, en face du Palais de
l'Administration. Les principes sur lesquels repose leur construction
sont ceux là mêmes qui ont été utilisés dans la construction des fontaines
électriques qui furent installées en 1884, par Sir Francis Botton et de
celles que nous avons admirées à l'Exposition de 1889.

Dans les fontaines de la « World's Fair » on constatait cependant d'intéressantes particularités et de très notables perfectionnements.

Leur installation présentait quelques difficultés. Le sol en cette partie de Jackson-Park est très instable. Il a fallu prendre pour la construction des caves où étaient placés les « projecteurs » des dispositions tout à fait spéciales.

L'on songea d'abord à faire une fouille de 3 mètres de profondeur et y faire descendre des caissons en tôle de forme cylindrique.

Mais ce projet fut trouvé trop coûteux et on l'abandonna. Le diamètre des caissons n'eût pas été inférieur à 18 mètres et les calculs montrèrent que pour donner une résistance suffisante contre les pressions latérales et leur faire supporter sans danger à leur partie supérieure le poids de l'eau des bassins et de la tuyauterie des fontaines il eut fallu employer plus de 500 tonnes de fer.

On chercha donc une autre solution, et sur les conseils du général Fitz-Simon, ingénieur d'une haute compétence dans ce genre de travaux, on eut recours à l'emploi de pieux. Ceux-ci furent enfoncés (ainsi que le montre la planche 46-47), sur toute la surface d'un cercle. Ces pieux étaient de longueur différente. Un certain nombre avaient leur tête à quelques centimètres au-dessous du radier. Ils étaient réunis à leur partie supérieure par de fortes moises. Ils supportaient le plateau de béton qui formait le radier de la cave. Les autres pieux s'élevaient plus haut et soutenaient entièrement le plafond.

Les parois latérales étaient constituées par de forts madriers de 7 mètres de long et de 30 centimètres de large sur 8 centimètres d'épaisseur. Ils étaient disposés tout autour de la cave et formaient une triple cloison d'une épaisseur totale de 24 centimètres. Cette cloison a été construite avec le plus grand soin, de façon à éviter les infiltrations. Quand elles se produisaient malgré les précautions prises, on avait recours à une petite pompe mue par un moteur électrique.

Un couloir souterrain construit absolument d'après les mêmes principes servait d'entrée à la cave. C'est par là qu'arrivaient les canalisations d'eau et d'électricité.

Le courant électrique nécessaire au fonctionnement des deux fontaines était fourni par 4 dynamos Edison du type bipolaire d'une puissance de 175 kw, débitant un courant au potentiel de 240 volts. Ces dynamos étaient placées à l'Est du « power plant » dans le Palais des Machines. Le système de distribution employé était celui dit à 3 fils. Le courant de ces dynamos servait aussi à charger des accumulateurs pour le service des chaloupes électriques qui transportaient les visiteurs d'un point à l'autre de Jackson-Park.

Chaque paire de dynamos était commandée par une machine distincte. Celles qui se trouvaient le plus près du mur Sud du Machinery Hall étaient actionnées par courroie par une machine Armington et Sims de 400 chevaux-vapeur, dont la vitesse angulaire était de 225 révolutions par minute.

Les deux autres étaient actionnées par une machine Ball compound à à cylindres juxtaposés de 480 chevaux-vapeur. Cette machine qui faisait 200 tours à la minute présentait une particularité intéressante : c'était la plus puissante machine à grande vitesse exposée à Chicago.

Le courant se rendait aux chambres des projecteurs par une canalisation souterraine du système Edison.

Pour chacune des fontaines, on n'employait pas moins de 19 projecteurs à arc de 80 à 90 ampères.

Ces projecteurs étaient du type Thomson-Houston employé par la Marine des Etats-Unis, modifié pour le rôle spécial qu'ils avaient à remplir dans la circonstance.

Les lampes donnaient une quantité de lumière évaluée à 2500 bougies. L'axe de leur réflecteur faisait un angle très petit avec la verticale. Certains même avaient leur axe absolument vertical. A droite de l'entrée, dans chacune des caves, on voyait le tableau de distribution pourvu de tous les appareils de contrôle ordinaires : voltmètres, ampèremètres, etc. Il y avait un rhéostat spécial pour chacun des circuits sur lesquels les lampes étaient placées en série.

On pouvait aussi à l'aide d'interrupteurs éteindre ou allumer à la fois toute une série de lampes.

Les projecteurs envoyaient les rayons lumineux suivant l'axe de boîtes tronc-coniques dont on donne les détails de construction, pl. 48-49.

C'est à la partie supérieure de ces troncs de cône que débouchent les tuyaux d'eau sous pression.

Le diamètre des orifices, leur forme et leur position ont été étudiés de façon à donner aux fontaines une foule d'aspects différents.

D'après M. Luther Stieringer, l'éminent ingénieur-conseil de la General Electric Company, qui a consacré de très longues années à l'étude de ces questions intéressantes: la beauté d'une fontaine lumineuse dépendrait de ce qu'il appelle l'*effet volcanique*. Il a cherché à réaliser dans les fontaines dont il a dirigé l'installation, l'éblouissant effet de lumière produit par les flammes qui sortent d'un convertisseur Bessemer.

Il aurait désiré même faire jaillir les jets lumineux, non pas d'un bassin, mais d'un monticule de terre comme de vrais *geysers*. Il a dû cependant s'incliner devant la volonté des architectes de l'Exposition qui ont refusé leur approbation à ce projet original.

Les jets dans chaque fontaine se répartissent ainsi :

1 560 orifices de 317 millimètres disposés en cercle de façon à former 12 gerbes lumineuses.

Ces orifices sont dirigés suivant la direction des génératrices rectilignes d'un hyperboloïde de révolution (Voir planche 48-49).

49 orifices de 15 millimètres également disposés en cercle ;

7 petits geysers ;

70 orifices de 6,35 millimètres répartis sur une seule circonférence ;

18 orifices de 31 millimètres pour petits geysers et jets paraboliques ;

12 orifices de 12,70 millimètres appelés pulvériseurs et disposés tout autour de la circonférence extérieure ;

1 de 50 millimètres appelé « grand geyser » et occupant le centre de la fontaine.

Ces jets forment 18 groupes, chacun d'eux éclairé par un projecteur.

La consommation d'eau totale pour les deux fontaines est supérieure à 100 millions de litres par 24 heures.

Ce volume d'eau était fourni par les machines élévatoires exposées par la Compagnie des pompes Worthington et placées dans un élégant petit pavillon situé tout près et au Sud-Est du Palais des Machines.

Ces quatre machines pouvaient servir également à l'alimentation des fontaines, mais la grande machine verticale placée dans l'angle Sud-Est du pavillon Worthington était plus spécialement affectée au service des fontaines. Cette machine pouvait fournir 67 millions de litres par 24 heures. Elle avait 4 cylindres à vapeur disposés en deux groupes et fonctionnait à pleine admission sous une pression de vapeur de 7 kilogrammes par centimètre carré.

La machine qui lui faisait face du côté Ouest était du type horizontal et pouvait débiter 54 millions de litres ; c'est une machine compound à condensation, son rendement est très élevé. Elle était plus particulièrement destinée au service d'incendie, mais fournissait aussi de l'eau aux fontaines.

Les deux autres machines, dont l'une est verticale et l'autre horizontale avaient des débits plus petits, 33 millions de litres pour la première et 22 millions pour la deuxième.

Toutes ces pompes aspiraient l'eau du lac Michigan et la refoulaient dans une canalisation de 920 millimètres de diamètre, ou l'on avait branché une conduite de 200 millimètres qui alimentait la fontaine Mac Monnie.

De la conduite de 900 millimètres partait un branchement de 600 millimètres qui était affecté au service spécial des fontaines électriques. Ce branchement se subdivisait lui-même en deux tuyaux de 400 millimètres qui se rendaient aux caves que nous avons décrites et distribuaient l'eau sous pression aux différents orifices.

Les changements de couleur des jets étaient produits par des écrans qui présentaient la forme d'une rosace et étaient mobiles autour d'un axe vertical.

Les ailes étaient de couleurs différentes et venaient se placer tour à tour sur la direction des rayons lumineux.

Chacun des écrans avait six ailes, chacune de couleur différente.

Les ailes étaient formées de carreaux de verre de petite dimension.

Si quelques-uns de ces carreaux étaient venus à se briser par suite de la chaleur intense à laquelle ils étaient exposés lorsqu'ils se trouvaient au-dessus de la lampe, la réparation aurait pu être faite aisément.

Dans les fontaines de sir Bolton, les verres colorés étaient introduits avec difficulté et à la main les uns après les autres, dans des rainures analogues à celles que présentent les lanternes magiques.

Dans les fontaines de la World Fair, la manœuvre des écrans se faisait mécaniquement à l'aide de dispositifs fort simples.

Il suffisait à l'opérateur de tourner un volant à main pour mettre en mouvement les écrans et par cela même changer la coloration des jets lumineux.

Les volants à main au nombre de trois étaient fixés à des arbres verticaux qui montaient jusqu'au plafond. A leur partie supérieure, ces arbres portaient des engrenages d'angle qui faisaient mouvoir des arbres horizontaux qui transmettaient leur mouvement par courroie à des arbres parallèles.

Le mouvement était transmis en dernier lieu au moyen d'engrenages et de vis sans fin aux arbres mêmes des différents écrans. Nous donnons planche 48-49 tous les détails de cette installation.

Malgré la place prise par les écrans, les poulies et les courroies placées à la partie supérieure de la chambre, la cave avait une hauteur telle qu'on pouvait y circuler aisément. Les volants à manettes sur les-

quelles il fallait agir pour produire les changements de couleurs, les
leviers qui commandaient les valves placées sur les conduites d'eau et
enfin les instruments qui servaient au contrôle du courant étaient
réunis dans la même partie de la cave, de sorte qu'un seul opérateur
pouvait faire fonctionner tous les appareils.

Pour les mouvements des valves et pour les changements de couleur,
cet homme ne faisait que se conformer aux ordres qui lui étaient
transmis télégraphiquement ou par téléphone par un chef opérateur
qui se tenait dans un poste d'observation établi tout en haut de la
tour Nord du Machinery Hall.

Ce poste était relié à la cave par des appareils du genre de ceux qui
sont employés dans la marine pour transmettre les ordres du pilote au
timonnier.

Pour indiquer les changements de couleur, on se servait d'un appareil
analogue aux annonciateurs employés communément dans les hôtels et
dans les maisons particulières pour appeler les domestiques. Cet appareil constitué par une caisse en bois de 80 centimètres de haut et de
30 centimètres de large portait sur sa face antérieure 15 carreaux en verre
dépoli disposés en cinq rangées horizontales de différentes couleurs.

Derrière ces carreaux, on avait placé des lampes de 16 bougies alimentées par un courant de 120 volts. Ces lampes en s'allumant successivement indiquaient le numéro du volant sur lequel on devait agir pour
obtenir un changement de couleur déterminé. Par exemple, si c'était le
deuxième carreau de la rangée bleue qui se trouvait éclairé, l'opérateur
comprenait que son chef lui donnait l'ordre d'agir sur le volant n° 2 et
de le manœuvrer de telle façon que la lumière des projecteurs du groupe
commandé par le volant n° 2 fût interceptée par un verre bleu.

On avait, en se servant de cet appareil, un système de communications rapides et faciles. L'observateur placé à distance pouvait diriger
absolument à sa guise les effets des fontaines.

Service télégraphique de l'Exposition

Dès le début de l'Exposition, il fallut prendre des mesures énergiques contre les dangers d'incendie. De plus, en raison de la grande éten-

due de Jackson-Park et de l'affluence des visiteurs, il fut reconnu nécessaire d'organiser un service complet de police et de secours médicaux. Tous ces différents « départements » ont été réunis sous une direction unique. Le bureau central de ce service se trouvait placé dans le Bâtiment de la direction des travaux entre le Palais de l'Horticulture et celui des « Transports ». Ce bureau était relié télégraphiquement à tous les points de Jackson-Park.

Les canalisations électriques qui servaient au service de police étaient généralement placées dans les mêmes conduites que celles qui servaient au système de protection contre le feu.

Les appareils de signaux en cas d'incendie, étaient placés à gauche de l'entrée des principaux bâtiments. Les appareils avertisseurs pour la police se trouvaient à droite. Les premiers étaient peints en bleu, les autres en rouge. Les dispositions étaient telles que deux appareils voisins se trouvaient sur deux circuits différents. Dans le cas où l'un des avertisseurs ne fonctionnait pas, on n'avait qu'à aller au poste voisin où l'on avait à sa disposition un autre circuit.

Toutes les canalisations étaient souterraines. On n'a pas pu utiliser dans tous les cas la grande galerie dont nous avons parlé dans une autre partie de cet ouvrage. Une partie des fils téléphoniques et télégraphiques étaient placés dans des conduites en bois.

Ces conduites étaient constituées par des blocs de sapin de $1^m,30$ à $1^m,80$ de long à l'intérieur desquels on avait ménagé un trou de 2 centimètres de diamètre.

Dans la même conduite, il y avait quelquefois jusqu'à 24 conducteurs.

Chacun des circuits du service de police est à 2 fils. Il eût été possible évidemment d'obtenir la communication à l'aide d'un seul fil en se servant de la terre pour le retour du courant. Mais l'emploi *de deux fils* donne de bien meilleurs résultats.

Il y avait sur chacun des avertisseurs, un levier relié électriquement à un gong placé dans le bureau même du chef de la police. La gravité de l'accident était indiquée par le nombre de coups frappés sur le gong. Chaque poste était muni d'un téléphone. Le garde qui avait sonné l'alarme pouvait donc expliquer directement au chef de la police la nature et la gravité de l'accident qui venait de se produire. Grâce à l'emploi de deux fils pour chaque circuit deux téléphones pouvaient fonctionner en même temps. Un appareil enregistreur placé dans le bureau du chef de la police permettait de vérifier combien d'appels étaient faits chaque jour.

Les appareils avertisseurs pour le service de la police ont été fournis par la « Police Telephone and signal Company » qui les a loués à la World's Columbian Exposition Company pour une période de 8 mois finissant au mois de décembre 1893. Ces appareils ont été installés par les soins des agents du service électrique de l'Exposition.

Les avertisseurs du service de protection contre l'incendie étaient placés en série et le courant y passait constamment.

En ouvrant la porte de l'avertisseur on rompait le courant : l'alarme se trouvait automatiquement produite. Pour ouvrir la porte, il fallait préalablement briser une petite plaque de verre et toucher un bouton.

Les avertisseurs d'incendie ont été fournis par la Gamewell Fire Alarm Telephone Company aux mêmes conditions que les avertisseurs de police.

Les appels qui étaient faits au bureau du chef de la police se trouvaient reproduits automatiquement dans tous les postes de pompiers ou de gardes. Il y avait en tout :

1 fil pour les sonneries,
2 pour l'appel,
2 pour l'appareil enregistreur.

Dans le cas où l'un des appareils venait à ne pas fonctionner, l'alarme était donnée par un des appareils voisins placé sur un circuit différent.

Tous les fils employés par le service de protection contre le feu et par le service de police étaient des n°s 14 (B et S) isolés par une épaisse enveloppe de gutta-percha.

Conditions auxquelles l'Éclairage et la Force motrice étaient fournis aux exposants dans le Palais de l'Électricité.

Les exposants dans le Palais de l'Électricité étaient divisés en deux catégories :

La première catégorie comprenait ceux qui, en mettant leurs machines et appareils à la disposition de la « World's Columbian Exposition Company », contribuaient aux services d'éclairage ou de transport de force motrice à l'intérieur du Palais de l'Électricité.

La deuxième catégorie comprenait ceux qui n'y participaient pas.

Les exposants de la première catégorie étaient de plus divisés en deux classes :

1° Exposants dont les machines électriques génératrices étaient actionnées dans la Galerie des Machines (Machinery Hall) par des moteurs à vapeur ;

2° Exposants dont les dynamos ou alternateurs étaient commandés par des moteurs électriques mis eux-mêmes en mouvement par des courants débités par des dynamos appartenant à la « Worlds Columbian Exposition Company ».

Les exposants de l'une et l'autre classe ont été tenus de passer un contrat avec l'Administration de l'Exposition.

Nous résumons plus loin les principales clauses de ces contrats et les conditions auxquelles ces exposants fournissaient le courant électrique.

Les machines génératrices fournies par des Compagnies américaines et actionnées par des machines à vapeur étaient placées dans la Galerie des Machines, car on n'avait pas installé de moteurs à vapeur dans le Palais de l'Électricité et la distance qui séparait la Galerie des Machines du Palais de l'Électricité était trop considérable pour permettre de relier ces deux bâtiments par des canalisations de vapeur. Il est à noter cependant, qu'il y avait quelques exceptions à cette règle et que certaines machines placées dans le Palais des Mines et dans celui de l'Électricité recevaient de la vapeur provenant du Bâtiment des Chaudières.

Cette disposition a permis de faire des expériences très intéressantes sur les condensations qui se produisent dans les canalisations de vapeur à longue distance.

Les machines à vapeur exposées par les constructeurs étrangers étaient placées sur les emplacements réservés dans la Galerie des Machines, aux divers pays représentés.

Les canalisations électriques pour transmettre la force motrice de la Galerie des Machines au Palais de l'Électricité ont été installées aux frais des exposants se servant de la force motrice, et sous la surveillance des agents de la W. C. Exposition.

Tous ces circuits passaient par la grande galerie souterraine qui reliait la Galerie des Machines au Palais de l'Électricité et dont nous donnons ailleurs la description. Les allées du Palais de l'Électricité étaient éclairées par des lampes à arc. La force motrice nécessaire pour actionner les dynamos employées pour l'éclairage général du Palais de l'Électricité était fournie gratuitement aux exposants qui se chargeaient d'installer cet éclairage. Les exposants qui contribuaient à cet éclairage recevaient en outre gratuitement une certaine quantité d'éclairage ou de force motrice pour leur usage personnel, en échange du service qu'ils rendaient à l'Exposition.

Le montant de cette quantité de force motrice était fixé par contrat passé entre l'exposant et l'Administration de l'Exposition. Les lampes à arc qui servaient à l'éclairage du Palais de l'Électricité étaient divisées en deux catégories entre lesquelles la distinction était en certains cas, assez difficile à établir.

Ces catégories étaient les suivantes :

1° Lampes qui servaient à l'éclairage *général* du Palais et qui se trouvaient placées dans les allées.

2° Lampes qui servaient à l'éclairage des expositions particulières.

Les lampes à arc ou à incandescence pouvaient être placées directement sur les différentes canalisations venant de la Galerie des Machines ou bien étaient alimentées par des dynamos commandées par des moteurs actionnés eux-mêmes par des courants provenant des canalisations établies par la World's Columbian Exposition Company. Les moteurs et les générateurs étaient en ce dernier cas, placés dans le Palais de l'Électricité. Les quelques lampes à arc qui restaient allumées toute la nuit pour le service d'ordre, faisaient exception à la règle et étaient fournies par les diverses Compagnies d'électricité qui avaient obtenu les contrats pour l'éclairage général des terrains de l'Exposition.

Les exposants de la 2ᵉ classe qui se servaient des courants provenant des canalisations établies par la World's Columbian Exposition Company pour la transmission de la force motrice, devaient fournir les moteurs, dynamos et tous les accessoires nécessaires à leurs propres frais. L'installation de ces machines était faite sous la surveillance et suivant les indications des agents de la World's Columbian Exposition.

Les exposants, dont les lampes servaient à l'éclairage du Palais de l'Électricité, devaient poser ces lampes et les entretenir en bon état à leurs frais. La pose des fils était aussi à leur charge.

Pour les lampes à arc ou à incandescence et les moteurs installés sur l'emplacement même de l'exposant, toutes les dépenses étaient au compte de l'exposant.

Pour pouvoir fournir l'éclairage et la force motrice aux exposants qui ne contribuaient pas au service de l'éclairage du Palais de l'Électricité, on avait assigné à chaque exposant concourant au dit service, une portion du Palais dans laquelle il devait fournir l'éclairage et la force motrice aux autres exposants qui les désiraient.

Tout travail de pose de fils de lampes, ou d'installation de moteurs effectué par un des exposants pour le compte d'un autre, était payé par la World's Columbian Exposition Company au tarif suivant :

1° Pour chaque lampe à incandescence 18 francs par lampe de 16 bougies.

a. — Les fils et les supports spéciaux étaient fournis par la World's Columbian Exposition à un tarif fixé par l'Administration de cette Compagnie.

b. — Les abat-jours réflecteurs, ou autres accessoires étaient fournis par l'exposant lui-même.

c. — Les lampes en verre coloré et les lampes autres que celles de 16 bougies, étaient fournies par l'Administration de l'Exposition.

d. — Le remplacement des lampes devait être fait gratuitement par les exposants fournissant l'éclairage.

2° Pour chaque lampe à arc y compris la rosace de plafond, la tige de suspension et la lampe complète, le prix fixé était de 182 francs. Les lampes étaient fournies avec des globes d'opale. L'entretien des lampes et la main-d'œuvre étaient aux frais de l'exposant fournissant l'éclairage.

3° Toutes les canalisations nécessaires pour l'installation des moteurs dans l'espace assigné à chaque exposant contribuant au service de l'éclairage étaient installées aux frais de l'exposant désirant ces moteurs. Toutes les canalisations aussi bien que les lampes et supports installés et entretenus par un exposant à ses propres frais étaient sa propriété.

Toutes les installations étaient faites sous la surveillance du chef du service électrique (Électrical department).

Les installations devaient être conformes aux instructions formulées par le « Board of underwriters » et étaient sujettes à l'inspection et à l'approbation du directeur des travaux de l'Exposition.

L'éclairage « *spécial* » sur l'emplacement des exposants était payé par eux au tarif suivant :

1° LAMPES A ARC.

Du 1er mai au 30 octobre 1893, c'est-à-dire pendant la durée de l'Exposition et aux heures où l'Exposition était ouverte au public, 338 francs par lampe de 2 000 bougies. Les lampes suspendues au plafond et munies de globes de fantaisie et les lampes de modèles spéciaux étaient payées suivant un tarif fixé par l'Administration de l'Exposition.

2° LAMPES A INCANDESCENCE.

Du 1er mai au 30 octobre, durant toutes les heures pendant lesquelles l'Exposition était ouverte au public, 41 fr., 60 par lampe de 16 bougies. Les installations de 500 lampes ou davantage profitaient d'une réduction spéciale. Le prix de 41 fr., 60 comprenait le remplacement des lampes.

3° MOTEURS.

Les exposants, employant de la force motrice, fournissaient les moteurs rhéostats, interrupteurs, coupe-circuits et conducteurs nécessaires. Les rhéostats devaient être entièrement construits en matériaux incombustibles. Les interrupteurs étaient du type « Knife Blade » (lame de couteau). Les moteurs étaient installés aux frais de l'exposant par les entrepreneurs qui fournissaient la force motrice à sa section.

Tarif pour la pose de canalisations

Pour 1/2 cheval ou moins	41fr,60	
Pour 1 cheval à 5 chevaux.	62 ,40	par ch.-vap.
Pour plus de 5 chevaux ou moins de 10	52 »	—
Pour plus de 10 chevaux	41 ,60	—

On ne tenait pas compte des fractions de cheval, excepté pour les moteurs de moins d'un cheval-vapeur.

Tarif pour la fourniture de force motrice

1/4 de cheval ou moins.	78 francs	
Plus de 1/4 et moins de 1/2	156	—
Plus de 1/2 et moins de 1	260	—
Plus de 1 et moins de 2.	234 fr.	par ch.-vap.
Plus de 2 et moins de 3.	220	—
Plus de 3	208	—

Le service devait fonctionner du 1er mai au 31 octobre. Les agents de l'Exposition devaient avoir accès sur l'emplacement de l'exposant à toute heure raisonnable.

1° Les dynamos, les conducteurs de circuit primaire et les transformateurs devaient être installés et entretenus par l'administration de l'Exposition ;

2° Toutes les lampes, supports, interrupteurs, coupe-circuits, etc., devaient être appropriés au circuit.

3° Le courant électrique pour l'éclairage par lampe à incandescence était fourni par l'Exposition du 1er mai au 31 octobre 1893, au tarif de 41 fr. 60 par lampe de 16 bougies ;

4° Les bâtiments affectés aux représentants des divers Etats ou territoires de l'Union ainsi qu'aux gouvernements étrangers, devaient être éclairés aux frais de ces Etats, territoires ou gouvernements.

Les concessionnaires qui avaient passé un contrat avec la World's Columbian Exposition Company pour faire construire un pavillon, restaurant, café ou théâtre, à l'intérieur de Jackson-Park, devaient supporter tous les frais de l'éclairage de leur installation. L'installation comprenait toutes les canalisations et accessoires depuis le transformateur jusqu'aux lampes.

Les plans devaient être approuvés par le directeur des travaux avant que les installations ne fussent commencées. Le travail consistant à brancher sur les transformateurs les circuits secondaires, était fait gratuitement par les agents de la World's Columbian Exposition ;

5° Les exposants ayant leur emplacement dans les bâtiments appartenant à la Compagnie de l'Exposition devaient faire installer ces canalisations par les agents ou entrepreneurs agréés par elle.

Toutes les canalisations installées par l'administration de l'Exposition étaient et restaient la propriété de l'Exposition.

Les canalisations étaient installées conformément aux instructions contenues dans un règlement spécial. Elles étaient payées au prix de 18 francs par lampe.

Les lampes brûlées étaient remplacées gratuitement par l'administration de l'Exposition.

Les lampes cassées accidentellement étaient remplacées aux frais de l'exposant.

Service de distribution de force motrice

Les génératrices et les canalisations principales étaient fournies par la World's Columbian Exposition Company. Les branchements reliant les moteurs aux circuits principaux, de même que les moteurs, les rhéostats et les interrupteurs étaient fournis et entretenus en bon état par l'exposant.

Les moteurs fonctionnaient sur un circuit de 500 volts.

Les rhéostats étaient construits en matériaux incombustibles. Ils devraient pouvoir être traversés sans échauffement anormal par un courant de 500 volts.

L'interrupteur principal dans chaque installation était du type « Knife blade », et capable de fonctionner avec un courant de 500 volts à potentiel constant.

Le tarif adopté pour la pose des canalisations branchées sur les circuits principaux pour la distribution de la force motrice était le suivant :

1/2 cheval ou moins.	52 fr. par ch.-vap.	
de 1 à 5 chevaux	77	—
Pour plus de 5 chevaux et moins de 10	65	—
Pour plus de 10 chevaux	52	—

Dans l'estimation de la puissance du moteur, on ne tenait pas compte de la *nature* du travail à effectuer.

Tarif pour la location de la force motrice aux exposants

1/4 de cheval-vapeur ou moins	110 fr. par ch.-vap.	
Plus de 1/4 et moins de 1/2	210	—
De 1 à 2 chevaux	340	—
De 2 à 3 chevaux	310	—
Pour plus de 3 chevaux	310	—

Les exposants avaient la faculté de placer des moteurs de moins de 2 chevaux sur les circuits à courants alternatifs de la « Westinghouse Electric Manufacturing Company ».

Les prix fixés ci-dessus comportaient l'abonnement pour toute la durée de l'Exposition.

Ceux des exposants qui ne désiraient le service de force motrice que pour un nombre d'heures limité [peuvaient l'obtenir au tarif de 0 fr. 25 par cheval-vapeur heure.

La durée de ce service était déterminée par le chef du service électrique.

Éclairage par lampes à arc

Les allées des Bâtiments de l'Exposition étaient éclairées par des lampes à arc sans frais pour les exposants. Un certain nombre de lampes à arc étaient mises à la disposition des exposants pour l'éclairage de leur emplacement particulier aux conditions suivantes :

a) L'exposant abonné payait le coût des canalisations ;

b) L'abonné payait pour chaque lampe et pour la durée de l'Exposition, la somme de 310 francs par lampe de 2 000 bougies ;

c) Les lampes fournies dans ces conditions étaient munies de globes en verre dépoli ;

d) L'entretien des lampes était aux frais de l'administration de l'Exposition.

Chargement des accumulateurs

1) Les branchements reliant les canalisations principales aux batteries d'accumulateurs étaient installés aux frais de l'abonné ;

2) L'abonné avait à fournir à ses frais la main-d'œuvre pour le chargement des batteries d'accumulateurs ;

3) Le courant était fourni au prix de 0 fr. 25 centimes par cheval-vapeur et par heure.

Courant pour usages spéciaux.

Les tarifs étaient fixés dans chaque cas particulier par les agents de la World's Columbian Exposition Company.

Résumé des conditions auxquelles la vapeur était fournie aux exposants.

1) Les conduites de vapeur à partir de l'endroit où elles étaient branchées sur les canalisations principales étaient installées par l'abonné. Elles étaient recouvertes d'enveloppes anticalorifuges ;

2) Les plans des canalisations de vapeur étaient soumis au directeur de la construction àvant le commencement des travaux ;

3) Le prix de la vapeur fournie de 8 heures du matin à 11 heures du soir pendant la durée de l'Exposition était de 200 francs par cheval-vapeur.

Les abonnés qui n'employaient la vapeur que pendant un nombre d'heures limité payaient 0 fr. 22 par cheval-vapeur et par heure heure ;

4) La pression aux générateurs était d'environ 7 kilogrammes par centimètre carré.

Résumé des conditions auxquelles l'air comprimé était fourni aux exposants

1) Les branchements allant des conduites principales aux appareils à actionner étaient installés et entretenus par l'abonné ;

2) Les plans de ces canalisations étaient soumis à l'approbation du directeur de la construction.

3) Le prix de la force motrice était établi sur une base de 300 francs par cheval-vapeur ;

4) Les abonnés qui n'avaient besoin de la force motrice que pendant un nombre d'heures limité l'obtenaient au prix de 0 fr. 26 par cheval-vapeur et par heure.

Distribution de force motrice par arbres de transmission et courroies

1) L'abonné devait fournir et placer sur l'arbre de transmission la poulie actionnant ces machines. Toutes ces poulies devaient être d'excellente qualité. Elles devaient être formées de deux moitiés séparables.

2) Les abonnés payaient 300 francs par cheval-vapeur. Ceux qui n'employaient la force motrice que durant un petit nombre d'heures chaque jour, la payaient 25 centimes par cheval-vapeur et par heure.

Les abonnés fournissaient la main-d'œuvre, mais le choix des ouvriers restait soumis à l'approbation du directeur de la construction.

Leurs salaires étaient fixés par le directeur de la construction après avis du Conseil d'Administration.

Organisation et Composition des Jurys de récompense

Le jury des récompenses dans la classe de l'Électricité, était composé de 38 membres et se subdivisait en huit sous-comités. Le nombre des juges dans chaque sous-comité était de 3 à 4.

Les membres du jury étaient choisis par un comité exécutif composé des membres du « Comité suprème des récompenses ».

Chacun des sous-comités de la classe de l'Électricité examinait un certain nombre d'expositions particulières.

Les Jurés ont été avertis par la Direction générale de l'Exposition que le but de leurs travaux était de déterminer plutôt la valeur générale des machines et appareils divers plutôt que leurs détails de construction. On leur recommanda aussi d'examiner de préférence les inventions nouvelles. Ils devaient donner une note spéciale sur 4 points.

1° Dispositions d'ensemble et conception générale de la machine ;

2° Qualité des matériaux et de la main-d'œuvre;

3° Fonctionnement;

4° Rendement.

Le Comité supérieur des récompenses ayant déclaré d'une façon bien nette dans son rapport que les points (3) et (4) ne pouvaient être déterminés qu'en faisant une série d'essais, et les dépenses entraînées par ces essais et expériences étant aux frais des exposants, un bon nombre de ceux-ci, ont refusé de s'y soumettre.

Les membres du jury dans la classe d'Électricité étaient :

M. le *Docteur Browne Ayres*, professeur de physique à l'Université de New-Orleans.

M. le *D* *Geo F. Barker*, professeur de physique à l'Université de Philadelphie.

M. le *D* *H. S. Carhart*, professeur d'électricité à l'Université de Michigan.

M. *A. E. Dolbear*, professeur de physique à Boston.

M. le *D* *Louis Duncan*, professeur d'électricité à la « *John Hopkins, University* » de Baltimore.

M. le *D* *Charles Emery*, de New-York.

M. le *D* *W. J. Herdman*, professeur à l'Université de Michigan.

M. *L. C. Hill*, professeur à l'École des Mines de Colden. Colorado.

M. *Dongald C. Jackson*, professeur à l'Université de Wisconsin.

Divisions de la classe de l'Électricité.

1. Appareils de mesure.
2. Appareils de démonstration.
3. Transmission et contrôle du courant.
4. Piles. — Accumulateurs. — Charbons pour piles.
5. Machines dynamos. — Alternateurs.
6. Moteurs à courant direct, moteurs à courant alternatif.
7. Application des moteurs aux pompes, grues, treuils, machines diverses.
8. Dynamos directement accouplées à des machines à vapeur.
9. Conducteurs. — Fils. — Câbles. — Rhéostats. — Isolateurs.
10. Éclairage. Lampes à incandescence. — Lampes à arc pour courants alternatifs et pour courants directs.
11. Chauffage par l'électricité. — Applications culinaires du courant électrique.
12. Electro-métallurgie. — Galvanoplastie.
13. Forgeage et soudage des métaux par l'électricité.
14. Tannage des cuirs. — Traitement des vins.
15. Télégraphie. — Signaux.

16. Téléphones.

17. Chirurgie et Thérapeutique.

18. Applications diverses.

Essais des lampes à incandescence

Parmi les travaux de la Commission des récompenses, on doit noter les essais comparatifs qui ont été effectués sur les lampes à incandescence.

Ces essais, dont les résultats officiels n'ont point encore été publiés présenteront au point de vue technique aussi bien qu'au point de vue industriel un intérêt capital.

Les essais généraux ont porté :

1° Sur des lampes de 16 bougies, placées sur des courants continus de 110 volts et dépensant 3 watts et demi.

2° Sur des lampes à incandescence de 16 bougies pour courants alternatifs de 50 volts.

Enfin, des essais spéciaux ont été faits pour bien déterminer la façon dont se comportent les différents types de lampes pour courants alternatifs de 100 volts.

Les principaux résultats que l'on désirait obtenir étaient :

Déterminer 1° le pouvoir éclairant des lampes au commencement des essais ;

2° Le rendement des lampes ;

3° La durée des lampes ;

4° Les variations du pouvoir éclairant des lampes ;

5° Le coût de la bougie-heure, au commencement, au milieu et à la fin de l'essai.

Le laboratoire où ont été effectués ces essais, se trouvait placé au rez-de-chaussée du Palais de l'Électricité et dans l'angle Sud-Ouest.

Le mauvais vouloir qu'ont rencontré les membres de la Commission des essais de la part de la Direction de l'Exposition ont causé de longs retards, et le laboratoire n'a pu être installé qu'à la fin du mois d'août.

Les lampes à incandescence étaient suspendues à des châssis de deux mètres environ de haut disposés sur cinq rangées.

L'un d'eux était réservé aux lampes à courants alternatifs de 50 et 100 volts. On pouvait y placer 80 lampes.

Deux étaient disposés pour recevoir les lampes pour courant continu de 110 volts. Les deux derniers châssis supportaient les lampes pour courants alternatifs de 50 volts.

Les conducteurs passaient d'abord par un tableau de distribution fort bien installé, puis se rendant aux lampes. Tous les fils employés étaient de fort diamètre. Les plus petits étaient du numéro 00 (jauge Brown et Sharpe). Les plus gros du n° 000 (B. et S). De telle sorte que la chute de potentiel causée par la résistance de ces conducteurs était absolument négligeable et l'on pouvait considérer toutes les lampes comme recevant un courant de même potentiel.

Le tableau de distribution était muni de voltmètres pour courants continus et pour courants alternatifs, et de tous les interrupteurs nécessaires au contrôle de ces courants. On se servait pour évaluer la force électro-motrice de voltmètres Weston.

Le courant nécessaire aux essais était fourni par la *Fort Wayne Electric Company*. » Nous décrivons dans une autre partie de cet article l'intéressante usine électrique qui a été installée par cette Compagnie dans le Palais de l'Électricité. Une dynamo génératrice placée dans la station centrale du Machinery Hall et commandée par une machine à vapeur système Buckeye actionnait à distance un moteur de 15 chevaux qui faisait partie de l'installation électrique de la « *Fort Wayne Company* » dans le Palais de l'Electricité. Ce moteur commandait par courroies une dynamo et un alternateur système Woods. Ce sont ces deux machines qui fournissaient le courant aux lampes à incandescence.

Un rhéostat spécial placé sur le tableau de distribution permettait aux électriciens chargés des essais, de régler les courants d'excitation de ces machines.

Il était possible d'obtenir des courants de force électro-motrice restant rigoureusement constante pendant toute la durée des essais.

On effectuait les mesures dans l'ordre suivant :

La lampe était placée dans le photomètre. On faisait passer un courant de force électromotrice convenable.

On notait de dix minutes en dix minutes le potentiel du courant et le pouvoir éclairant de la lampe.

On plaçait alors les lampes sur le châssis, après avoir noté l'instant où commençait l'expérience, et on l'y laissait dix heures.

On replaçait alors la lampe sur le photomètre et l'on continuait ainsi jusqu'à ce que le filament fût brûlé.

Après avoir placé la lampe sur le circuit pendant quelques jours, les déterminations devenaient moins fréquentes. — On ne les faisait même alors qu'une fois par jour.

Chaque fois que l'on plaçait la lampe sur le photomètre, on faisait plusieurs lectures dont on prenait la moyenne.

Les essais ont continué jour et nuit excepté le dimanche jusqu'à la fin de l'Exposition.

Les expériences photométriques ont été faites avec beaucoup de soins.

Le photomètre dont on s'est servi était du type Lummer-Brodhun fabriqué par la maison Schmidt et Haensch de Berlin et exposé par Eimer et Amend de New-York.

Cet appareil ressemble beaucoup à celui qui est construit par « Queen and Company » de Philadelphie.

L'étalon adopté pour les mesures photométriques était la bougie de spermacéti anglaise. On fit venir d'Angleterre pour ces expériences, un certain nombre de ces bougies.

Ces bougies ont servi à étalonner un appareil Methven gracieusement mis à la disposition du jury par le professeur Thomas.

La lampe du type Methven ordinaire était alimentée par le gaz des canalisations de la ville. Ce gaz passait dans un carburateur Wright et était complètement saturé par de la vapeur de pentane.

La pression du gaz était maintenue rigoureusement constante au moyen d'un régulateur de pression prêté par MM. Ewart and Sons, de Londres.

En raison de la différence de couleur de la flamme de l'appareil Methven et la lumière électrique, on a étalonné à l'aide de la lampe Methven un certain nombre de lampes à incandescence. Ce sont ces lampes qui ont été employées pendant toute la durée des essais.

Ces lampes avaient un pouvoir éclairant de 32 bougies.

L'image produite par le filament rougi sur l'ampoule du verre fut une cause de beaucoup d'ennuis. On trouvait fréquemment en effet une fausse valeur pour le pouvoir éclairant du filament lui-même.

Dans une expérience qui a été faite avec une lampe Methven dont on avait noirci une partie du verre, on trouva une diminution de pouvoir éclairant de 9 %.

Pour se débarrasser de cette cause d'erreurs dans le cas de lampes à incandescence, on adopta une méthode spéciale.

On détermina le pouvoir éclairant de la lampe, en la faisant tourner autour d'un axe vertical et on prit la moyenne. On détermina avec le plus grand soin la position de la lampe qui correspondait à ce *pouvoir éclairant moyen*. On fit un trait sur l'ampoule à la lampe et dans toutes les déterminations suivantes, on plaça la lampe dans la position qui correspondait à cette marque.

Essais sur les lampes à arc

On a déterminé la sensibilité de l'appareil régulateur des lampes à arc, la régularité de descente ou d'ascension du charbon et la promptitude d'action des appareils de rupture. On a fait aussi des expériences intéressantes pour déterminer le pouvoir éclairant des lampes à arc soumises à l'examen du jury. Ces lampes étaient celles employées communément aux États-Unis pour les courants alternatifs et les courants directs. On a examiné ainsi quelques projecteurs.

Essais sur les piles et les accumulateurs

Les piles sur lesquelles ont porté les essais sont du type Leclanché. On a déterminé leur résistance intérieure, leur force électro-motrice initiale. Les piles ont été soumises à l'épreuve suivante :

On les a placées en court circuit avec une résistance de 2 ohms pendant une demi-heure et on a cherché à déterminer la perte de force électro-motrice provenant de la polarisation.

On choisit une résistance de 2 ohms parce que le jury a pensé que les circuits sur lesquels ces piles se trouvent placées d'ordinaire ont à peu près cette résistance. On a pensé que la résistance de 5 ohms qui sert généralement, est trop élevée.

On construisit un laboratoire spécial dans la galerie Nord-Ouest du Palais de l'Électricité au 1er étage. Pour effectuer ces déterminations, on employa des voltmètres et des ampèremètres Weston. Les boîtes de résistance employées dans ces essais ont été fabriquées par la maison « Queen et Cⁱᵉ », de Philadelphie.

Les Compagnies suivantes ont soumis les piles de leur fabrication à l'examen du jury :

Union Electrical Works. — Piles à courant constant.

Hanson Electrical Company.

Wm Barnley Cartridge Company.

Greeley et C°. — Pile sèche.

Gardner et Sons. — Pile sèche.

Western Electric. — Pile sèche, type Pony.

      —   Pile sèche, type Phœnix.

Géneral Electric Company limited de Londres. — Piles sèches.

Queen et C°.— Pile à l'iodure de potassium.

Vehter et C°. -- Pile Leclanché.

Leclanché-Battery C°. — Piles de différents types.

H. Shonberg et Sons. — Piles sèches.

SS. While dental Mfg. Company. — Piles pour moteurs système Partz ; piles Leclanché.

Domestic Electric Power and Light Cⁱᵉ.— Piles du type Leclanché.

Accumulateurs

Il n'y a eu que très peu de types d'accumulateurs soumis à l'examen du jury. Les essais ont porté sur leur poids, leur débit en watts. Ces essais ont été assez mal dirigés et n'ont pas donné les résultats qu'on en pouvait attendre.

INSTRUMENTS DE MESURE.

La salle où se faisaient les essais était placée au coin Nord-Ouest du Palais de l'Electricité.

On y remarquait un tableau de distribution avec des contacts à base de mercure. Le courant y était fourni par des accumulateurs. Les instruments soumis à l'examen du jury consistaient en galvanomètres, boites de résistance, piles étalons.

a. Galvanomètres.

Il y avait 5 types de ces appareils.

Un galvanomètre Thomson construit par Queen et C°, de Philadelphie.

Un galvanomètre, type d'Arsonval construit par la même Compagnie.

Un galvanomètre astatique exposé par Hartmann et Braun.

Un galvanomètre Thomson, exposé par Greeley and Company.

Un galvanomètre du même type, construit par la Western Electric Company.

Les essais des galvanomètres ont porté sur leur sensibilité.

Les déterminations ont été faites à des intervalles aussi rapprochés que possible. Le jury accordait aussi une grande importance à la perfection du système de suspension employé et aux dispositions prises pour protéger les parties mobiles et rendre leur remplacement facile.

Piles étalons

Les piles étalons ont été comparées les unes avec les autres. Toutes ces différentes piles ont été comparées avec l'étalon anglais (*pile Latimer Clark*) ainsi qu'il a été défini par le Board of trade.

Les piles sur lesquelles ont porté les essais, sont les suivantes :

Pile étalon de la Weston Electric Instrument C°.

Standard Electric Company.

Queen and Company.

Pile Carhart-Clark.

Pile Western Electric Company.

Pile Muirhead Clark.

Pile Clark de Physikalisch.

Pile Technishche Reichsanstald.

Appareils à l'usage des stations centrales.

On a fait des essais sur les ampèremètres, voltmètres, wattmètres et électrodynamomètres pour usages commerciaux.

Tous ces instruments ont été comparés les uns avec les autres et avec ceux de la Weston Electric Instrument C° qui ont été pris comme étalon.

Dans le cas d'instruments de mesure à l'usage des stations centrales, on n'a pas attaché une grande importance à l'exactitude absolue des indications fournies par ces instruments.

Les lectures ont été faites en se servant de courants d'intensité ou de force électro-motrice croissantes, puis, avec des forces électro-motrices et des intensités de courant décroissant.

Pour les instruments à l'usage des stations centrales, les lectures n'étaient prises que lorsque les instruments étaient arrivés à la température normale.

Les instruments de mesure pour courants alternatifs ont été essayés avec des courants de diverse fréquence.

On s'est aussi préoccupé de voir si l'instrument soumis à l'examen du jury continuait à donner de bonnes indications dans le cas de courants changeant brusquement d'intensité ou de force électro-motrice.

Essai des transformateurs

L'examen du jury a porté sur les points suivants :

1° Construction générale du transformateur.

2° Matières isolantes employées.

3° Rendement industriel du transformateur.

4° Fonctionnement des parties accessoires, coupe-circuits fusibles, interrupteurs, etc.

5° Détermination du nombre de watts dépensés quand le circuit primaire est au potentiel normal, et le circuit secondaire ouvert.

6° Résistance des enroulements secondaires.

Les Compagnies suivantes ont pris part au concours.

1° Westinghouse Electric and manufacturing Company, de Pittsburg.
2° General Electric Company de New-York.
3° Fort Wayne Electric Company de Fort Wayne Indiana.
4° Brush Electric Company;
5° Electric Forging Company de Boston;
6° Electric Construction Company;
7° Wagner Electric Company.

Conducteurs

Les types de conducteurs sur lesquels a porté l'examen du jury sont les suivantes :

Okonite — Kerite — Simplex. — Grimshaw.

Et ceux des Compagnies suivantes :

India Rubber Comb C°.

Washburn et Moen manufacturing Company.

Western Electric Company.

Les conducteurs ont été examinés à différents points de vue :

1° Détermination de leur résistance ;

2° Valeur de leur isolement.

On a déterminé pour chacun des fils, qu'elle était la force électro-momotrice nécessaire pour produire la rupture de leur enveloppe isolante.

La méthode employée pour ces essais est la même que celle qui est employée depuis plusieurs années dans les laboratoires de la Westinghouse Electric manufacturing Company. Les appareils dont s'est servi le jury ont été gratuitement placés à sa disposition par la Westinghouse manufacturing Company.

Nous regrettons qu'au moment où parait cet ouvrage les résultats de ces divers essais ne soient pas encore connus.

DEUXIÈME PARTIE

LES « *EXIBITS* » DES PRINCIPALES COMPAGNIES AMÉRICAINES DANS LE PALAIS DE L'EXPOSITION

Parmi les installations qui se trouvaient dans le Palais de l'Électricité « Electricity Building » les plus importantes étaient celles des Compagnies suivantes :

I. « Westinghouse Electric and Manufacturing Company » de Pittsburg.

II. « General Electric Company » de New-York.

III. « Fort-Wayne Electric Company » de Fort-Wayne Indiana.

IV. « Brush Electric Company » de Cleveland.

V. « Western Electric Company » de Chicago.

Nous parlerons avec quelques détails de ces installations, avant d'entrer dans la description des différents appareils exposés dans le Palais de l'électricité.

Exposition de la « Westinghouse Electric and Manufacturing Company » de Pittsburg.

Sur l'emplacement occupé par la Westinghouse Company dans le Palais de l'électricité, on remarquait différents types de moteurs pour tramways.

Dans le modèle de truck, exposé par la Westinghouse Company, chacun des essieux porte un moteur. Ce type convient aux lignes de tramways qui présentent des pentes rapides ; mais lorsque les pentes ne sont pas considérables, les trucks n'ont qu'un seul moteur. Les trois moteurs exposés sont de puissance différente. Le plus petit développe 20 chevaux, l'autre 25 chevaux, le troisième enfin 30 chevaux.

Le bâti est en deux parties, de sorte que l'on peut soulever la moitié supérieure, lorsque l'on veut examiner l'induit.

Le moteur possède quatre pièces polaires, deux sont venues de fonte avec la partie supérieure du bâti, les deux autres avec la partie inférieure.

Chacun des fils de l'induit est soigneusement isolé et recouvert d'une couche de peinture.

L'arbre de l'induit porte un pignon à l'une de ses extrémités. Ce pignon et la roue dentée qu'il commande sont enfermés dans une boîte en fonte hermétiquement close. Cette boîte est pleine d'huile, de sorte que la lubrification est à peu près parfaite.

L'induit est du type « *à tambour* ». Les balais sont au nombre de deux seulement. Ils sont placés à 90 degrés l'un de l'autre à la partie supérieure du commutateur. La Compagnie Westinghouse ne se sert absolument que de balais en charbon recouvert de cuivre, fabriqués par la « Partridge motor brush Company » de Sanduski (Ohio).

Chacun des moteurs est supporté par une paire de ressorts à boudin fixés aux traverses du bâti du truck.

La boîte du moteur est absolument close à sa partie inférieure, ce qui est un avantage considérable pendant la saison des pluies, lorsque la voie du tramway est en mauvais état. Pour que l'eau puisse arriver jusqu'à l'induit, il faudrait en effet qu'elle s'élevât sur la route, à la hauteur de l'essieu.

Les porte-balais eux-mêmes sont fixés à des pièces de bois de section carrée ; ces pièces ont un pouce et quart de côté.

Bien que le potentiel des courants employés sur les circuits de tramways soit d'habitude 500 volts, il arrive très fréquemment que ce potentiel dépasse 525 et même 550 volts. Le « *controller* » est placé à la partie antérieure de la voiture. Le conducteur de la voiture agit sur le « *controller* » au moyen d'une manivelle horizontale qui peut décrire une circonférence complète et au moyen d'un second levier qui ne peut tourner que sur un petit arc de cercle. Suivant que ce deuxième levier est au commencement ou à la fin de sa course, le moteur tourne dans un sens ou dans l'autre, et le mouvement de la voiture se produit d'avant en arrière ou d'arrière en avant. Lorsque le levier se trouve exactement au milieu de sa course, il ne passe pas de courant dans le moteur.

La manivelle placée à la partie supérieure agit sur un long cylindre vertical qui porte un certain nombre de bagues. Sur ces bagues se trouvent fixées des touches contre lesquelles viennent frotter un certain nombre de ressorts qui sont reliés à une boîte de résistance, placée au-dessous de la voiture. Les résistances sont formées par des rubans en fer, isolés à l'aide de mica.

Il est donc possible, en agissant sur cette manivelle, d'intercaler dans le circuit entre le « trolley » et le moteur une certaine résistance au moment de la mise en marche, les moteurs se trouvent alors en « *série* ». Aussitôt que le démarrage s'est produit, on enlève graduellement les résistances et lorsque la vitesse augmente, les moteurs sont mis en « *parallèle* ».

Un interrupteur spécial, auquel on a donné le nom de « Canopy », est fixé au-dessus de la tête du conducteur qui reçoit l'ordre de ne jamais quitter la voiture sans avoir enlevé la manette du *controller* et coupé le circuit au moyen de l'interrupteur Canopy.

On se sert, dans la construction des moteurs Westinghouse, d'isolants d'excellente qualité. Un de ces moteurs a fonctionné pendant toute une semaine sous une couche d'eau de plusieurs centimètres. A Chicago même, une ligne de tramways de ce système n'a pas interrompu son service alors qu'il y avait sur la voie une couche d'eau de 15 centimètres de hauteur.

Les routes sont si mal entretenues dans tout l'ouest des États-Unis que la voie des tramways se trouve souvent, en hiver, couverte d'eau sur une longueur de plusieurs kilomètres. Le service des tramways devient donc parfois excessivement difficile, d'autant plus que le nombre des voyageurs dans chaque voiture est absolument illimité. Il arrive fréquemment que les voitures se trouvent très surchargées. Nous nous rappelons avoir vu un jour 178 personnes dans une voiture où il n'y avait normalement que 60 places. Aussi l'on ne doit pas s'étonner de voir les constructeurs américains placer sur les essieux des voitures de tramways électriques des moteurs très puissants. En général on place un moteur de 30 chevaux sur chaque essieu. La vitesse de ces tramways est considérable ; elle dépasse souvent 35 kilomètres à l'heure.

Dans les voitures munies de moteurs Westinghouse on place sous une des plate-formes un coupe-circuit formé d'un bloc de « lignum vitœ » entouré d'un fil de cuivre. Le fil de cuivre peut 'être traversé par un courant de 200 ampères sans s'échauffer jusqu'à son point de fusion.

La « Westinghouse Electric and manufacturing Company » a apporté récemment quelques perfectionnements importants à la construction de ses machines. Jusqu'à une époque récente, elle enroulait généralement les fils de toute les bobines d'une manière analogue, et reliait l'extrémité extérieure d'une bobine à l'extrémité extérieure de la suivante, l'extrémité intérieure de celle-ci à l'extrémité intérieure de la troisième, et ainsi de suite.

Il y a dans cette façon de procéder un danger dans les machines destinées à débiter des courants de haut potentiel.

Il peut se produire un court circuit d'une spire à l'autre. L'effet de ce court circuit est de détruire l'enveloppe isolante du fil conducteur et parfois même ce conducteur lui-même.

La « Westinghouse Electric Manufacturing Company » s'est proposée d'éviter la nécessité de placer les uns près des autres des conducteurs traversés par des courants ayant une grande différence de potentiel tout en conservant aux machines leurs qualités ordinaires.

Dans la disposition actuelle, l'extrémité intérieure de chaque bobine est reliée à l'extrémité extérieure de la bobine suivante. Les bobines sont enroulées en sens contraire. Ainsi, par exemple, supposons une série de 16 bobines ; la première bobine est enroulée de droite à gauche par exemple en commençant par l'extrémité extérieure tandis que la bobine suivante est entourée de gauche à droite ; la troisième bobine est enroulée de droite à gauche. L'extrémité intérieure de la deuxième bobine est reliée à l'extrémité extérieure de la troisième bobine, et ainsi de suite jusqu'à la huitième bobine. L'extrémité intérieure de la bobine 16 est reliée à l'extrémité extérieure de la bobine 15, et ainsi de suite jusqu'à la bobine 9. L'extrémité extérieure de cette bobine est reliée à l'extrémité intérieure de la huitième bobine pour former le conducteur terminal.

EXPOSITION DE LA « FORT-WAYNE ELECTRIC COMPANY »

L'exposition particulière de la *Fort-Wayne Électric Company* de Fort-Wayne (Indiana) se trouvait dans le palais de l'électricité tout près de la tour lumineuse construite par la « General Electric Company » et communément appelée *tour Edison*.

La « Fort-Wayne Electric Company » est une des principales Compagnies américaines : le matériel qu'elle construit est fort apprécié aux États-Unis. C'est à cette importante Compagnie que fut confiée l'installation de l'usine électrique de Saint-Louis (Missouri) qui est une des plus grandes installations d'éclairage électrique par lampes à arc existant actuellement. On ne s'est servi pour cette importante usine que des dynamos « Wood » à l'exclusion de tous les autres systèmes.

Le système *Slattery* adopté par la Fort-Wayne Electric Company pour les installations d'éclairage par lampes à incandescence est également très appréciée. La Fort-Wayne Company vient en outre de placer tout récemment sur le marché un nouveau type d'alternateur qui a été fort remarqué à l'Exposition de Chicago.

L'emplacement occupé par l'Exposition de la Fort-Wayne Company dans le Palais de l'Électricité n'avait pas moins de quinze mètres de façade.

Cette Société y avait installé une petite usine électrique fort intéressante. Tous les alternateurs et les dynamos étaient commandés au moyen de courroies par des moteurs actionnés à distance par les dynamos génératrices exposées par la « Fort-Wayne Company » dans sa station centrale du Palais des Machines.

Dans l'installation de la même Compagnie au Palais de l'Électricité les moteurs électriques étaient au nombre de deux (voir planches 67-68). L'un de ces moteurs est actionné par un courant de 220 volts et donne une puissance de 80 chevaux. Il fait 1215 tours par minute. L'autre moteur est actionné par un courant de 500 volts. Sa puissance est d'environ 120 chevaux. Il fait 900 révolutions par minute. Ces moteurs commandent par courroies un arbre de transmission intermédiaire qui fait 360 révolutions par minute. De cet arbre, le mouvement est transmis à quatre dynamos « Wood » et à un alternateur du même système.

Deux de ces dynamos ont une puissance de 40 chevaux et font 1650 révolutions par minute ; elles débitent un courant de 110 volts. L'alternateur que nous aurons l'occasion de décrire plus loin débite un courant de 75 kilowatts.

On remarquait aussi dans cette installation une petite dynamo à arc directement accouplée à un moteur de la force de 1 cheval 1/2 et ali-

mentant une seule lampe à arc. On voyait également un petit ventilateur électrique d'une puissance de 1/4 de cheval qui produisait un
courant d'air excessivement puissant et fonctionnait sans bruit. Dans
l'angle sud-est de l'emplacement de la « Fort-Wayne Company » se
trouvait la première dynamo à arc construite par M. James J. Wood en
mai 1879. Cette machine qui au point de vue historique présente un
grand intérêt était actionnée par un moteur de 1 cheval et demi. Elle
alimentait une lampe Fuller de type ancien. Indépendamment de la station centrale dont nous venons de parler et dont on trouvera le plan
sur les planches 67-68 la « Fort-Wayne Company » avait dans le Palais
de l'Électricité quelques alternateurs et dynamos. Ces machines étaient
simplement exposées et n'étaient point montrées en fonctionnement.
Les alternateurs du type « Slattery » étaient fort remarqués. Au centre
de l'emplacement de la Fort-Wayne Company se trouvait un tableau
de distribution pour 12 machines et 12 circuits. Le même tableau de
distribution était employé à la fois pour les alternateurs et pour les
dynamos. Tout près de ce tableau s'en trouvait un second dont la face
extérieure pouvait servir pour six circuits et six dynamos et la face
postérieure pour deux circuits et deux dynamos. Un troisième type
de tableau de distribution était destiné aux circuits à courant direct ; sur
sa face antérieure étaient placés 5 interrupteurs employés : le premier
pour un circuit de 500 volts ; le second pour un circuit de 220 volts ; le
troisième et le quatrième pour des circuits de 110 volts ; le dernier
enfin, pour un circuit de 240 volts.

La « Fort-Wayne Company n'employait pas de parafoudres dans cette
installation : les armatures des dynamos étaient simplement protégées
à l'aide de coupe-circuits fusibles.

Les transformateurs de la Fort-Wayne Company étaient particulièrement remarqués. Il y en avait une collection complète tous du type
Slattery. Les plus petits avaient une capacité de cinq lampes seulement ;
les plus grands pouvaient desservir cent lampes. Un certain nombre de
ces transformateurs étaient montrés en fonctionnement. Dans les
transformateurs de la « Fort-Wayne Company » le coupe-circuit
fusible de chaque transformateur, est placé à l'extérieur de l'enveloppe métallique de l'appareil dans une petite boîte séparée. Il est
disposé de façon à pouvoir être changé avec la plus grande facilité.
Le coupe-circuit est tantôt simple, tantôt double.

Au nord de l'emplacement où se trouvaient les transformateurs, on voyait toute une collection de lampes à arc. Il n'y avait pas moins de 24 types, tous différents.

La dynamo « Wood » pour lampe à incandescence

Cette dynamo possède une armature de forme annulaire. La partie la plus intéressante de cette machine est le mécanisme qui sert à rendre l'intensité du courant constante. Ce mécanisme a été inventé par M. James J. Wood. La dynamo est munie de quatre balais disposés de telle façon que l'on peut facilement modifier leur position relative et la ligne de commutation. A l'une des extrémités de la machine se trouve un solénoïde placé en série sur la ligne. L'attraction de ce solénoïde se trouve contre-balancée par un ressort à boudin. Un levier qui se meut dans un plan vertical est fixé au noyau même du solénoïde. Sur l'arbre de l'induit se trouve un pignon denté, calé sur cet arbre et commandant deux autres petites roues dentées à chacune desquelles il donne un mouvement de rotation de sens contraire. Chacune de ces petites roues dentées entraîne avec elle des galets à friction qui sont l'un ou l'autre amenés en contact avec une poulie de friction d'un diamètre de 17 centimètres suivant que le levier se trouve élevé ou abaissé. Si donc l'action du solénoïde est plus puissante que la réaction du ressort; le levier s'abaisse. Le galet qui tourne dans le même sens que l'arbre de l'armature vient en contact avec la poulie de friction. Si au contraire le levier se meut de haut en bas, c'est l'autre galet qui vient en contact avec la poulie et le mouvement se produit dans le sens opposé. Le mouvement de la poulie quelle que soit sa direction est transmis au moyen d'un train d'engrenage à un petit arbre et suivant le sens de ce mouvement, la position des balais se trouve modifiée.

L'alternateur « Wood » (Type nouveau)

Cet alternateur a été très récemment lancé sur le marché par la Fort-Wayne Electric Company qui exposait à Chicago deux de ces machines. Le plus grand de ces deux alternateurs peut alimenter 3 000 lampes à incandescence. La couronne inductrice n'a pas moins de 24 pôles. L'induit en possède un nombre égal. Dans la construction de cette machine on s'est efforcé de réduire la vitesse dans les limites du possible.

Les enroulements de l'induit sont très soigneusement isolés à l'aide de mica. Les feuilles de mica employées ont une épaisseur de 1 millimètre et demi. Afin de vérifier l'isolement des enroulements de l'armature on y fait passer un courant de 5 000 volts On s'est aussi efforcé de réduire le nombre des spires dans chaque enroulement au strict nécessaire pour obtenir la force électro-motrice désirée. Le résultat obtenu a été excellent : on obtient un volt pour une longueur de conducteur de 88 millimètres 9. Le noyau de l'armature est construit d'une façon toute particulière. Il n'est point formé de disques ou de segments mais de pièces de tôle en forme de C. On obtient avec ce système de construction une ventilation très énergique. Ces machines ont pu fonctionner pendant de longues périodes sous de très grandes charges sans que l'on ait constaté de l'échauffement anormal. Cet alternateur a une excitation compound. Les bobines sont placées en série sur le circuit d'une petite dynamo excitatrice.

La méthode de compoundage se rapproche beaucoup de celle qui est employée par la « Thompson-Houston Company ».

Une partie du courant débité par l'induit est redressé par un commutateur ; le courant redressé passe alors dans les bobines inductrices. Chacun des champs magnétiques est formé de quatre couches de fil. Les deux premières couches sont traversées par un courant provenant de l'excitatrice ; les deux couches extérieures sont traversées au contraire par le courant redressé venant du commutateur. L'excitation principale est naturellement produite par l'excitatrice spéciale dont nous avons parlé. Cette excitatrice a elle aussi une vitesse très modérée ; elle donne un potentiel sensiblement constant pour de grandes variations de charges. Elle peut débiter deux fois plus de courant que l'alternateur n'en a normalement besoin pour son excitation.

La construction de la dynamo excitatrice est également assez particulière. Les champs magnétiques se trouvent exposés aux courants d'air produits par la rotation de l'induit. Les champs magnétiques sont à la fois rafraîchis et protégés des poussières métalliques au moyen d'un dispositif fort ingénieux. La dynamo excitatrice elle-même participe au mouvement de translation de l'alternateur lorsqu'il est nécessaire de tendre la courroie qui commande l'alternateur.

De sorte que, l'excitatrice et l'alternateur, se trouvent toujours à la même distance. La courroie qui relie la poulie de l'alternateur à celle de l'excitatrice est donc toujours tendue et la manœuvre peut être faite par un seul homme au lieu de deux.

Le commutateur est muni de deux groupes de balais. Un de ces deux groupes peut être nettoyé pendant que la machine débite.

Sur les bagues collectrices des alternateurs il y a deux groupes de paires de balais.

Ces machines peuvent alimenter de 750 à 1 500 lampes. La « Fort Wayne Company » construit des alternateurs qui peuvent alimenter 6 000 lampes.

En comparant le nouvel alternateur Wood avec le type ancien, nous avons à noter quelques points fort intéressants. Le nouvel alternateur fait par minute 350 révolutions de moins que le type ancien.

Les constructeurs ont réalisé une économie de 600 kilos de cuivre par machine. Le poids de l'alternateur se trouve réduit de 3.250 kilos.

EXPOSITION DE LA « WESTERN ELECTRIC COMPANY »

L'exposition de la Western Electric Company comprend deux parties bien distinctes.

La première, d'un caractère purement technique offrait un grand intérêt aux ingénieurs et aux électriciens.

L'autre, au contraire, visait plutôt à provoquer l'admiration du grand public par de nouvelles et ingénieuses applications de l'électricité à la réclame commerciale.

Dans son installation, du Palais de l'Électricité, la Western Company ne s'est point préoccupée seulement de montrer les appareils et machines qu'elle construit, mais encore de les présenter d'une telle façon que l'inspection en soit facile et attrayante. Malgré l'incompréhensible bizarrerie qui a conduit l'architecte de cette importante Compagnie à construire un pavillon d'un style prétendu égyptien, mais, en tout cas d'un goût fort douteux, l'exposition de la Western Company était en somme des plus belles. Parmi les objets exposés par cette Compagnie on rencontrait plusieurs échantillons des différentes productions de l'industrie électrique depuis la simple sonnerie électrique jusqu'aux dynamos et aux transformateurs en passant par les appareils télégraphiques, les téléphones, les appareils de mesure, etc., etc.

L'emplacement occupé par cette Compagnie dans le Palais de l'Électricité se trouvait à droite en face de l'entrée principale du bâtiment du côté de la cour d'honneur et occupait une surface de 110 pieds carrés.

Le théâtre dit *électrique* construit par la même Compagnie occupait, dans l'angle Sud-Est du Palais de l'Électricité, une surface d'environ 40 mètres sur 20. L'on trouvera planches 69-70, un diagramme qui montre clairement l'ensemble de l'installation.

Les appareils télégraphiques et les appareils de mesure étaient placés dans des vitrines très élégantes à l'intérieur du pavillon. Parmi ces appareils, ceux qui attiraient le plus l'attention des électriciens étaient les *sounders* système Steiner. Les leviers de ces *sounders* sont en tube de laiton et ont, au point de vue acoustique d'excellentes qualités. On remarquait aussi beaucoup divers systèmes de parafoudres consistant, en principe, en deux plaques métalliques séparées par un espace d'air d'un 5/1000 de pouce.

On voyait aussi sur l'emplacement réservé à la Western Electric Company différents types de machines destinés à retirer des céréales à l'aide de l'électro-aimant, les particules métalliques qui s'y trouvent parfois mélangées. De fort belles vitrines contenaient toute une collection d'interrupteurs et de coupe-circuits pour des courants de 10 à 1000 ampères, des ampèremètres par des courants de 10 à 1500 ampères, des voltsmètres de 120 à 500 volts ; pour caractériser la variété des types construits par cette Société, il nous suffira de dire qu'elle n'exposait pas moins de vingt-quatre modèles différents de *boutons* pour sonnettes électriques.

Parmi les appareils de ce genre l'on en remarquait un constitué par une boîte absolument close dont le couvercle n'est autre qu'une sorte de diaphragme qui porte le bouton.

On conçoit aisément quels sont les avantages de cette disposition. Ni la poussière, ni l'humidité ne trouvent accès dans l'intérieur de la boîte et les contacts électriques sont toujours maintenus en bon état.

Les téléphones exposés par la Western Company présentent un grand intérêt, car ce fut cette Compagnie qui, la première, aux Etats-Unis, se mit à fabriquer le matériel téléphonique.

La Western Electric Company exposait à Chicago un des tableaux du type qu'elle construisait en 1884.

Ce tableau est du modèle dit à *double cordes* avec les cordes en haut. On y remarque la dimension des *clefs* ou fiches (jacks) et des annonciateurs. Ce tableau ne peut desservir que 1 500 lignes.

Dans les tableaux construits ultérieurement, on a pris des dispositions pour que l'opérateur puisse appeler l'abonné sur n'importe quelle ligne pendant qu'il écoute un abonné sur l'une des autres lignes.

On remarque de notables perfectionnements dans le tableau modèle 1887 également exposé par la Western Electric Company.

Ce tableau était « *à simple corde* » les lignes aboutissant à des « *cordes* » séparées. Le téléphoniste n'a alors qu'une seule opération à faire : prendre une « *clef* » et l'insérer à l'endroit convenable. Dans le tableau modèle 1884, il lui fallait se servir de deux « *clefs* ». Le tableau est aussi muni d'une « *clef d'appel* » pour chaque abonné.

Ce type de tableau offrait cependant un inconvénient. Le service des téléphonistes était fort pénible les jours de fête lorsqu'il n'y avait qu'un nombre limité d'opérateurs au bureau central.

De plus, quand une corde cassait, ainsi que cela arrivait assez fréquemment, le service de l'abonné était interrompu jusqu'à ce que les réparations pussent être faites.

C'était là une source d'ennui, de telle sorte que bien que constituant un progrès indiscutable sur les types précédents, les tableaux de ce type présentent, en somme, beaucoup d'inconvénients. Nous donnons planches 67, 68, 69 et 70 des diagrammes indiquant les dispositions générales de ces divers types de tableau.

Dans un tableau étudié par la « Western Company » quelques années après, on revint aux principes appliqués dans le tableau de 1884, mais avec les « *cordes* » placées à la partie inférieure et non plus .

à la partie supérieure. Les clefs d'appel pouvaient desservir 3 000 abonnés.

Un autre type de tableau connu sous le nom de « *Hog Trough* » pouvait desservir 4 800 abonnés.

Dans les anciens types d'annonciateur, il se produisait entre les différents électro-aimants des phénomènes d'induction, et les conversations entre une ligne et la voisine n'étaient pas nettes. L'emploi du nouvel annonciateur constitue un grand progrès en remédiant complètement à ces inconvénients.

La Western expose aussi un tableau de distribution spécialement disposé pour les villes où le nombre des abonnés ne semble pas devoir augmenter au-dessus d'un millier. Nous donnons planches 67 et 68 un dessin du nouveau tableau dit « Branch terminal. » C'est celui que l'on rencontrait dans le pavillon de « l'American Bell Telephone Company », qui se trouvait tout auprès de celui de la Western Company. Les opérateurs travaillaient dans le Palais de l'Electricité, sous les yeux du public et donnaient ainsi aux nombreux visiteurs l'occasion de voir fonctionner une installation modèle. Ce tableau servait à établir les communications téléphoniques entre les différents points de Jackson-Park.

Les fils téléphoniques arrivaient au tableau de distribution par des canalisations souterraines, et y étaient rattachés sur la partie postérieure. La ligne passait alors à travers un appareil destiné à protéger les appareils téléphoniques contre les courants directs à haut potentiel. Ces courants sont conduits à la terre. La ligne passait ensuite dans un appareil destiné à arrêter les « Sneak currents » capables de brûler les fils de l'annonciateur.

Avec le nouveau tableau exposé par la « Western Electric Company » un opérateur peut desservir 5 400 abonnés et 240 lignes ; ce tableau a été étudié par un comité spécial dont faisaient partie les meilleurs électriciens des Etats-Unis.

Dans l'espace consacré aux fils et câbles, nous trouvons une très grande variété de conducteurs pour tous usages, depuis les fils servant à la téléphonie jusqu'aux gros câbles sous-marins. On remarquait aussi un conducteur spécial pour installations téléphoniques. Le conducteur est étamé. On n'a pas besoin d'acide pour le nettoyer, il est immédiatement prêt à être soudé. L'isolement consiste en deux enroulements de soie ; on se sert de cet isolant à cause de ses propriétés non hygrométriques. Le papier et le coton absorbent, en effet, l'humidité dans une très notable proportion. On place sur la soie une ou deux couches de coton de façon à rendre aussi basse que possible la capacité électrostatique.

Les fils sont de forme ovale ; la section des câbles a les dimensions suivantes : 15 millimètres pour le plus petit axe et 22 millimètres pour le plus grand. Ils sont entourés de rubans de plomb qui ne peuvent protéger le câble contre l'action de l'eau dans le cas où il serait submergé, mais n'en sont pas moins capables, cependant, de le protéger dans le cas où, par suite d'incendie du bureau, on aurait à jeter de l'eau sur les canalisations. Enfin, le câble est recouvert d'une enveloppe « fire proof », à l'épreuve du feu. Cette enveloppe ne peut, en cas de sinistre propager l'incendie d'une partie du bureau à l'autre.

Dans les installations téléphoniques on se sert d'une soudure spéciale. Le Lâton de soudure est enroulé en spirale ; avec ce système toutes les opérations de soudage deviennent très faciles. Il est évident que l'emploi d'acide pour cet usage serait accompagné de phénomènes de corrosion qui compromettraient l'isolement. L'emploi de la glycérine au lieu d'acide est sujet aux mêmes inconvénients, mais celui de la résine, adopté par la Western Company, au contraire, ne présente pas ces ennuis et, de plus, agit comme isolant pour protéger les joints lorsqu'ils sont faits. Ce procédé de soudure, employé par la Western Company, a obtenu un si grand succès dans l'industrie des téléphones, qu'il semble devoir s'appliquer d'une façon aussi satisfaisante aux soudures pour canalisations électriques dans les installations d'éclairage.

Parmi les fils exposés par la Western Company nous trouvons des fils dont l'isolement consiste en coton trempé dans des substances isolantes.

Parmi les fils exposés pour la construction des induits nous remarquons des fils recouverts de soie qui sont quelquefois employés pour les machines à haut potentiel dans lesquelles on a besoin d'un excellent isolement. On remarquait aussi dans l'Exposition de la Western Company une spirale de cuivre continue, obtenue à l'aide d'une machine à enrouler les fils de cuivre destinés à entrer dans la construction des rhéostats. Cette machine étudiée et construite aux usines de la Compagnie peut enrouler en spirale un fil de n'importe quelle longueur, sans qu'on y constate aucun joint. D'ordinaire, ces enroulements destinés

à la construction des rhéostats sont obtenus au moyen d'un mandr
Cette machine peut enrouler des fils du n° 16 au n° 10 (jauge Brown
Sharpe).

Nous voyons dans des vitrines voisines différentes formes de cond
teurs flexibles pour tableaux de distribution simples, doubles ou qu
druples.

Les lames employées pour les « cordes » ont une largeur de $\frac{1}{32}$
pouce et une épaisseur de $\frac{1}{100}$ de pouce.

Nous remarquons aussi des conducteurs flexibles consistant en
ruban de cuivre enroulé autour d'une ficelle, et maintenu par des fils
laiton. L'ensemble constitue un bon conducteur et est généraleme
employé pour de grands tableaux de distribution.

La Western Electric fut une des premières à entreprendre la cor
truction des câbles à enveloppe de plomb. Nous trouvons dans son exp
sition des câbles de cette espèce contenant de 1 à 15 conducteurs
gros diamètre.

D'autres contiennent 100 paires de conducteurs n° 19 (jauge Brow
et Sharpe), ayant un diamètre extérieur de 2 5/32" avec une envelopp
de plomb de 1/8 de pouce, et une capacité électrostatique de 0,08 micr
farads par mille.

Il n'est peut-être pas inutile de rappeler que dès 1880, M. W. R. P
terson, électricien de la Western Electric Company, contestait la vale
du système d'isolement préconisé par Brookt, et, pour démontrer
bien fondé de sa théorie, il expérimentait avec un câble isolé par
méthode de Brookt dans l'huile et renfermé dans un tuyau en fer. Apr
avoir placé le câble dans les tuyaux, M. Paterson ouvrait la communic
tion entre le tube et le réservoir, en laissant les câbles complètement
sec. Le câble fonctionnait tout aussi bien, et continuait à se bien cor
porter. Sa longueur était d'environ 1 800 ou 2 000 pieds. Plus tard o
fit à Milwaukee une expérience du même genre, le câble passait sou
l'eau; les résultats furent également satisfaisants.

Les progrès réalisés par la Western Electric Company dans l'isol
ment des câbles à haute tension sont considérables. La capacité électr
statique des câbles téléphoniques qui était autrefois supérieure
0,2 microfarads a été maintenue réduite à moins de 0,08 microfarads
Nous voyons aussi dans les vitrines de la Western Electric Compan

le parafoudre Stibbard qui consiste en une feuille d'étain enroulée autour d'*asbestos* (amiante).

La partie de l'exposition de la Western Cᵉ où l'on voyait la fabrication des enveloppes des fils et câbles téléphoniques offrait un grand intérêt.

On trouvait une machine à enrouler le papier et le coton servant d'enveloppes isolantes. La bande de papier, avant d'être placée sur le fil est emboutie vers le centre, de façon à y produire une partie faible. Le papier n'est pas serré contre le conducteur, de façon à réduire autant que possible la capacité électrostatique.

Deux bandes de papier sont entourées autour de chaque fil et dans la même direction, et une fois qu'elles sont enroulées on les tord un peu en sens contraire de façon à augmenter l'espace d'air qui doit les séparer du conducteur.

Nous voyons également dans cette machine que les rouleaux qui guident le papier, au lieu de tourner librement sur leurs pivots sont conduits à une vitesse plus considérable que le papier lui-même de façon à éviter tout frottement.

Ce système a été appliqué à toutes les machines de la Western Electric Company, de sorte que les machines peuvent marcher à vitesse double sans que le fil ait tendance à se contourner, ce qui se produit fréquemment avec les fils de petite dimension.

Tout près de cette machine nous en rencontrons une autre destinée à enrouler les fils pour électro-aimants.

La machine automatique, construite par M. O. P. Brigg, électricien de la Western Electric Company, attirait non seulement l'attention des ingénieurs, mais aussi celle du public qu'intéresse toujours les machines automatiques.

La Western Electric Company exposait une machine à percer dans laquelle les mèches sont actionnées au moyen de *joints-universels*. De cette façon toutes les mèches peuvent être placées aussi près les unes des autres qu'on peut le désirer et tous les trous peuvent être percés en même temps. Cette machine est très employée pour le percement des trous des tableaux de distribution. L'emploi du joint-universel rend l'usage de cette machine excessivement commode. Tout près de cette machine s'en trouve une autre destinée à faire les écrous de forme hexagonale. Toutes ces machines sont dues à M. Brigg. La Western Company exposait aussi une machine à enrouler les induits. Cette machine était accompagnée d'un appareil servant à mesurer la distance, à mesure que l'enroulement progresse de façon à découvrir les ruptures de fils

L'exposition des dynamos et moteurs de la Western Electric Company se trouvait en partie dans le Machinery hall et en partie dans le palais de l'électricité.

Toutes ces machines sont à pôles conséquents. Les balais au nombre de deux, sont en charbon. Le commutateur est spécialement construit pour permettre le remplacement facile des segments usés. Le dessin que nous donnons planche 11 en indique suffisamment la construction. On voit qu'on emploie l'air comme isolant.

Le commutateur est formé d'un manchon en laiton sur lequel est monté un cylindre constitué par des pièces de bois réunies les unes aux autres par des fils de laiton. Sur ce cylindre de bois comme base sont montées les pièces de laiton auxquelles sont vissés les segments mêmes du commutateur. Il est facile de tenir le commutateur en parfait état de propreté, ce qui est essentiel, puisque l'espace d'air qui sépare les segments du commutateur constitue tout l'isolement.

Les enroulements sont faits de façon que les résistances des deux moitiés d'armature qui sont mises en parallèle se fassent à peu près équilibre. Le réglage de la machine est obtenu au moyen d'un régulateur actionné directement par la dynamo à l'aide d'une courroie. Les balais peuvent cependant être réglés indépendamment l'un de l'autre.

L'action du régulateur est basée sur les changements de force d'un électro-aimant placé dans le circuit principal. Cet électro-aimant agit sur une armature attachée à un cadre qui porte deux taquets. Toute augmentation ou toute diminution de courant provoque un changement dans la position du cadre suspendu et amène l'un ou l'autre des taquets à modifier la position des balais de façon à ramener le courant à ses conditions normales.

Les progrès réalisés par la Western Electric Company dans la construction des lampes à arc étaient mis en évidence par les foyers qui se trouvent en opération dans le palais de l'Électricité et dans les diverses parties de l'Exposition.

Nous y rencontrons un très grand nombre de types de lampes pour courants constants et pour courants à potentiel constant.

La Western Electric Company exposait aussi un certain nombre de lampes de formes spéciales pour éclairage de scène et de décors dans les théâtres.

La station centrale installée par la Western Electric Company et placée dans le Machinery hall était divisée en deux parties. L'une était destinée à fournir le courant au service électrique de l'Exposition; l'autre à l'exposition particulière de la Compagnie.

Quatre des dynamos de la Western Electric Company étaient commandées par une machine construite par la Watertown Steam Engine Company de New-York. Trois étaient actionnées par une machine de la New-York Safety Steam Power Company.

Toutes ces dynamos sont munies d'interrupteurs spéciaux, disposés de façon à ce qu'une partie des champs magnétiques de la machine puissent être mis en court-circuit et qu'en agissant simplement sur un interrupteur, l'intensité du courant puisse être réduite de 9,6 à 8 ampères. Par l'emploi d'un deuxième interrupteur on peut abaisser l'intensité du courant à 6, 8 ampères.

Le tableau de distribution auquel tous les circuits aboutissent est en marbre du Tenessee; il a 3^m,55 de long et 2 mètres de haut. Il est cependant de dimensions suffisantes pour desservir 750 lampes à arc et 3 500 lampes à incandescence. La disposition générale ressemble à celle du tableau que la Compagnie exposait dans le palais de l'Électricité.

Dans ce dernier bâtiment, la Western Company avait en fonctionnement deux dynamos de 50 lampes à arc commandées par deux machines Russell de 200 chevaux construites par la Rice et Whitacre manufacturing Company de Chicago. Ces machines envoyaient leur vapeur d'échappement dans des réchauffeurs système Corliss.

Les dynamos génératrices du type de la Wester Electric Company ont six pôles avec des anneaux Gramme et débitent des courants de 250 volts.

Du tableau situé dans le Machinery hall partent six paires de fils n° 0000 (jauge de Brown et Sharpe). Ces fils se rendent au Palais de l'Électricité; la distance entre le Palais des Machines et celui de l'Électricité n'est pas moins de 850 mètres.

De façon à obtenir le plus haut degré d'isolement, les fils, dans ce parcours, ne sont pas attachés aux isolateurs à l'aide de liens en fil de fer comme c'est l'usage. Ce mode d'attache détermine, en effet, assez souvent des défauts dans l'enveloppe. Ils sont attachés au moyen de bandes de zinc de 25 millimètres de large séparées de l'enveloppe isolante par une bande de toile vernie au shellac. Ce système d'isolement a donné d'excellents résultats. Bien que placés dans un tunnel très humide les câbles sont restés en parfait état.

La Western Electric Company avait 75 lampes à arc au rez-de-chaussée et dans la galerie du palais de l'électricité. Elles étaient suspendues par des poulies au plafond. Une trentaine de lampes étaient placées sur des candélabres dont le dessin n'était pas très artistique. Ces candélabres sont formés d'une partie creuse en fonte très ornée, de six pieds de haut dans laquelle est placé un poteau en bois qui pénètre jusqu'au sol. Le bois sert comme isolant supplémentaire, on y fixe les marches d'une sorte d'échelle en fer.

Le tableau de distribution placé dans le Machinery hall n'offrait aucune particularité bien remarquable. La première section du tableau était réservée aux circuits et les connexions étaient établies de telle façon que le changement de lampes d'un circuit à l'autre pût être effectué sans causer aucune interruption dans le service et aucune variation de l'éclat des lampes. Les autres panneaux étaient réservés aux interrupteurs et aux instruments de mesure employés pour le contrôle des circuits servant a la distribution de l'énergie dans les différentes parties de l'Exposition.

Sur le panneau qui occupe l'extrême droite, on voit un interrupteur automatique destiné à empêcher le courant de passer dans l'armature du moteur employé, jusqu'à ce que ce dernier ait atteint sa vitesse normale.

Le dispositif employé par la Western Electric Company, agit aussi bien comme coupe-circuit automatique que comme rhéostat de mise en marche. Il fonctionne de façon telle que la machine ne puisse être mise en marche que lorsque toutes les résistances se trouvent dans le circuit.

L'indicateur de terre, système Rudd, qui est appliqué au tableau de distribution et dont on se sert pour tous les tableaux de distribution de la Western Electric Company permet à l'électricien chargé de la station centrale de localiser avec la plus grande facilité toute terre qui se produit dans le circuit.

La partie de l'Exposition de la Western Electric Company réservée aux annonciateurs et aux avertisseurs d'incendie et contre les voleurs, etc., comprenait toutes les variétés possibles de ce genre d'appareils.

Dans l'Exposition de la Western Electric Company on remarquait de nombreuses enseignes lumineuses, imaginées dans un but de réclame par cette importante Compagnie et réparties dans tout le Palais de l'Électricité.

Dans une de ces *attractions* le visiteur croyait voir un anneau de lumière s'élever le long de la colonne et en arrivant au sommet se rendre aux quatre coins de l'emplacement de la Western Electric Company sous la forme d'un éclair.

De façon à donner davantage à l'observateur l'illusion d'un éclair, on avait adopté un ingénieux arrangement qui consistait à grouper les lampes à incandescence dans les bras qui s'écartaient de la colonne, de façon à ce qu'elles s'allumassent d'abord par groupe de six, puis par groupe de quatre et finalement par groupe de deux.

Les globes placés aux quatre coins de l'emplacement de la Western Electric Company portaient à leur surface un très grand nombre de lampes à incandescence de dix bougies disposées suivant de très grands cercles et alternativement blanches, rouges et bleues. Le visiteur avait l'illusion d'une sphère lumineuse changeant constamment de couleur.

La tour lumineuse contenait environ 2 600 lampes et les sphères lumineuses en contenaient 96. Malgré le service rigoureux auquel les lampes à incandescence ont été soumises durant les cinq derniers mois puisqu'elles s'éteignaient et s'allumaient toutes les 2 ou 3 secondes, et malgré les trépidations qu'elles éprouvaient dans les sphères, on n'a eu relativement que très peu de lampes à remplacer.

Une des enseignes lumineuses, qui se trouvait dans la portie Nord-Ouest de l'emplacement occcupé par l'Exposition de la « Western Electric Company » n'avait pas moins de 6^m,40 de long sur 2 mètres de haut. Les lettres apparaissaient successivement en rouge, vert et bleu.

A l'intérieur de cette enseigne, il y avait 4 lampes à arc suspendues à un cadre mobile actionné par un moteur de 1/4 de cheval. Le changement continuel dans la position des lampes produisait un remarquable effet de scintillement. L'enseigne portait d'un côté d'excellents portraits de Faraday, d'Ohm et d'Ampère, de l'autre ceux de Franklin, Volta et Henry.

A l'extrémité Ouest de l'emplacement de la « Western Company » nous trouvons une autre enseigne faite de prismes de verre de couleur rubis et éclairée par des lampes à arc. Ces lampes étaient alimentées par une dynamo, actionnée par un moteur de 25 chevaux placé direc-

tement au-dessous de l'enseigne. Nous trouvons près de là une reproduction des inventions du professeur Farmer, et en particulier une des
lampes à incandescence construite par Farmer en 1859.

Les filaments en platine sont renfermés dans un cylindre en verre de
31 millimètres de diamètre et de 75 millimètres de haut, muni d'un couvercle en laiton. Des pinces à ressort maintiennent le filament dans la
position convenable.

On remarquait en outre une petite dynamo excitée en dérivation.
C'est l'original même de la dynamo qui a été construite par le professeur
Farmer et dans laquelle il appliquait le principe de l'auto-excitation.

Dynamos et Moteurs Belknap

Les dynamos et les moteurs construits par la « Belknap Motor Company », de Portland (Maine), sont en grande faveur aux États-Unis. On
constate dans la construction de ces machines un certain nombre de
perfectionnements intéressants. Le noyau de l'induit est constitué
par une série de disques en fer doux très minces clavetés sur l'arbre et
séparés les uns des autres par des disques en papier. Sur ce noyau sont
enroulées quatre couches de fils. L'induit présente les plus grandes garanties de solidité. Les collecteurs sont en *cuivre trempé*. Ils ne s'usent
que très lentement, car les balais n'y frottent que légèrement. Les inducteurs sont du type *en fer à cheval*. Ils sont encastrés dans le bâti en
fonte. Les noyaux de l'inducteur sont en fer doux et ne présentent
aucune arête vive. Le changement de l'enroulement de l'inducteur peut
se faire très facilement.

Toutes les dynamos pour eclairage par lampes à incandescence ont
une excitation compound. Les moteurs au contraire sont généralement
excités en dérivation. Les moteurs d'une puissance de 5 chevaux-vapeur
et ceux de puissance moindre sont munis d'un rhéostat de mise en
marche. Avec les moteurs de 7 chevaux et au-dessus, on se sert d'une
boîte de résistance spéciale. Les bornes de ces machines et les interrupteurs sont montés sur une plaque d'ardoise placée à la partie supérieure de la dynamo.

Les Dynamos et Moteurs de la « Ford-Washburn Storelectro C° » de Cleveland (Ohio)

Ces machines sont du type bipolaire. Les pièces polaires sont au-dessus des inducteurs. Les paliers sont venus de fonte avec le bâti. Les arbres des induits sont interchangeables pour toutes les machines du même type. L'induit est très bien ventilé. Il est traversé par un courant d'air énergique qui entre par des trous disposés autour de l'arbre et s'échappe en passant par les disques.

Les paliers graisseurs sont du type employé par la plupart des constructeurs américains.

Types des dynamos Ford-Washburn.

NOMBRE DE LAMPES	HAUTEUR en millimètres	ENCOMBREMENT	VITESSE	POIDS
12	304	330 × 533	2300	137
25	355	355 × 538	2000	270
35	355	355 × 533	1900	300
50	457	459 × 761	1800	450
75	609	609 × 965	1600	690
100	609	609 × 965	1600	930
150	609	634 × 1320	1400	930
200	888	1040 × 1447	1200	1400
250	888	1040 × 1447	1100	2000
300	1041	1142 × 1447	1050	2500
400	1219	1142 × 1981	1000	3500
500	1219	1142 × 1981	950	4000

Transformateurs Westinghouse

La Westinghouse Electric and Manufacturing Company, de Pittsburg, s'est appliquée à donner à ses transformateurs une forme commode, ces appareils devant être placés tantôt dans des emplacements ménagés dans les murs, tantôt sur des candélabres disposés le long de la ligne des conducteurs primaires, il est de toute importance qu'ils n'aient que de petites dimensions et qu'ils soient faciles à transporter, la forme qui semble préférable est celle d'un cylindre.

Les noyaux des transformateurs sont généralement construits en feuilles minces de fer doux découpées en forme de 8.

Ces feuilles sont recouvertes de papier sur un de leurs côtés. On place les deux premières feuilles de façon à ce que leurs surfaces découvertes soient en contact l'une avec l'autre ; on place ensuite la surface couverte de la plaque suivante contre la surface correspondante de la deuxième plaque.

Les bobines sont préalablement enroulées sur un gabarit allongé. Les feuilles sont consolidées par deux plaques en fonte réunies par des boulons.

Moteurs « système Short » pour tramways électriques

La « Short Electric Railway Company » a dernièrement construit un nouveau type de moteurs pour tramways. Les plus petits de ces moteurs ont une puissance de 66 chevaux-vapeur. La « Short Company » a construit un certain nombre de moteurs de 425 chevaux.

La « Short Company » a résolument apporté d'importantes modifications aux types qu'elle construisait auparavant. Jusqu'à ces derniers temps, on avait donné la préférence au fer forgé pour la construction des inducteurs, des dynamos et des moteurs.

La Short Electric Company a obtenu une qualité d'acier dont les propriétés magnétiques sont supérieures à celles du fer doux. Cet acier ne contient qu'une très petite proportion de carbone et de manganèse.

L'emploi de ce métal dans la construction des dynamos système Short a eu pour résultat immédiat de réduire le nombre des pièces de la machine et d'en simplifier la construction. L'induit de nouvelles dynamos est devenu beaucoup plus léger.

Le corps de l'armature est constitué par des disques de bronze. Sur ces disques se trouvent enroulés des fils d'acier qui forment le noyau. Les constructeurs de la dynamo Short emploient pour cet usage de l'acier « Apollo. »

La section de cet induit est beaucoup plus grande que celle de l'induit de l'ancien type. Le poids du cuivre se trouve donc très réduit. De même l'entrefer se trouve réduit au jeu nécessaire à la rotation de l'induit. On obtient ainsi une grande augmentation de rendement.

Il n'y a ni boulons ni écrous. Il n'y a aucun danger que la position relative des enroulements se trouve modifiée.

Ce n'est pas seulement dans la construction de l'induit que l'on emploie l'acier. Les inducteurs sont en acier doux. L'épanouissement polaire est venu de fonte avec le noyau, ce qui contribue à améliorer le rendement.

Les dynamos Short donnent peu d'étincelles au collecteur.

Dans le nouveau type, les balais sont tangents à la surface du collecteur. Dans l'ancien type, ils étaient placés normalement à cette surface.

Toutes les pièces de ces machines sont rigoureusement interchangeables. Les bâtis de ces dynamos qui, souvent, atteignent des dimensions considérables et qui, autrefois, étaient en quatre parties, sont maintenant fondus en une seule pièce sans aucune espèce de boulon ou écrou.

Il est de toute évidence qu'entre deux machines donnant le même rendement, on doit choisir celle dont les différentes parties ne nécessitent ni entretien ni attention. Les dynamos Short présentent cette importante qualité.

Le jury des récompenses qui a accordé à cette société un diplôme de première classe, a reconnu aux dynamos Short les avantages suivants :

1. Entrefer très réduit.

2. Induit très bien ventilé.

3. Grande régularité.

Aussi la dynamo Short pour transport de force est-elle en grande faveur aux États-Unis où elle est employée dans un grand nombre d'installations des tramways électriques.

Le type dit de 66 chevaux vapeur débite un courant de 100 ampères à un potentiel de 500 volts. Ces dynamos ont quatre champs magnétiques placés deux à deux de part et d'autre de la couronne inductrice. Le corps de l'induit est constitué par des disques. L'induit lui-même est construit de la façon suivante :

Un très long ruban de fer doux est rivé à un des disques extrèmes. On l'enroule ensuite jusqu'à ce que le noyau de l'induit se trouve avoir le diamètre convenable. Les couches concentriques sont soigneusement isolées entre elles à l'aide de mica et de papier. Les vingt ou trente dernières couches sont formées d'un ruban de plus grande largeur. Les dernières couches dépassent donc un peu de chaque côté du noyau, et forment un rebord de 25 millimètres d'épaisseur environ.

Les enroulements font saillie sur la surface de l'induit. On comprend parfaitement que la ventilation de l'induit se trouve ainsi parfaitement assurée, puisque l'induit constitue lui-même une sorte de ventilateur. On sent, en effet, le courant d'air produit par la machine à une distance de 5 à 6 mètres. Le collecteur a 250 millimètres de diamètre et contient 120 touches.

Dans ce type de dynamo, les touches du collecteur sont isolées au moyen de feuilles de mica.

Les dynamos de la puissance de 100 et de 130 chevaux vapeur sont du type bipolaire. Elles remplissent absolument toutes les conditions que doivent réaliser les machines employées au service des tramways électriques.

Dans la dynamo du type de 280 chevaux, le bâti est constitué par une seule pièce de fonte. Il pèse 4000 kilogrammes. On n'emploie pour ces pièces que de la fonte de pureté irréprochable et d'excellente qualité.

Pour donner à ces pièces de fonte un fini suffisant, la Short Company emploie une machine à raboter de très grande dimension.

Les huit inducteurs de la machine se trouvent placés deux par deux de chaque côté de l'induit. Ils sont boulonnés au bâti de la machine et sont à excitation compound.

Ces électro-aimants sont munis d'épanouissements polaires de forme spéciale et sont disposés de façon à constituer un champ magnétique puissant et très uniforme.

L'induit a 100 millimètres. La construction est absolument la même que celle des induits déjà décrits.

L'arbre de l'induit a 3 mètres de longueur et 15 centimètres de diamètre. Il est supporté par de larges coussinets à graissage automatique.

La lubrification des surfaces de frottement est assurée au moyen d'un système de graissage automatique employé communément aux Etats-Unis.

Le collecteur a un diamètre de 508 millimètres. Il a 200 touches au

lieu de 60 qu'ont les collecteurs des machines plus petites. La différence
de potentiel est très faible, et il ne se produit pas d'étincelles aux
balais. On se sert de quatre groupes de balais en charbons disposés
tangentiellement à la surface du commutateur, de façon à assurer une
large surface de contact. Tous les porte-charbons peuvent être manœuvrés à l'aide d'un seul porte-balais. Chaque enroulement est exposé
à l'air de tous les côtés, par conséquent, la ventilation est parfaite,
et l'induit ne s'échauffe guère. De plus, tout accident dans les enroulements ne nécessite qu'une réparation en somme peu importante.
Il est même possible de faire marcher les machines pendant plusieurs
jours sans se donner la peine de réparer la partie de l'induit qui se
trouve endommagée.

La dynamo Short, de la puissance de 425 chevaux, peut se placer
directement sur une fondation en brique ou en pierre, sans que l'on
ait besoin d'employer de plaque de fondation. Le bâti est une im-
mense pièce de fonte pesant 10 tonnes. Il y a 6 pôles au lieu
de 4. Les électro-aimants eux-mêmes sont au nombre de 12. Placés
de chaque côté de l'induit. Ils sont également boulonnés au bâti de
la machine. Il y a six groupes de balais, régulièrement disposés autour du commutateur.

On peut manœuvrer tous les balais en même temps. Le porte-balais
porte à sa partie inférieure un secteur denté, commandé par pignon, qui
est manœuvré par une manette, placée en avant du palier, et supportée
par l'extrémité de l'arbre de l'induit.

Le collecteur a 732 millimètres de diamètre. Il contient 300 touches.
L'induit est monté sur un arbre de 14 mètres de longueur. Il est du
type Brush ordinaire; il a un diamètre de 1ᵐ,270.

Les détails de construction de cette machine sont absolument les
mêmes que pour la dynamo de 280 chevaux. L'induit est supporté par
trois paliers fort robustes. L'arbre a 3ᵐ,96 de longueur; il est en acier
forgé. Sur l'un des côtés de l'induit, se trouve un palier analogue
aux paliers des arbres des hélices dans les navires. L'induit reste
toujours rigoureusement à égale distance des deux champs magnétiques. Ces dynamos, de grandes dimensions, font environ 150 tours
par minute, et sont directement accouplées à un moteur vertical compound.

Le « Short Company » construit en ce moment une dynamo du même type, mais d'une puissance de 600 chevaux. Cette Compagnie étudie une dynamo d'une puissance de 1 000 chevaux.

Locomotive électrique Sprague

Cette locomotive a été étudiée par MM. Sprague, Duncan et Hutchinson Ltd, et a été construite sous leur direction pour la « North American Company ». Elle doit être employée à remorquer des trains de marchandises excessivement lourds. Elle n'aura par conséquent qu'une vitesse très modérée.

La plus grande partie de sa construction a été confiée à la « Baldwin locomotive Works Company » de Philadelphie.

Nous donnons le plan, l'élévation et quelques détails de cette machine.

Cette machine présente plusieurs points de ressemblance avec le type de locomotives auquel on a donné le nom de « Consolidated, « et dont on se sert aux États-Unis pour le service des gares de marchandises. Le chassis est excessivement robuste. La locomotive elle-même est absolument symétrique par rapport à un axe transversal à la voie. Elle possède quatre essieux.

Les boites d'essieux sont en acier forgé. Leurs prolongements à l'intérieur du châssis servent de support aux moteurs. Ces boites ont de grandes proportions ; elles ont une double utilité : elles servent à supporter les essieux et les induits des moteurs qui y sont fixés d'une manière rigide, ainsi que les inducteurs. Les roues motrices ont 1^m,442 de diamètre.

Les roues se trouvent très rapprochées les unes des autres ; les bandages des deux roues voisines ne sont séparés que par un intervalle de 100 millimètres. Les bielles qui réunissent les roues sont à double articulation, ce qui permet à la locomotive de passer avec la plus grande facilité dans des courbes de très petit rayon. On remarquera que le poids de l'induit du moteur porte directement sur les roues et non pas sur les essieux.

Le poids des moteurs n'est supporté par aucun ressort. C'est là une particularité notable, car les constructeurs américains admettent, en général, que les moteurs, dans une locomotive électrique, doivent toujours être montés sur ressorts.

La locomotive Sprague présente une autre différence bien marquée avec celles qui ont été construites par la « Baltimore and Ohio Railway Company. » Dans la locomotive Sprague, toutes les roues sont réunies par des bielles, tandis que la locomotive employée pour le tunnel du Baltimore and Ohio Railroad était montée sur un certain nombre de bogies, dans lesquels chaque essieu était actionné par un moteur indépendant monté sur ressorts.

Les constructeurs de la locomotive Sprague n'ont pas employé le système des moteurs indépendants à cause de la difficulté que l'on rencontre fréquemment dans la pratique à faire démarrer les locomotives de ce type lorsqu'elles remorquent un poids considérable.

MM. Sprague, Duncan et Hutchinson ne pensent pas que les voies se trouvent plus détériorées en employant des moteurs dont le poids porte directement sur les roues qu'en se servant de moteurs montés sur ressort. Nous devons noter que leur opinion rencontre maintenant un certain nombre de partisans aux États-Unis.

Les moteurs, au nombre de quatre, sont du type « Continental » ; les inducteurs sont en acier fondu ; ils ont un enroulement compound. L'enroulement shunt sert à maintenir une vitesse modérée lorsque la charge remorquée par la locomotive n'est pas considérable, ou lorsqu'en descendant une pente, le sens du courant se trouve renversé.

L'induit de ce moteur a été construit par le « Westinghouse Electric and Manufacturing Company » de Pittsburg.

Les dimensions sont les suivantes :

Diamètre	787	millimètres
Longueur	533	—
Nombre des enroulements	237	—

La partie la plus basse du moteur se trouve à 40 millimètres au-dessus du niveau du rail.

Les moteurs font 225 tours, avec un courant de 250 ampères, à 800 volts.

La puissance de chaque moteur est d'environ 250 chevaux, avec un rendement de 93 %.

Les moteurs peuvent exercer un effort horizontal de 13 000 kilogrammes.

Pour obtenir le démarrage du train, on met d'abord tous les moteurs en *série*; puis on en met deux en *parallèle* et deux en *série*. On les met enfin tous en *parallèle* lorsque la vitesse a atteint une certaine valeur. On peut intercaler dans le circuit des résistances qui permettent d'obtenir des vitesses très différentes.

On se sert toujours des quatre moteurs à la fois : il n'y a pas de groupement dans lequel un des moteurs se trouve mis hors du circuit.

Pour faire varier la vitesse, on manœuvre un commutateur de forme cylindrique.

On ne peut manœuvrer à la main ce commutateur que très lentement; aussi, a-t-on imaginé un système de commande à l'aide de l'air comprimé. C'est une disposition analogue à celle qui a été employée pour la manœuvre des « commutateurs, » des voitures automobiles, du chemin de fer électrique, dit « Intramural », dont nous donnons la description dans la première partie de cet ouvrage.

Dans la locomotive Sprague, l'air est comprimé à l'aide d'une pompe électrique représentée en plan sur la planche. On trouve à l'intérieur du « cab » de la locomotive tous les instruments nécessaires : des ampèremètres, des voltmètres, un sifflet et une cloche.

Le système de frein, connu sous le nom d' « *American*, » se trouve appliqué à toutes les roues. La locomotive porte deux « *trolleys*. » respectivement à l'avant et à l'arrière.

Le poids total de cette locomotive est d'environ 60 000 kilogrammes. Ce poids se trouve également réparti sur les huit roues motrices.

Truck Taylor pour tramways électriques

Le truck Taylor jouit d'une grande faveur aux Etats-Unis.

A chacune des extrémités du châssis de ce truck, deux ressorts sont solidement fixés aux traverses. Ces ressorts sont réunis deux à deux à la partie supérieure par d'autres traverses. C'est sur la plate-forme ainsi formée, que se place la caisse de la voiture.

Cette caisse est fixée au châssis à l'aide de gros boulons placés au centre des deux traverses extrêmes. Entre la traverse inférieure et la rondelle sur laquelle s'appuient les écrous de ces boulons, on interpose des ressorts à boudin qui contribuent à empêcher le balancement si désagréable des extrémités de la voiture.

Le châssis est muni d'un système de frein à levier auquel les constructeurs ont donné le nom de frein « Compound. » Dans ce système les quatre sabots viennent frotter contre les roues au même instant : leur action est très prompte.

Les sabots sont suspendus aux longrines du châssis, de façon à venir s'appliquer bien exactement contre le bandage de la roue, que la voiture soit peu ou fortement chargée. L'usure du sabot est donc uniforme sur toute sa surface.

Les sabots peuvent être très facilement remplacés : il suffit, pour les démonter, d'enlever une sorte de clavette courbe.

Cette disposition est à la fois simple et pratique. Un sabot peut en effet être remplacé sans que l'on ait un seul écrou à desserrer. On réalise ainsi une économie de temps très appréciable. Les sabots sont munis de ressorts de rappel au moyen desquels on peut placer tous les sabots rigoureusement à la même distance du bandage. Les quatre sabots sont reliés par des tirants munis, en leur milieu, d'écrous de serrage qui permettent de remédier facilement au jeu qui se produit toujours après quelques semaines de service. Pour remettre le tout en bon ordre, on n'a point à placer la voiture sur une « *fosse*, » puisque les différents écrous à resserrer se trouvent sur les côtés du châssis, et sont facilement accessibles.

Lorsqu'une voiture, système Taylor, est attelée à une voiture automotrice « motor car, » munie elle-même du châssis et du frein Taylor; on peut très facilement relier tous les sabots de chacune des deux voitures, de façon à ce que tous les freins puissent être actionnés par le conducteur de la première voiture « motor man. » On n'a donc pas besoin d'avoir sur la deuxième voiture un serre-frein « brake man » spécial.

Le système Taylor offre en somme, de très grandes garanties de solidité. Le châssis est complètement indépendant de la caisse de la voiture. Le même châssis peut donc servir pour des voitures de largeurs très différentes. Les essieux restent rigoureusement parallèles.

Les constructeurs prétendent que cette indépendance complète de la caisse de la voiture assure à cette dernière une durée plus considérable que les systèmes employés communément aux Etats-Unis. Les chocs, produits par les irrégularités de la voie, sont supportés par le châssis seulement.

Les voies de tramways électriques sont souvent en fort mauvais état aux États-Unis. Aussi, les chocs produits sur les essieux par les moteurs eux-mêmes qui sont souvent mal suspendus, causent-ils fréquemment des ruptures d'essieux. Grâce à leur excellent système de suspension, les voitures système Taylor n'ont jamais donné lieu à aucun accident de ce genre. L'usure inégale des coussinets des essieux est évitée. Les réparations peuvent être faites avec la plus grande facilité. Toutes les parties sujettes à l'usure et à la détérioration sont d'un accès facile.

Il est souvent utile d'enlever le truck de dessous la caisse de la voiture de façon à examiner l'état des ressorts. Il suffit de placer un vérin sous la caisse. Les roues et les essieux peuvent aussi être enlevés très facilement.

Truck « Empire state »

Construit par la « Taylor Electric truck Company » de Troy N.-Y.

Dans ce système le poids de la caisse est supporté par un pivot placé au milieu du quadrilatère formé par les roues. L'expérience a démontré que les voitures montées sur châssis ne peuvent être employées dans le cas de grandes vitesses.

Le truck « Empire state » présente une particularité intéressante. Il est muni de ressorts-pincettes. La caisse de la voiture n'est réunie au truck que par un seul boulon de grandes dimensions. L'usure produite sur les boudins des roues par le passage dans les courbes se trouve réduite au minimum.

Les voitures munies de ce système de truck peuvent passer dans des courbes de petit rayon à des vitesses de 45 à 50 kilomètres à l'heure. Ces vitesses n'ont d'ailleurs rien d'excessif aux États-Unis, où il n'est pas rare de voir des tramways électriques marchant à la vitesse de 60 à 65 kilomètres à l'heure.

Le truc « Empire state » est formé d'un châssis en acier portant en son milieu une forte traverse. Au châssis du truck sont boulonnées les glissières entre lesquelles se meuvent les boîtes d'essieux. Au-dessus des boîtes d'essieux et s'appuyant sur ces boîtes, sont des ressorts qui empêchent les chocs résultant du mauvais état de la voie, de détériorer le châssis ou la caisse de la voiture. Le système de frein employé pour ces trucks est à peu près le même que celui qui a été décrit précédemment. La caisse de la voiture n'est réunie au truck que par un seul boulon. Le truck est construit de façon à faire porter la plus grande partie du poids sur les roues motrices.

Commutateur du Dr Pollack

On a beaucoup discuté dans les réunions d'électriciens, sur les avantages et les inconvénients des courants alternatifs et des courants continus. Un des grands désavantages des courants alternatifs est de ne pouvoir charger les accumulateurs et de ne pouvoir être employé dans les installations de tramways. C'est dans le but de remédier à ces nombreux inconvénients que le docteur Charles Pollack de Francfort-sur-le-Mein a construit un appareil fort intéressant qu'il a présenté au Congrès des Électriciens.

Avant de parler de cet appareil, nous devons rappeler un fait bien connu. Si nous avons un commutateur tournant synchroniquement avec un alternateur nous obtiendrons un courant direct d'une nature « pulsatoire ». Un tel courant ne peut être employé pour charger des accumulateurs et ne peut guère être employé pour actionner les moteurs à courant direct.

Dans le cas d'accumulateurs par exemple, à l'instant où la force électro-motrice de la machine devient inférieure à celle de l'accumulateur, ces derniers déchargent leur courant dans la dynamo. Le même fait se produit avec un moteur à courant direct qui pendant la période de bas potentiel opère comme une génératrice de courant. Tout se passerait alors comme si un frein était appliqué au moteur.

Le docteur Pollack pensa donc qu'on pouvait arriver à un bon résultat,

en employant seulement la partie du courant, telle, que la force électro-
motrice soit supérieure ou au moins égale à celle de la batterie et du
moteur.

L'appareil régulateur dans le système Pollack est constitué par un
petit moteur à courants alternatifs synchrone de $\frac{1}{10}$ de cheval vapeur
dont l'arbre est muni d'un prolongement qui porte un commutateur à
8 segments.

Les segments C C C C sont reliés à un anneau de contact annulaire D
pendant que ceux que nous appellerons C' C' C' C' sont reliés à un autre
contact annulaire.

Ces deux anneaux reçoivent le courant par des balais auxquels sont
reliés les conducteurs qui vont à l'alternateur. Les balais qui débitent le courant direct F F F F et F' F' F' F' sont aussi réunis par des
conducteurs G et G' de façon que la première paire F F soit reliée à
la 3e paire F F et que la seconde paire F' F' soit reliée à la 4e paire F' F'.

On ne peut modifier à volonté la distance entre les paires de balais
adjacents F F et F' F' mais la distance entre les deux premières paires
et les deuxièmes paires peut être changée.

Le moteur est relié en dérivation avec le commutateur dont nous
venons de parler. Il en résulte que suivant la distance qui sépare les
deux paires de balais les contacts entre elles et les circuits du commutateur seront soit plus longs soit plus courts.

M. le docteur Pollack exposait à Chicago une installation complète capable de transformer 3 000 watts. Le système de commutation est placé
sur un cadre en bois qui porte aussi un interrupteur et un petit
tableau de distribution muni d'un voltmètre pour courants alternatifs,
d'un voltmètre pour courants continus, et d'un ampèremètre.

Pour faire fonctionner le système, on applique le courant au moteur
synchrone après l'avoir amené au synchronisme au moyen d'un mouvement à main. Le moyen de réglage à la main est assez compliqué et
sa description ne peut trouver place ici. Les balais ne réclament quelque
attention que durant la première demi-heure de chargement des accumulateurs, mais durant les cinq ou six heures suivantes, ils ne réclament aucun soin. Ce n'est qu'à la fin lorsque la f. e. m. de l'accumulateur s'élève qu'il faut de nouveau régler les balais. Dans le cas d'un
moteur de tramway, les balais sont réglés par un système automatique.

Le rendement de l'appareil de M. le docteur Pollack a été déterminé avec beaucoup de soin, et il résulterait de ces essais que le rendement s'élèverait à 99 %.

Interrupteurs de la « Cutter Electrical & Manufacturing Company » de Philadelphie

La « Cutter Electrical Manufacturing Company » de Philadelphie a récemment mis sur le marché des interrupteurs fort intéressants. Ces appareils ont extérieurement les apparences d'une serrure de porte. Comme celle-ci, ils sont manœuvrés à l'aide d'une clef.

Ces interrupteurs ont leur utilité dans les établissements publics, les hôtels, les écoles, les hôpitaux, les prisons, partout enfin où pour des raisons quelconques on peut craindre la malveillance.

Il arrive parfois que des voleurs s'introduisent la nuit dans un hôtel, brisent l'interrupteur ou coupent les fils électriques qui se trouvent à leur portée de façon à profiter de l'obscurité pour commettre des vols. Lorsque dans les collèges les interrupteurs se trouvent facilement accessibles et à la portée des enfants, il est à craindre que par gaminerie ceux-ci réussissent à les mettre hors d'usage.

L'interrupteur de la « Cutter Electrical Manufacturing Company » a l'avantage de pouvoir être placé de façon à ne pas attirer l'attention et de ne pouvoir être manœuvré que par la personne qui a à sa disposition la clef convenable. La face extérieure de la boîte en fer dans laquelle est placé l'interrupteur se trouve exactement à l'aplomb du parement du mur. Pour l'enlever il est nécessaire d'avoir recours à une deuxième clef.

La « Cutter Electrical and Manufacturing Company » fabrique aussi des interrupteurs du même type, mais que l'on peut faire fonctionner sans l'aide de clef. La plaque intérieure porte deux boutons. Suivant le bouton sur lequel on appuie, on ouvre ou l'on ferme le circuit. Ces boutons sont peints l'un en noir, l'autre en blanc. Il suffit de jeter un coup d'œil sur l'interrupteur pour reconnaître si les lampes sont allumées ou éteintes. Tout le mécanisme se trouve placé à l'intérieur d'une boîte en porcelaine. Dans le cas même où il se formerait un arc voltaïque entre les parties métalliques de l'interrupteur, il n'y aurait aucun danger d'incendie.

Ces interrupteurs sont du type « knife blade ». Ils fonctionnent si bien que dans des essais qui ont été faits à l'Exposition Colombienne les interrupteurs servant habituellement pour des courants de 10 ampères, ont fonctionné dans d'excellentes conditions pour des courants de 20 ampères.

La rupture du courant se produit d'une façon instantanée. La lame de l'interrupteur s'écarte au moment de la rupture à une distance de deux centimètres des contacts-mâchoires dans lesquels elle est engagée lorsque le courant passe. Dans le cas d'interrupteurs bipolaires, les deux mâchoires se trouvent à 1 centimètre et demi l'une de l'autre.

La « Cutter Electrical Manufacturing Company » a imaginé aussi un type d'interrupteur automatique. Ces interrupteurs sont employés comme mesure de protection contre les voleurs. Ils se trouvent dissimulés auprès d'une porte. Au moment où celle-ci est ouverte, des lampes s'allument, à la grande confusion du voleur, pendant que des sonneries électriques donnent l'alarme à toute la maison.

Serrures électriques de la « Pettingell Andrews Company » de Boston

Les serrures électriques présentent, sur les serrures ordinaires, plusieurs avantages bien marqués :

Ces serrures ont des dimensions bien moindres que les serrures ordinaires ; par conséquent elles sont bien plus faciles à loger dans l'épaisseur de la porte. Il est impossible, en employant ces serrures, de laisser la porte ouverte, car le loquet ne peut sortir de son logement que lorsque le courant passe.

La Pettingell et Andrews Company de Boston a mis récemment en vente un type de serrure électrique qu'elle désigne sous le nom de serrure « W. et T. ». Ces serrures présentent la particularité de pouvoir servir pour une porte quelconque, que les gonds se trouvent à droite ou à gauche. Ces serrures fonctionnent avec une batterie de deux piles Leclanché.

Serrure électrique (système Thaxter)

Cette serrure est à double clef : Une partie du mécanisme permet de se servir d'une clef ordinaire. L'autre, au contraire, est commandée par le courant électrique. Une serrure ordinaire peut, en effet, être forcée ; dans la serrure Thaxter, au contraire, le pène ne peut sortir de son logement que si l'on touche un bouton placé à l'intérieur de la maison ou si on se sert d'une clef spéciale. Ces serrures fonctionnent bien, mais leur prix est très élevé et, même aux Etats-Unis, il n'est pas probable qu'elles fassent d'ici bien longtemps une concurrence sérieuse aux serrures ordinaires.

Lampe à arc Waterhouse Gamble & Cie

Le type de lampe exposé par MM. Waterhouse Gambe et Company peut fonctionner aussi bien sur un circuit d'éclairage par lampes à incandescence que sur un circuit de lampes à arc. Elle présente un certain nombre de qualités spéciales qui l'ont faite adopter de préférence à tout autre système dans un grand nombre de stations centrales des Etats-Unis. Toutes les parties qui composent cette lampe sont rigoureusement interchangeables. La position relative des différentes pièces se trouve absolument fixe. Elles donnent une lumière très douce et fonctionnent sans bruit.

Dans la construction de ces lampes, on ne se sert pas de rondelles en caoutchouc. On se sert comme isolant d'une sorte de mastic. Les électro-aimants employés dans la construction de ces lampes sont excessivement robustes.

L'armature de l'électro-aimant se trouve suspendue ; son action s'exerce de haut en bas. Il n'y a aucun mécanisme compliqué, de sorte que la sensibilité de l'appareil est en tout point parfaite.

Le mouvement des porte-charbons est produit par un système pneumatique très régulier.

Le système régulateur de cette lampe fonctionne très bien sur les circuits pour lampes à incandescence. Le piston employé dans ces lampes n'exige que peu ou point de réparations. Dans un essai récent on a fait fonctionner ce piston 750 000 fois sans qu'on ait put constater ni usure ni déformation.

Le globe employé a une forme telle que la poussière ne peut s'y fixer et que dans le cas d'une installation en plein air, la lampe peut y séjourner sans inconvénient. L'homme chargé de l'entretien des lampes peut facilement nettoyer le globe sans avoir à le démonter :

La lampe se divise en deux parties :

1° Le cadre auquel sont fixés le porte-charbon inférieur et les deux bornes auxquelles on fait aboutir les extrémités des conducteurs ;

2° Toutes les parties mobiles qui se trouvent fixées sur une seule pièce en fonte.

Ces parties mobiles, à l'exception du coupe circuit fusible, s'adaptent aussi bien aux circuits pour lampes à arc qu'aux circuits pour lampes à incandescence.

Lorsque l'on désire placer sur un circuit pour lampes à incandescence une lampe « Waterhouse Gamble & Company », placée jusque-là sur un circuit pour lampes à arc, il suffit de changer seulement quelques-unes des parties mobiles : Le remplacement peut être fait sans grandes dépenses. Il suffit de quelques minutes pour faire le changement.

Les différents types d'électro-aimant dont on se sert pour ces lampes sont strictement interchangeables.

Avec ces lampes on peut également employer n'importe quelle espèce de charbon. En quelques minutes on peut remplacer un charbon de 11 millimètres de diamètre par un charbon de 16 millimètres. Dans le cas où le cadre de la lampe vient à être brisé, les parties mobiles peuvent encore être utilisées.

Tous ces changements peuvent se faire sur place ; l'on n'a pas besoin de porter les lampes à la station. Toutes les pièces de rechange peuvent se placer dans un sac d'ouvrier.

Projecteur (système Mangin) de la « General Electric Company »

C'est la maison Schuckert qui avait à l'Exposition de Chicago le plus grand nombre de projecteurs électriques. La « General Electric Company de New-York » n'exposait que quelques projecteurs, mais l'un deux avait des dimensions considérables. La General Electric Company prétend même avoir construit le plus grand projecteur existant actuellement. Ce projecteur a plus de 3 mètres de hauteur et pèse 3 000 kilogrammes. Il est cependant si bien équilibré que l'on peut le diriger dans toutes les directions avec la plus grande facilité.

Le miroir de ce projecteur a 1^m,30 de diamètre. C'est un miroir concave du type Mangin; il ne présente point d'aberrations de sphéricité et donne un faisceau de rayons lumineux parallèle. Ce miroir a été construit en France, son épaisseur sur les bords est de 82 millimètres. Il pèse environ 400 kilogrammes, sa monture métallique pèse 350 kilos.

Ce miroir est placé au fond d'un tambour métallique au centre duquel se trouve la lampe électrique, qui peut se déplacer suivant l'axe du tambour.

Le charbon supérieur a un diamètre de 38 millimètres ; il a environ 60 centimètres de long. Le charbon inférieur a un diamètre de 31 millimètres et une longueur de 381 millimètres. Sa surface extérieure est recouverte d'un dépôt de cuivre. Le charbon positif est placé un peu en avant du charbon négatif ; l'intensité du courant qui doit normalement traverser la lampe est 200 ampères.

D'après les essais, la lampe aurait une puissance lumineuse de 90 000 bougies. Le faisceau de lumière projeté par l'appareil aurait une puissance lumineuse totale de 375 millions de bougies.

Des ventilateurs ménagés à la partie supérieure et sur les côtés du tambour, font passer dans l'intérieur de l'appareil un courant d'air qui dissipe la chaleur produite par la lampe.

Tous les volants à main qui servent à la manœuvre du projecteur sont réunis d'un même côté de l'appareil, de sorte qu'un homme seul peut manœuvrer tout le système.

A l'aide d'ouvertures ménagées dans le tambour et fermées par des verres colorés, on peut donc surveiller très facilement le fonctionnement de la lampe.

Le tambour est supporté par des tourillons placés sur des coussinets à la partie supérieure de deux supports en fonte. L'ensemble de l'appareil repose sur un système de galets qui fonctionne à la manière des plaques tournantes. Le bâti qui le supporte peut recevoir un mouvement de rotation, soit à l'aide d'un système d'engrenages actionnés par une manivelle.

Le tambour peut, à l'aide de dispositions analogues, être levé ou abaissé.

Avant que le projecteur de la General Electric Company ait été envoyé à l'Exposition, on en fit un essai public à Middletown, dans le Connecticut. On n'a pu déterminer cependant avec une exactitude bien rigoureuse à quelle distance pouvait être projetée la puissante gerbe lumineuse produite par cet appareil. Les chiffres qui ont été donnés à ce sujet dans la plupart des journaux américains, n'ont pas la moindre exactitude; ils sont, en général, très exagérés.

Nous avons cependant pu constater à l'Exposition de Chicago, qu'un projecteur dont le miroir n'avait que 76 centimètres, produisait une gerbe lumineuse si puissante qu'à une distance de 15 kilomètres, on pouvait, en se plaçant dans la gerbe, lire un journal.

Charbons Hardtmuth pour lampes à arc

L'importante maison F. Hardmuth et C° de Vienne, avait envoyé à Chicago une belle collection de charbons.

On sait combien furent grandes les difficultés contre lesquelles eurent à lutter les électriciens qui, les premiers, essayèrent de faire fonctionner des lampes à arc sur des circuits pour lampes à incandescence.

Autant l'éclairage par lampes à arc à courant constant et à potentiel variable se développa rapidement, autant les progrès de l'éclairage par lampes à arc sur des circuits à potentiel constant, furent lents et pénibles ; le réglage des lampes présentait une grande difficulté, mais on fut surtout arrêté par l'impossibilité où l'on se trouvait d'avoir des charbons donnant de bons résultats dans les nouvelles conditions où l'on se trouvait placé. Il fallait une qualité de charbons tout à fait spéciale. Les charbons très denses qui se comportaient bien sur des circuits à potentiel variable ne fonctionnent pas d'une façon satifaisante sur les circuits à potentiel constant. L'expérience montra finalement qu'un charbon moins dense était préférable à plusieurs points de vue. Un grand progrès fut réalisé par l'introduction sur le marché du charbon à mèche de MM. Hardmuth et Company.

Les diamètres des charbons exposés à Jackson-Park par cette Compagnie, variaient entre 2 millimètres et demi et 7 millimètres. Bien que les charbons fabriqués par la Hardmuth Company soient vendus aux États-Unis, à un prix bien plus élevé que les charbons de fabrication américaine, ils font à ces derniers une forte concurrence.

C'est l'importante Compagnie Thomson-Houston qui est chargée aux États-Unis de la vente des charbons Hardmuth.

Nouvelle lampe à incandescence « Maggie Murphy »

La Pensylvania Electric engineering Company, de Philadelphie, a récemment mis en vente une nouvelle lampe à incandescence à laquelle elle a donné le nom de lampe « Maggie Murphy ».

La Pensylvania Company prétend que sa lampe ne constitue une contrefaçon ni des lampes Edison ni des lampes Westinghouse. Elle appuie son dire sur la décision rendue récemment par le juge Wallace dans le procès de la Compagnie Edison contre la Compagnie Sawyer-Man.

Les brevets Sawyer-Man qui sont actuellement exploités par la Westinghouse Manufacturing Company de Pittsburg, définissent nettement la lampe Sawyer-Man : un filament de charbon de la grosseur d'un fil placé dans une ampoule entièrement en verre, dans laquelle l'air se trouve raréfié à un tel degré que la combustion du charbon ne puisse pas se produire.

La Pensylvania Electric and engineering Company n'a pas pris moins de 18 brevets au sujet de cette lampe, pour laquelle elle fait beaucoup de réclame. Comme cette lampe n'a point fait ses preuves, et que malgré le bruit qu'on fait autour d'elle, elle ne nous semble pas appelée à un grand succès, nous nous bornerons à signaler son apparition sans en parler plus longuement.

Nouvelle lampe à incandescence « Beacon »

La lampe à incandescence de la « Beacon vacuum pump and Electrical Company » de Boston. Massachusets, offre quelques particularités.

L'ampoule de la lampe présente un ressaut sur lequel on vient placer un disque en mica. Ce disque sert de support à une couche de ciment dont la composition est gardée secrète par la « Beacon vacuum pump and Electrical Company ». On verse ce ciment sur la plaque de mica alors qu'il se trouve en fusion ; il constitue une fermeture absolument hermétique, et peut supporter facilement les températures auxquelles il se trouve exposé sans se détériorer et sans émettre de gaz ou de vapeurs d'aucune sorte. Des fils de fer traversent la couche de ciment et le disque de mica, mais n'ont aucun point de contact avec le verre. Un deuxième disque de mica se trouve placé près du premier, il sert de réflecteur à la lumière de la lampe.

Pile Partz de la « White Dental Manufacturing C⁰ », de Philadelphie.

La pile Partz possède les avantages des types Bunsen sans en avoir les inconvénients. La plaque de charbon se trouve placée au fond du vase. Le zinc est suspendu à la partie supérieure ; le vase contient une solution de sel de composition assez complexe, spécialement préparé par la « White Dental Mfg Company » qui lui a donné le nom de sel sulfochromique Partz. Le sel marin et le sel Partz forment une solution dépolarisante qui, en raison de sa grande densité, reste à la partie inférieure du vase entourant la plaque de charbon, mais se trouvant séparée du zinc. La force électro-motrice de la pile Partz est environ deux volts. L'intensité du courant qu'elle débite reste constante pendant plusieurs mois.

Les piles Partz sont fréquemment employées aux Etats-Unis pour le service des télégraphes et des téléphones. On les emploie pour actionner des moteurs électriques de faible puissance.

La White Dental Company fabrique aussi une pile Partz dans laquelle les deux solutions sont séparées par un vase poreux.

Pile « Atlantic » de la « Electro Chemical & Specialty Company » de New-York

Cette pile est construite par la *Electro-chemical and specialty Company* de New-York. Elle débite un courant de 40 ampères avec une force électro-motrice de 2 volts. Elle donne dans ces conditions 150 ampère-heures ; elle présente l'avantage d'avoir une résistance intérieure rigoureusement constante. Dans la plupart des autres types de piles, la résistance varie dans de très grandes limites et très rapidement.

Pendant que la pile ne fonctionne pas, il n'y a point de dépense de zinc et dans les essais qui ont été faits à l'Exposition de Chicago, il a été constaté que la force électro-motrice restait très sensiblement constante.

On a reconnu aussi que les pinces et les fils conducteurs ne s'oxydent que très lentement.

La pile se compose :

1° D'un vase en gutta ;

2° de 18 cylindres de charbon ;

3° d'un vase poreux ;

4° d'un zinc de forme annulaire.

Il est facile de soulever complètement le zinc au-dessus du liquide sans avoir à ouvrir le couvercle de la pile, et sans avoir à toucher ni aux pinces ni aux conducteurs.

On se sert en général des solutions suivantes :

Pour placer dans le vase poreux :

2 parties d'acide sulfurique ;

3 parties d'eau ;

250 grammes de bichromate de soude.

Pour placer dans le vase en gutta :

1 partie d'acide sulfurique ;

19 parties d'eau.

Pour préparer la solution dans le vase poreux, on doit prendre les précautions suivantes :

Lorsqu'on a laissé se refroidir le mélange d'eau et d'acide effectué d'après les indications données précédemment, on y ajoute le bichromate de soude. On remplit alors le vase poreux jusqu'à cinq centimètres du couvercle.

On remplit ensuite le vase en gutta, mais on ne laisse point le niveau du liquide arriver à moins de dix ou quinze centimètres du couvercle. Il est de toute nécessité, en effet, que l'on puisse soulever le zinc hors du liquide sans avoir à enlever le couvercle.

Le chargement d'une pile ne coûte pas plus de 1 fr. 40. Pour charger la batterie, il faut toujours avoir soin de vider complètement le vase poreux et le vase de gutta.

Pendant tout le temps que la pile ne débite pas, on a soin de tenir le zinc hors de la solution.

La durée du zinc est d'environ 150 à 200 heures.

Piles Crowdus de l' « Union Electric works » de Chicago

Les substances chimiques qui entrent dans la composition de cette pile sont très bon marché. En supposant que le prix de l'acide sulfurique soit environ 0 fr. 20 le kilogramme, et que le zinc amalgamé vaille 1 franc environ le kilogramme, bien qu'aux États-Unis il y ait un grand nombre de localités où l'on puisse se procurer ces substances à un prix bien moindre, les piles Crowdus peuvent donner 35 watts en ne dépensant que 0 fr. 005 par heure.

Tous les éléments sont placés dans des vases de gutta, moulés en une seule pièce.

Les piles du type 3-A, de forme parallélipipédique, ont les dimensions suivantes : longueur 152 millimètres, largeur 152 millimètres, hauteur 154 millimètres. Elles pèsent 7 kilogrammes et demi. Le potentiel du courant qu'elles débitent est environ 3,3 volts. La résistance de ces piles est 0,3 ohms. Le rendement dépasse 80 %.

La pile du type 2-A a une force électromotrice de 2,7 volts. Sa résistance est de 0,07 ohms. La pile du type 1-A a une force électro-motrice de 1,9 volt. Sa résistance est de 0,019 ohms.

Ces deux dernières piles sont employées dans le cas où l'on a besoin d'un courant de force électro-motrice très basse et de grande intensité, comme pour électrolyse.

Les piles du type 4-B ont les dimensions suivantes :

Hauteur.	165 millimètres
Largeur.	177 —
Longueur	177 —

Elles débitent un courant de 4 ampères à un potentiel de 4,5 volts.

On peut obtenir avec cette même batterie un courant de 6 ampères. Mais alors le rendement de la pile tombe de 82 à 78 %.

Le type 2-B a une force électro-motrice de 2,7 volts et une résistance de 0,06 ohms.

Le type 1-B a une force électro-motrice de 1,9 volts et une résistance de 0,015 ohms.

Les piles du type 4-C ont les dimensions suivantes :

Hauteur.	180 millimètres
Largeur.	200 —
Longueur , ...	200 —

Leur poids est de 13,5 kilogrammes. Elles débitent un courant de 5 ampères à un potentiel de 4,5 volts.

Le rendement de la pile est alors de 83 %. Si on lui fait débiter un courant de 7 ampères, le rendement n'est plus que 80 %.

La pile du type 2-C a une force électro-motrice de 2,7 volts; sa résistance est de 0,053 ohms.

La pile 1-C a une force électro-motrice de 1,9 volts. Sa résistance est d'environ 0,013 ohms.

Les piles 1-B et 1-C peuvent débiter un courant de 100 ampères.

On remarquera que, pendant que la force électro-motrice de ces batteries reste sensiblement constante, la résistance du type AC n'est que le 1/10 de la pile du type 4-A. La table ci-dessous indique combien il faut de piles dans une batterie pour obtenir une puissance donnée :

PUISSANCE EN CHEVAUX	TYPE DES BATTERIES		
	A	B	C
$\frac{1}{25}$	1	1	1
$\frac{1}{16}$ . .	2	2	2
$\frac{1}{12}$ . .	3	2	2
$\frac{1}{8}$	4	3	3
$\frac{1}{6}$	5	5	4
$\frac{1}{4}$ . .	8	8	7
$\frac{1}{2}$	16	15	13
$\frac{3}{4}$	24	23	19
1	32	30	26

Les piles Crowdüs sont assez fréquemment employées aux États-Unis pour alimenter des lampes à incandescence.

L' « Union Electric Company » a créé un type spécial de lampes à incandescence.

La durée d'une lampe à incandescence est d'autant plus courte que le nombre de watts qu'il est nécessaire de fournir à la lampe par bougie est plus grand. Dans la lampe de l' « Union Electric Company », le nombre de watts par bougie se trouve réduit à 2 ou 2,2. Nous indiquons ci-dessous le nombre des piles nécessaires pour alimenter un nombre donné de lampes :

VOLTS	INTENSITÉ lumineuse des lampes	AMPÈRES	NOMBRE DE PILES
6	6	2,3	1 pile pour 2 lampes
6	10	4	1 -- 1 —
6	12	4,5	1 — 1 —
6	15	5	1 - 1 —
12	30	5	1 — 1 —
18	50	5,5	3 — 1 —
25	15	1,5	4 — 4 —

Bien que l'application des piles à l'éclairage par lampes à incandescence telle qu'elle a été réalisée par l' « Union Electric Company » soit fort intéressante, nous ne pensons pas qu'elle ait une grande importance au point de vue industriel.

Pile primaire « Law »

La pile Law est fort employée aux Etats-Unis. Elle présente un certain nombre d'avantages qui la font préférer dans bien des cas aux autres types. Les charbons et le zinc sont fixés au couvercle du vase. *L'élément* positif est constitué par deux cylindres concentriques en charbon, fendus suivant une génératrice. La hauteur de l'élément n'est que de 7 centimètres. Les charbons présentent donc ainsi au contact du liquide une très grande surface comparativement aux dimensions de la pile. Cette surface est presque le double de celle des charbons dans un grand nombre de piles ayant les mêmes dimensions extérieures.

L'élément négatif est formé par un cylindre en zinc amalgamé. Sa hauteur est de 10 centimètres environ. Ces éléments sont placés dans un vase en verre de forme carrée. Le couvercle est en caoutchouc vulcanisé. Ce couvercle porte à sa partie inférieure un certain nombre de prolongements qui viennent s'engager dans des petits logements ménagés dans la partie supérieure du vase en verre. Il suffit de tourner le couvercle d'un certain angle pour que le vase soit hermétiquement.

fermé. Au lieu de fixer directement la borne métallique sur l'élément négatif, on a recours à l'intermédiaire d'un bouton en charbon sur lequel la borne vient se fixer. Le charbon employé est très dur et, une fois qu'il a été fixé sur l'élément, on lui fait subir un traitement chimique qui l'empêche de s'imprégner d'humidité de sorte que sa conductibilité reste parfaite. On emploie du sel ammoniac granulé. La pile complète pèse environ 2 kilogrammes. Les pinces sont en cuivre étamé et sont toujours très propres. Ce type de pile convient surtout au service téléphonique. Un grand nombre de ces piles est employé aux États-Unis pour usages médicaux. Les abouts des conducteurs sont maintenus entre deux rondelles qui sont serrées l'une contre l'autre à l'aide d'un écrou.

La « Law Battery Company » fabrique aussi un type de pile avec un seul cylindre de charbon. Ce cylindre se trouve, comme dans le type dont nous venons de parler, fixé au couvercle de la pile. Celle-ci est surtout employée pour les sonneries électriques et pour tous les usages pour lesquels le bon marché est une qualité absolument essentielle. La « Law Battery Company » construit aussi des vases poreux en charbon.

Ce vase est muni d'un couvercle également en charbon. On peut facilement enlever et remplacer la matière dépolarisante toutes les fois que cette opération est nécessaire. La rondelle qui supporte l'élément *zinc* est maintenue en place par le couvercle du vase.

Piles voltaïques « Edward Weston »

Dans la pile Weston, le coefficient de température est pratiquement invariable. En d'autres termes, la force électro-motrice ne dépend point de la température. Bien qu'une pile de ce genre puisse être employée avantageusement à des usages très divers, elle peut servir surtout comme pile étalon.

Dans la plupart des piles-étalons employées actuellement, les variations de température ont pour effet de faire varier dans de notables proportions la force électro-motrice de la pile.

Dans la pile Clark, par exemple, qui est formée d'un fil en platine amalgamé et d'une tige en zinc placée dans un mélange pâteux de sulfate de mercure, de sulfate de zinc et d'eau, les changements de température font varier la force électro-motrice dans des proportions notables. Dans les piles contenant du sulfate de zinc en solution, la densité de la solution dépend de la température du dissolvant. Il se produit alors des variations de force électro-motrice, car celle-ci varie en même temps que la densité de la solution.

En outre, dans toutes les piles dites *étalon*, il se forme sur le zinc un dépôt nuisible.

Il faut donc, dans une pile étalon, non seulement que la force électromotrice ne varie pas avec la température, mais aussi que la pile ne contienne pas de matières qui, en produisant une polarisation fassent varier la force électro-motrice du courant débité par la pile. M. Weston prétend qu'en employant dans sa pile des sels de cadmium la force électro-motrice reste indépendante des variations de la température, ce qui paraît être dû au fait que les sels de cadmium sont également solubles dans l'eau chaude et dans l'eau froide. La densité de la solution reste la même, de sorte qu'il n'y a aucune variation dans la force électro-motrice. On peut employer tout sel de cadmium dont l'acide forme avec le mercure un sel insoluble lorsque le sel est à l'état de solution saturée.

Ces sels sont par exemple le sulfate, le chlorure, le bromure et l'iodure.

On peut employer un seul sel ou une combinaison de ces différents sels. La nature des sels employés dans la pile Weston dépend de l'usage auquel on la destine, soit qu'on s'en serve pour étalonner d'autres piles, ou, qu'au contraire, on n'en ait besoin qu'à des intervalles éloignés et pour de courtes durées.

Une pile doit non seulement être indépendante de toute variation due à la température, mais aussi être exempte de ce qu'on peut appeler l'*action différentielle*, qui provient de la différence de conditions dans lesquelles se trouvent les électrodes.

Si par exemple une pile était composée de deux électrodes en zinc, plongeant toutes les deux dans une solution de sulfate de zinc, et si l'une des électrodes était chauffée plus que l'autre, il se produirait un courant et l'équilibre serait détruit.

Avec des piles Weston ayant pour une de ses électrodes un amalgame de cadmium et de mercure pur, et pour électrolyte du sulfate de mercure avec une solution saturée d'un sel de cadmium, il n'y aura :

1° Aucune variation de force électro-motrice due à une variation de température ;

2° Aucune interruption de courant due à la polarisation ;

3° Aucune variation de force électro-motrice provenant de ce que nous venons d'appeler *l'action différentielle.*

Une pile ayant été soumise à des variations de température de 104 degrés centigrades, on n'y a constaté qu'une variation de force électro-motrice de 1/100 %.

La pile Weston se compose :

D'une enveloppe extérieure en tôle de cuivre de forme elliptique, au fond de laquelle on introduit un bloc en bois contenant des évidements dans lesquels on place la pile proprement dite. Cette pile est formée de deux vases cylindriques en verre reliés entre eux par un tube transversal. Les extrémités inférieures sont arrondies et les orifices sont évasés. Dans l'un de ces vases on place un amalgame de cadmium et de mercure, dans l'autre un mélange de mercure pur et de protosulfate de mercure.

On introduit ensuite dans chacun des vases, au-dessus de l'électrode, un morceau de mousseline ou de toile dont les bords sont relevés; on y insère un bouchon percé de trous. Ce dispositif sert à maintenir en place les électrodes et à empêcher qu'elles ne se mêlent à la solution, lorsqu'on transporte la pile.

En même temps les ouvertures du bouchon permettent à la solution de venir en contact avec les électrodes. Après avoir versé dans chaque vase, une solution saturée de sulfate de cadmium on introduit, dans les orifices des tampons convenables, maintenus en place avec de la colle.

Des fils traversent les fonds des piles et se trouvent en contact avec les électrodes.

Ils sont reliés à des fils de cuivre qui aboutissent à des bornes convenablement placées.

Les bornes sont supportées par le couvercle de l'enveloppe extérieure. Ce couvercle est en caoutchouc.

Lorsque les piles sont en place, on remplit l'espace compris dans la boite extérieure au-dessus du bloc en bois, d'une composition de résine et d'huile de lin ou mieux encore de cire d'abeille. On ajuste ensuite le couvercle de la boite et on ferme la pile d'une façon permanente.

LES ACCUMULATEURS A L'EXPOSITION DE CHICAGO

On fait en Europe un emploi fréquent des accumulateurs pour les installations d'éclairage électrique.

A Londres, il a y huit stations centrales dans lesquelles on se sert des piles secondaires. Dans la plupart des cas, les batteries d'accumulateurs ne sont point placées dans les stations centrales, mais à proximité des centres de distribution.

Le chargement des batteries est effectué à l'aide de courants à potentiels élevés. Il arrive fréquemment que plusieurs stations d'accumulateurs sont réunies en série pendant la période de chargement. Dans la plupart des cas, les stations d'accumulateurs reçoivent le courant de chargement pendant les heures de la journée où il n'y a qu'un petit nombre de lampes allumées. Dans la soirée, les accumulateurs restituent l'énergie électrique qu'ils ont emmagasinée. Ils assurent aussi l'alimentation des quelques lampes qui restent allumées toute la journée.

Aux Etats-Unis, , il n'y a encore qu'un très petit nombre de stations centrales où l'on fasse usage d'accumulateurs.

Il n'y a guère que dans la station établie par la « *General Electric Company* » dans la ville de *Germantown* (*Pensylvania*), et dans la station centrale de la 43ᵉ rue, à New-York, que l'on trouve des installations complètes de batteries d'accumulateurs. Il est à noter cependant qu'une réaction tend à se produire actuellement aux Etats-Unis, qu'il y a une tendance marquée à suivre l'exemple des Compagnies d'éclairage électrique européennes et à se servir des piles secondaires dans toutes les installations où leur emploi est justifié.

L'importante usine de « *l'Edison Electric Company* », de Boston, étudie en ce moment une distribution d'éclairage électrique à l'aide d'accumulateurs. Cette Compagnie se propose d'employer des batteries d'accumulateurs *Tudor* dont la capacité sera le double de celles qui sont employées actuellement dans la station centrale de la 43ᵉ rue, à New-York.

Dans cette dernière ville, plusieurs stations centrales que l'on construit en ce moment doivent également employer des accumulateurs.

Dans la station centrale de la 43° rue on emploie actuellement 140 éléments Compton-Howel ayant chacun une capacité de 1 000 ampère-heures, pesant 325 kilog. et ayant 1ᵐ,016 de hauteur sur 52 centimètres de longueur et 38 centimètres de largeur.

Le courant débité normalement par la batterie à une intensité de 200 ampères.

Le service de l'éclairage, dans cette installation, commence à 8 heures du matin, pour finir, à 2 heures du matin, le lendemain. Les dynamos fonctionnent donc pendant une durée de 18 heures.

On fait actuellement aux États-Unis une distinction bien nette entre les *variations* et les *fluctuations* du courant électrique dans les installations de tramways. Le mot « variation » est employé pour désigner les changements de l'intensité du courant qui se produisent lorsqu'on augmente ou que l'on diminue le nombre de voitures en service. Le mot « fluctuation » est réservé aux changements de l'intensité du courant débité par les dynamos correspondant aux arrêts des voitures en service.

Les fluctuations qui se produisent dans la plupart des installations de tramways électriques sont très considérables et y aurait un grand avantage à employer des batteries d'accumulateurs. En employant les piles secondaires l'intensité du courant est bien plus constante pendant les différentes heures de la journée : Pour des courants de 850 ampères la variation d'intensité n'est que de 80 ampères, soit 9 1/2 %. Il est donc à souhaiter que l'usage des accumulateurs se généralise aux Etats-Unis comme il s'est généralisé en Europe. Il semble que les accumulateurs du type Planté, avec ses nombreuses modifications soient généralement préférés au type « Faure ». L'on ne trouve guère aux Etats-Unis des batteries d'accumulateurs ayant une capacité plus grande que 500 ampères-heures. En Europe au contraire, on voit en assez grand nombre des batteries de 5 000 ampères-heures. Il existe certains types d'accumulateurs dans lesquels un seul élément pèse 2 300 kilogrammes, et dont les dimensions dépassent 0ᵐ,90 pour la longueur, 1ᵐ,06 pour la largeur et 1ᵐ20 paur la hauteur.

En général, les Compagnies Américaines qui vendent des accumulateurs se chargent de leur entretien pour une durée de dix ans. Le coût de cet entretien s'élève en moyenne à 5 % du coût des accumulateurs.

La Compagnie qui a fourni les batteries d'accumulateurs employés à la station centrale de la 43° rue à New-York s'est engagée à les entretenir en bon état de fonctionnement pendant une durée de dix années. Le coût de l'entretien n'a été fixé dans ce cas particulier qu'à 3 1/2 % du coût des accumulateurs.

M. C. O. Mailloux a donné dans sa communication au Congrès des Constructeurs de tramways électriques qui s'est tenu à Milwaukee au mois d'octobre 1893, quelques chiffres qui peuvent offrir un certain intérêt aux ingénieurs qui se préoccupent de l'importante question de l'application des accumulateurs aux installations de tramways électriques. En supposant une usine pour tramways électriques composée de 2 machines de 500 chevaux-vapeur et d'une machine de 300 chevaux, voici comment d'après M. C. O. Mailloux il conviendrait d'organiser le service : Au commencement du service à cinq heures du matin, une des machines de 500 chevaux et une des machines de 300 chevaux seraient seules mises en marche. Des 800 chevaux ainsi produits 300 seulement seraient employés à assurer la marche des trains, les 500 autres serviraient jusqu'à 6 heures à charger les accumulateurs. Mais à partir de 6 heures, cette puissance de 800 chevaux ne serait plus suffisante, on mettrait en marche la troisième machine. A 6 heures et demie il conviendrait de faire restituer aux accumulateurs une partie de l'énergie emmagasinée de 5 à 6.

De 6 heures et demie du matin à six heures du soir les accumulateurs recevraient tantôt du courant et tantôt en restitueraient.

A 6 heures du soir, les batteries d'accumulateurs débiteraient. De 11 heures à minuit, elles se chargeraient et se déchargeraient tour à tour.

La batterie d'accumulateurs employée dans ces conditions devrait avoir une capacité de 1 275 kilowatts-heures. L'entretien monterait environ à 4 225 francs. En faisant entrer en ligne l'amortissement de l'installation, on arriverait par an à un total de 8 875 francs. En prenant comme prix de la tonne de charbon 5 fr. 50, on réaliserait par l'emploi des accumulateurs une économie de 10 fr. 40 par jour.

Les avantages que présentent un emploi judicieux des batteries d'accumulateurs dans les installations d'éclairage électrique sont tellement importants, qu'il est à supposer que les ingénieurs Américains s'en rendront compte dans un avenir prochain et qu'ils suivront l'exemple des constructeurs de stations centrales de France et d'Angleterre.

On constatait à l'Exposition de Chicago, les efforts considérables qu'ont faits les constructeurs Américains dans ces dernières années pour arriver à produire des types d'accumulateurs capables de soutenir la comparaison avec les accumulateurs employés en Europe.

Les accumulateurs exposés dans le Palais de l'Électricité étaient fort nombreux. Beaucoup ne sont que la copie de types très connus en France et en Angleterre.

Nous ne parlerons dans cette étude que des types qui présentent quelque différence bien marquée avec ceux qui sont employés en France ou de ceux qui présentent au point de vue de la construction ou du rendement quelques particularités intéressantes.

Piles et Accumulateurs « Entz et Phillips »

Ces piles et accumulateurs sont caractérisés par l'emploi d'une *plaque* particulière.

MM. Entz et Phillips ont imaginé de fabriquer un fil métallique flexible, et de former un réseau de ces fils nattés ou tissés. C'est dans les mailles de ce réseau qu'on peut placer un oxyde métallique. On peut fabriquer ainsi une plaque de n'importe qu'elle forme et de n'importe quel type. Le réseau est vendu par Entz et Phillips, soit avant, soit après l'application de l'oxyde.

Une plaque de batterie constituée ainsi que nous venons de l'indiquer peut être faite en l'un quelconque des métaux dont on se sert habituellement. Mais il est préférable de se servir de fils de cuivre.

Lorsqu'on se sert de cette plaque comme élément négatif dans un accumulateur, l'oxyde de cuivre sert de matière active.

L'oxygène mis en liberté s'y rend pendant la charge.

Le réseau de fil métallique, maintient l'oxyde en place. Les accumulateurs peuvent ainsi être déchargés très rapidement sans se détériorer.

L'oxyde de cuivre est, en général, appliqué sous la forme de pâte.

Comme moyen complémentaire pour maintenir l'oxyde et aussi pour empêcher le contact entre les plaques dans la solution. MM. Entz et Phillips proposent d'entourer le fil d'un tissu formant fourreau et composé de matières textiles isolantes, telles que le coton qui sert communément pour la fabrication des enveloppes de conducteurs électriques.

Accumulateurs « système Pumpelley »

Ces accumulateurs sont de l'invention de MM. James Pumpelley et Franck Butterworth.

Dans un certain nombre de types d'accumulateurs électriques communément employés, la solution s'évapore rapidement et se répand hors des vases dans le cas où les accumulateurs sont employés à actionner des moteurs de tramways. Les accumulateurs électriques de MM. Pumpelley et Butterworth remédient à ces inconvénients. Les diverses substances employées dans les accumulateurs sont d'un prix relativement bas. La manipulation en est des plus aisée.

Ces accumulateurs se composent d'une série de plaques métalliques. L'élément positif a généralement une plaque de plus que l'élément négatif. Les plaques portent des perforations dans lesquelles on place la matière active.

Les plaques une fois mises en place, on remplit le récipient de cellulose qu'on entasse entre les plaques des électrodes et autour de celles-ci de façon à les recouvrir et à les séparer d'une façon efficace.

Lorsque la cellulose est ainsi entassée dans les récipients on verse une certaine quantité suffisante de solution électrolytique de façon à saturer entièrement la cellulose après quoi la batterie se trouve prête à être chargée.

La cellulose placée dans le récipient de la manière expliquée plus haut empêche la concentration de l'acide dans l'électrolyte au fond des vases.

En employant la cellulose de cette manière on obtient un accumulateur dont la solution électrolytique ne se répandra pas, lorsque l'on fait servir l'accumulateur soit à actionner un moteur de tramways, soit à assurer l'éclairage des voitures.

MM. James Pampelley et Franck Butterworth prétendent que grâce à l'emploi de cette cellulose il y a très peu d'évaporation et que la pile dure de trois à cinq mois sans qu'on ait besoin de remplacer la solution.

En outre, comme les plaques sont entièrement protégées, elles ne se sulfatent pas, et restent absolument intactes, qu'elles soient en service ou non.

La cellulose pure employée dans les accumulateurs Pumpelley et Butterworth, a une durée indéfinie. Il n'est pas même nécessaire d'employer de la cellulose chimiquement pure.

On peut lui substituer, en partie, certaines pulpes de bois. Un mélange de cellulose et de pulpe de sapin noir a donné d'excellents résultats. On a aussi employé le bois de peuplier.

On emploie généralement aux Etats-Unis un mélange de 60 % de cellulose et de 40 % de pulpe de bois. Dans le mode de préparation de la pulpe de certains bois, il se forme suffisamment de cellulose pour en permettre l'emploi comme une masse homogène sans autre manipulation.

Pour certaines essences de bois, cependant, il faut mélanger à la fibre de la cellulose pure.

Un moyen commode consiste à se servir de tampons qui ont l'apparence de cartons. On sépare alors les plaques de l'accumulateur à l'aide de ces tampons. On peut même entourer les plaques avec du papier de pulpe de bois. Dans l'un et l'autre de ces cas, il y a cependant une partie de la solution qui n'est pas absorbée, et les accumulateurs présentent une partie des inconvénients qui se produisent en employant l'électrolyte libre.

Ce que nous avons dit au sujet des avantages qu'offre le mélange de cellulose et de fibre de pulpe de bois pour les accumulateurs, s'applique tout aussi bien aux piles primaires. Indépendamment de l'application de la cellulose et de la pulpe de bois, sous une forme ou sous une autre, aux usages que nous venons de signaler il n'y a qu'un pas pour prévoir l'application des mêmes matières à la construction des plaques mêmes en vue de retenir la matière active et d'empêcher le recroquevillement des plaques et par conséquent leur mise en court circuit.

Accumulateurs de la « Ford Washburn storelectro Company » de Cleveland

La Ford Washburn Storelectro Company, de Cleveland, est à la tête du mouvement qui s'est produit récemment aux États-Unis en faveur de l'adoption des accumulateurs électriques pour les installations d'éclairage et de tramways. Après dé très longues et consciencieuses recherches, les électriciens de la Ford Washburn Storelectro Company ont créé un type d'accumulateur qui présente un certain nombre d'avantages particuliers et donne un excellent rendement. La Ford Washburn Company s'est préoccupée d'obtenir des accumulateurs capables de se prêter aux plus rigoureuses exigences de la pratique. Un accumulateur devrait en effet pouvoir être déchargé très vite, et même être mis en court circuit sans se détériorer. Il ne devrait point pouvoir se produire de courts circuits entre les différentes plaques de l'accumulateur même lorsqu'elles sont depuis longtemps en service. Dans les accumulateurs de la Ford Washburn Storelectro Company, il n'y a point de plaques, au sens propre du mot. Les éléments positifs et négatifs se trouvent séparés par un vase poreux n'offrant au courant qu'une faible résistance.

Dans le type le plus généralement employé, il y a six éléments positifs et six éléments négatifs. Les derniers entourent les premiers de tous côtés. Les éléments sont renfermés dans une enveloppe en plomb spécialement préparée de façon à résister à l'action de l'acide. Cette enveloppe est perforée. Le vase poreux contient la matière active qui se trouve en contact intime avec une plaque de plomb perforée qui constitue l'élément positif.

Les éléments négatifs sont reliés tous au moyen de bandes de plomb, et ont, en plus, de nombreux contacts.

Les éléments positifs sont réunis de la même façon, mais par leur partie supérieure ; on a employé ce système de connexion, parce qu'il permet d'obtenir une décharge plus régulière.

Les éléments positifs se trouvent complètement entourés par les éléments négatifs, et ont une large surface soumise à l'action chimique du liquide.

L'épaisseur de la paroi poreuse n'est que de 2 millimètres et demi.

La résistance intérieure est tout à fait inappréciable. Il est impossible qu'il se produise de court circuit entre l'élément positif et l'élément négatif, puisqu'il sont séparés par la paroi poreuse.

On a même pris soin de faire dépasser à la paroi le niveau du liquide de façon à ce qu'aucun court circuit ne puisse se produire par la partie supérieure des éléments.

L'absence de *plaques* dans les accumulateurs Fort Washburn est un avantage dont l'importance n'échappe à personne. On sait, en effet, combien la plupart des accumulateurs à plaques sont sujets à se détériorer lorsqu'on les décharge rapidement. Dans la plupart des accumulateurs de ce genre, une fois que la matière active des plaques des accumulateurs commence à se désagréger, la batterie se trouve hors d'usage.

Aussitôt que l'on cherche à faire débiter aux accumulateurs un courant d'intensité supérieure à celui qu'ils doivent débiter normalement, on risque de détériorer la batterie.

Ls coût des réparations et des remplacements de plaques est toujours très élevé. Dans les accumulateurs Ford Washburn, les réparations ne sont pas fréquentes.

En faisant passer le courant débité par une batterie de ces accumulateurs dans un ampèremètre de résistance négligeable, l'intensité du courant atteint d'abord 400 ampères, puis tombe graduellement à 350. A ce moment là, l'aiguille de l'ampèremètre reste stationnaire. La résistance intérieure de l'accumulateur n'excède pas 0,075 ohms par décimètre carré de surface totale de plaques positives à la décharge.

Les batteries d'accumulateurs de la Fort Washburn Storelectro Company peuvent rester en bon état pendant une longue durée, même lorsqu'elles se trouvent fréquemment mises en court circuit.

Le coût d'installation des accumulateurs de la Ford Washburn Company n'est pas très élevé.

Il arrive fréquemment aux États-Unis que des procès *en contrefaçon* soient intentés par des fabricants d'appareillage électrique non seulement à leurs concurrents, mais aux personnes qui se servent des appareils dont l'invention est contestée. A ce point de vue, les accumulateurs de la Ford Washburn Company présentant des différences très marquées avec tous les autres types d'accumulateurs employés aux États-Unis offre des avantages sérieux.

M. Franklin L. Pope, un des électriciens américains les plus distingués, s'est prononcé bien nettement en faveur des accumulateurs de ce type.

Les accumulateurs Ford Washburn sont surtout employés pour les installations particulières d'éclairage par incandescence.

La Ford Washburn Storelectro Company fabrique des types spéciaux d'accumulateurs pour des usages très variés, tels que l'éclairage des voitures, des omnibus, des wagons, et, pour la commande des machines à coudre et des petits ventilateurs.

Lorsqu'il est nécessaire d'avoir des batteries très durables, on place les éléments dans une auge doublée de plomb qui présente une grande solidité.

La Ford Washburn Storelectro Company a récemment construit un petit moteur électrique de la force de 1/8 de cheval-vapeur; ce moteur est très employé aux États-Unis.

La batterie d'accumulateurs qui fait fonctionner ce moteur, n'a qu'une longueur de 46 centimètres sur une largeur de 15 centimètres et une hauteur de 34 centimètres. Cette batterie peut fournir pendant une durée de douze heures, le courant nécessaire à la marche du moteur.

L'accumulateur Ford Washburn pour usages médicaux, est muni d'un rhéostat spécial.

Le temps nécessaire à la *formation* de ces accumulateurs varie entre soixante et soixante-dix heures. Le chargement de la batterie peut se faire d'une façon continue, mais il est préférable de ne faire passer le courant de chargement que pendant dix heures de suite. Il est nécessaire d'ajouter de l'acide sulfurique à la solution à la fin de la deuxième journée. Lorsque les éléments se trouvent complètement *formés*, l'élément négatif qui était de couleur jaune, devient gris. L'élément positif, qui était rouge devient brun.

Il est essentiel de ne pas tarder à recharger une batterie d'accumulateur une fois qu'elle est déchargée, car il se produirait sur les éléments, du sulfate de zinc qui mettrait bien vite la batterie hors d'usage.

La force électro-motrice du courant de charge devrait être sensiblement plus élevée que la force électro-motrice du courant débité normalement, soit environ 2,4 volts pour chaque élément placé en série.

Nous résumons, dans le tableau de la page 192, quelques données relatives aux accumulateurs de la Ford Washburn Company. »

La Ford Washburn Storelectro Company a récemment mis en vente un type d'interrupteur destiné spécialement à la charge et à la décharge des batteries d'accumulateurs.

NOMBRE D'ÉLÉMENTS	NATURE DU VASE	COURANT DE CHARGEMENT	DIMENSIONS EN MILLIMÈTRES	POIDS
			long. larg. haut.	
3	Verre	4 à 6 ampères	$152 \times 151 \times 304$	15 kilos
4	—	5 à 10 —	$177 \times 152 \times 304$	20 —
5	—	6 à 13 —	$203 \times 177 \times 304$	25 —
6	—	8 à 14 —	$253 \times 177 \times 304$	30 —
3	Gutta-percha	4 à 6 —	$103 \times 126 \times 304$	12 $^{1}/_{2}$
4	—	5 à 10 —	$152 \times 127 \times 304$	16 —
5	—	6 à 12 —	$177 \times 126 \times 304$	20 —
6	—	8 à 14 —	$204 \times 126 \times 304$	25 —

Accumulateur Franklin

L'accumulateur « Franklin, » construit par la « Franklin Electric C° » de New-York, a été inventé par M. F.-K. Irving. Les plaques positives et les plaques négatives sont en plomb, et rappellent plus ou moins le type Planté. La force électro-motrice du courant, débité par ces accumulateurs, est d'environ 2 volts. La plaque consiste en un cadre de 15 à 16 centimètres de côté d'une épaisseur de 9 millimètres environ, formé de bandes de plomb. Ces bandes sont fixées au cadre par une soudure qui n'est point attaquée par les acides. Le peroxyde de plomb, qui se forme pendant la durée de la charge des accumulateurs, reste fixé aux bandes de plomb, et ne se désagrège point, même lorsque la décharge des accumulateurs se fait très rapidement. Le cadre lui-même n'est point attaqué par le passage du courant. On ne fixe pas dans ce type d'accumulateurs l'oxyde de plomb, à la plaque à l'aide d'une presse ou par tout autre moyen. L'oxyde de plomb est entièrement formé par le passage du courant.

Il y a une très grande surface de matière active exposée à l'action chimique de la solution.

Dans l'élément du type de 100 ampères-heures, il y a neuf plaques. Dans un élément, chaque plaque est séparée de la suivante par trois plaques de gutta.

Les différentes plaques sont maintenues par des boulons en gutta, et sont reliées à l'aide d'une barre en plomb dont la section est suffisante pour le passage d'un courant d'intensité double de celle du courant débité normalement par l'élément.

On n'a pu déterminer d'une façon bien précise la durée de ces accumulateurs. Ceux que nous avons pu voir se trouvaient en service depuis deux ans; ils ne montraient aucune apparence de détérioration.

On rencontre, dans un certain nombre d'installations particulières d'éclairage électrique aux États-Unis, des accumulateurs Franklin qui ont une capacité de 100 ampères-heures. Ces accumulateurs dits du type « B » sont placés dans des vases en gutta.

Les éléments du type C pèsent 21 kilogrammes, et ont une capacité de 150 ampères-heures.

Accumulateurs de l'« Union Electric Company » de New-York

Les accumulateurs de « l'Union Electric Company » sont constitués par un certain nombre de plaques de plomb réunies à leur partie supérieure par une traverse également en plomb.

Chacune de ces plaques est formée de plusieurs feuilles très minces, fortement pressées entre deux feuilles d'épaisseur un peu plus grande.

Les plaques ainsi obtenues, sont perforées à l'aide d'une presse. Les différentes feuilles sont réunies par un grand nombre de rivets en plomb.

On place parfois au centre de la plaque une feuille de plomb plus épaisse que les autres.

Ces plaques sont soumises à l'action prolongée d'un courant électrique qui transforme complètement les feuilles minces, à l'extérieur de la plaque, en peroxyde de plomb. Les feuilles épaisses ne sont attaquées que d'une façon superficielle. Elles servent à maintenir les feuilles minces qui, sans elles se trouveraient bien vite désagrégées.

Les trous, que l'on a eu soin de ménager dans les plaques de plomb, permettent au liquide, dans lequel l'ensemble se trouve plongé, de pénétrer à l'intérieur des plaques.

On obtient ainsi une grande surface utile. Le peroxyde de plomb ne peut tomber, puisqu'il est maintenu par les plaques de plomb qui ne sont point attaquées.

La décharge de l'accumulateur se produit d'une façon très uniforme.

Les différents types d'accumulateurs de l' « Union Electric Company » sont désignés par les lettres F_1, F_2, F_3, suivant le nombre d'éléments qu'ils contiennent. Dans tous ces types d'accumulateurs, les plaques ont absolument les mêmes dimensions.

Chacune des plaques peut donner, dans des contitions normales, une décharge de 500 watts-heures.

Les accumulateurs du type F_1 conviennent pour les petites installations d'éclairage électrique, lorsqu'il n'y a qu'un très petit nombre de lampes allumées en même temps. Ils peuvent être employés pour les opérations de cautérisations et peuvent servir à actionner de petits moteurs.

L'électrode négative, dans ces accumulateurs, est formée d'un amalgame de zinc déposé sur une plaque de cuivre.

Le zinc donne une force électro-motrice plus élevée que le plomb spongieux dont on se sert ordinairement. Il se dissout partiellement pendant la décharge de l'accumulateur, et est déposé à nouveau sur le cuivre pendant que l'on fait passer le courant de charge.

Les plaques dè cuivre sont reliées les unes aux autres dans chaque batterie d'accumulateurs.

La méthode employée par l' « Union Electric Company » pour relier un élément au suivant, est excessivement simple et pratique.

Les conducteurs sont des barres rondes en cuivre recouvert de plomb.

Ils sont réunis par des manchons en plomb. Leurs abouts sont maintenus à l'aide de coins également en plomb.

Le coin porte une rainure cylindrique dans laquelle vient se loger une des barres qui établissent les connexions. Il y a une très large surface de contact.

Ce système de connexion est donc tel qu'il n'y a absolument aucune pièce de cuivre ou de laiton exposée à l'action de l'acide. Il donne d'excellents résultats.

Toutes ces batteries, excepté les types F_1 et F_2, ont un double système de connexions.

A cause du petit nombre des plaques, et de l'intervalle qui les sépare, leur résistance intérieure pourrait sembler excessive. Ce n'est point le cas cependant, car l'expérience a démontré que ce n'est pas surtout au

liquide employé dans les accumulateurs qu'est due la résistance intérieure, mais à la nature des surfaces des plaques employées.

Dans les accumulateurs de l' « Union Electric Company, » on ne remarque, à aucun moment, la formation de sulfate de plomb.

Dans les premiers accumulateurs du type Planté, les plaques présentaient une surface lisse, et, pour les oxyder, il fallait un temps considérable. Dans les types plus perfectionnés, on réserve dans les plaques
de plomb des logements dans lesquels on vient appliquer l'oxyde sous
forme de pâte. La plaque, après cette opération, a encore une surface
lisse. Le grand inconvénient, présenté par ces plaques, est, qu'au bout
d'un certain temps, la substance active se désagrège, et tombe de la
plaque. La capacité des accumulateurs diminue vite. Il se produit fréquemment aussi des court-circuits.

Dans les plaques des accumulateurs de l' « Union Electric Company »,
le protoxyde de plomb est solidement maintenu entre les feuilles de plomb
inattaquées.

Dans les essais très sérieux qui ont été effectués par les membres du
Jury des récompenses, il a été reconnu que les accumulateurs de ce
type peuvent être chargés ou déchargés très vite sans que les plaques
soient détériorées.

Par l'emploi d'un amalgame de zinc au lieu de plomb, les électriciens
de l' « Union Electric Company » prétendent obtenir une augmentation
de force électro-motrice de 20 %.

A l'exemple de l'Union Electric C°, un certain nombre d'inventeurs
américains ont également cherché à substituer le zinc au plomb; leurs
efforts n'ont pas été couronnés de succès.

Dans tous les types d'accumulateurs de l' « Union Electric Company »,
les éléments ont la même hauteur; leur largeur est aussi la même. Ils
sont en général placés dans des vases en verre.

Les températures qui peuvent se produire pendant l'hiver sous nos
climats ne peuvent avoir aucune influence fâcheuse sur les batteries de
« l'Union Electric Company ».

Pour l'éclairage par lampes à incandescence, on emploie généralement un courant de 110 volts. On peut se servir dans ce cas de 46 éléments de « l'Union Electric Company » en les mettant en série. 46 éléments du type F, placés en série, peuvent alimenter *dix* lampes pendant
huit heures. Le même nombre d'éléments du type F-5 alimentent cinquante lampes pendant une durée égale.

DYNAMOS de la « Zucker & Lewett Chemical C° »

Ces dynamos sont fort employées, aux États-Unis, dans les ateliers de galvanoplastie. La « Zucker and Lewett Cheminal C°, a donné à son nouveau type de machines le nom de « The American Geant ».

Ces dynamos sont placées sur une selle en fer et portent au-dessus de l'induit un plateau en bois dur auquel sont fixées les bornes où arrivent les conducteurs.

Ces machines sont légères et peu coûteuses. Elles font un bon service, et fonctionnent sans bruit. Ces dynamos sont construites de façon à être facilement réparées même par des ouvriers inexpérimentés. Leur rendement est convenable.

La « Zucker and Lewett Chemical Company » a soumis à l'examen du Jury un tableau comparatif donnant le coût par jour et par mois d'une installation de galvanoplastie dans laquelle on emploie des piles Bunsen ou Smee et d'une installation dans laquelle on emploie la dynamo « American Geant ».

Les chiffres que nous donnons ci-dessous s'appliquent à un atelier de nickelage employant 225 litres de solution de sels de nickel par heure.

PILES BUNSEN

Acide pour deux éléments Bunsen, par jour . . . . fr. 0.50		
— — — par mois de 26 jours. . . fr.		13.00
Mercure, par jour. . . . . fr. 0.40		
— par mois . . . . fr.		10.40
Main-d'œuvre à raison de 1 fr. 25 l'heure, 1/2 heure par jour. fr. 0.625		
— — — par mois		16.25
Remplacement des zincs à raison de 2 par mois. . . . . . fr.		10.00
Bichromate de potasse, par jour . . . . fr. 0.75		
— — par mois . . . . fr.		19.50
Total des dépenses par mois . . . . . . fr.		69.15
Total des dépenses par an. . . . . . . fr.		829.80
Coût des piles. . . . . fr.		50.00
Total . . . . fr.		879.80

PILES SMEE (2 piles n° 4)

Acide, par jour . . . . fr. 0.50		
— par mois de 26 jours . . . . fr.		13.00
Mercure, par jour. . . . . fr. 0.60		
— par mois. . . . . fr.		15.60

Main-d'œuvre à raison de 1 fr. 25 par heure, 1/2 heure par jour 0.625

--- — — — — par mois . fr. 16.25
Remplacement de zincs à raison de 2 par mois. . . . . . fr. 16.00

        Total des dépenses par mois . . . . . . fr. 60.85

        Total des dépenses par an. . . . . . . fr. 980.20
Coût des piles. . . . . fr. 50.00

        Total des dépenses par an . . . . fr. 980.20
Renouvellement des piles brisées et des conducteurs, par an. . fr. 4.25
Coût total de l'installation par an. . . . . fr. 984.45

DYNAMO ZUCKER AND LEVETT
Type American Geant n° 1

1 commutateur par an . . . . fr. 20.00
2 paires de balais, par an . . . . fr. 3.00
4 litres 1/2 d'huile. . . . . fr. 10.00
Main-d'œuvre à raison de 1 fr. 25 l'heure; 15 minutes par jour pour
  nettoyer la dynamo. . . . . fr. 97.50
Réparations . . . . fr. 5.00
1/8 de cheval-vapeur à raison de 10 fr. par semaine et par cheval. fr. 65.00
Divers . . . . fr. 5.00

      Total. . . . . fr. 205,50

Dépenses de premier établissement :
    1 dynamo. . . . . fr. 300.00
    Arbre de renvoi. . . . . fr. 40.00
    Courroie . . . . fr. 10.00
      Total . . . . fr. 350.00
      Coût total. . . . . fr. 555.50

Coût d'une installation avec piles Bunsen et entretien pendant 1 an fr. 879.80
— — — Smée. . . . . . fr. 984.45
— — avec la dynamo Zucker et Levett. fr. 555.50

Nous avons donc une différence de 324 fr. 30 en faveur de l'installation avec dynamo Zucker et Lewett.

La Compagnie « Zucker et Lewett » construit six types différents de dynamos pour galvanoplastie.

Le lecteur trouvera ci-dessous quelques détails sur le fonctionnement de ces machines :

	TYPE N° 1	TYPE N° 2	TYPE N° 3	TYPE N° 4	TYPE N° 5	TYPE N° 6
Diamètre de la poulie en millimètr .	50.80	88.90	101.60	114.39	152.40	10
Largeur de la courroie en millimètr.	19.05	25.40	12.74	50.80	76.20	6
Vitesse (nombre de tours de l'induit par minute).	3600	2000	1800	1400	1200	900
Force en chevaux-vapeur. . . .	1/8	1/4	3/4	1 1/2	3	8
Poids de la dynamo en kilog. . .	34	81	150	220	450	250

Dans le cas de solution de sulfate de cuivre marquant 16 degrés Baumé, les poids de cuivre déposés en six heures sont :

	sur métal	sur plombagine
Avec la dynamo n° 2	1 kil.	0ᵏ850
Avec la dynamo n° 3	2ᵏ5	2 kil.
Avec la dynamo n° 4	5 kil.	4ᵏ5
Avec la dynamo n° 5	12 —	10 kil.
Avec la dynamo n° 6	37 —	30 —

La dynamo n° 1 peut être manœuvrée à l'aide de pédales dans le cas d'argenture galvanoplastique. Son volant fait alors de 100 à 120 révolutions à la minute. On ne peut employer les machines avec pédales pour le nickelage.

Pompe rotative commandée par moteur électrique
(SYSTÈME WADDELL-ENTZ)

Cette pompe est formée de quatre hélices montées par paire sur des arbres parallèles. Un de ces arbres est accouplé par un manchon à celui de la dynamo. L'autre est commandé par engrenage. L'orifice d'aspiration est placé à la partie inférieure. L'eau sort de la pompe par des orifices latéraux. Les avantages présentés par ce type de pompe sont les suivants : La vitesse avec laquelle tournent les hélices est celle du moteur. La pompe débitant un courant continu, la circulation de l'eau dans les conduites ne se fait pas par saccade. Il n'y a ni valves ni soupapes, de sorte que les liquides sales ou visqueux peuvent facilement passer dans la pompe. Il n'y a aucune garniture intérieure. Les réparations sont peu coûteuses.

Cette pompe est commandée par un moteur Waddell-Entz d'une puissance de cinq chevaux. Cette machine fait 900 révolutions par minute. La pompe débite environ 250 litres par seconde.

Les pompes elles-mêmes sont construites par la maison William E. Quimby, de New-York. Leur puissance varie dans de grandes limites. Ces pompes trouvent leur application immédiate dans les travaux d'épuisement d'eau.

Pompe à commande électrique
(SYSTÈME LEONARD)

Un des problèmes les plus difficiles parmi ceux qu'ont à résoudre les ingénieurs est celui de l'application des moteurs électriques à la commande des pompes.

Il est généralement nécessaire de munir les moteurs dont on se sert pour la commande des pompes, de rhéostats fort coûteux. Fréquemment aussi il arrive que, par suite de l'excès de charge, au moment du démarrage, l'induit du moteur soit plus ou moins gravement détérioré.

Il est indispensable aussi, que le moteur puisse fonctionner pendant de longues périodes avec des vitesses différentes.

Dans le cas des pompes employées dans les mines, par exemple, la quantité d'eau qu'il faut éliminer varie beaucoup. Il arrive fréquemment que, pendant la saison des pluies, la pompe doive marcher aussi vite que possible et continuellement. Pendant les périodes de sécheresse, au contraire, la pompe n'a que très peu d'eau à élever et ne doit marcher que très lentement.

Il est donc difficile de commander des pompes avec des moteurs électriques de construction ordinaire : on ne peut songer à faire marcher pendant une longue période un moteur électrique à une vitesse réduite, lorsqu'on emploie un rhéostat. Il est en effet nécessaire de régler continuellement le rhéostat pour obtenir une vitesse constante. De plus, le rendement d'un moteur employé dans ces conditions est forcément très mauvais, puis qu'une grande partie de l'énergie électrique se trouve en pure perte transformée en chaleur dans le rhéostat.

Un des électriciens les plus en renom aux États-Unis, M. H. Ward, Leonard, a imaginé un système de contrôle des moteurs électriques employés pour la commande des pompes; nous donnons ci-dessous, d'après M. J. H. Rally, quelques renseignements sur le système Léonard.

Dans ce système, la dynamo génératrice qui fournit le courant et le moteur électrique sont en tous points identiques.

Les champs magnétiques du moteur sont constamment excités au moyen d'une excitatrice spéciale.

On place un rhéostat sur le *circuit d'excitation* des champs magnétiques de la dynamo génératrice.

Le rhéostat que l'on emploie dans ces conditions n'a que des dimensions très petites. Il contrôle, en effet un courant dont l'intensité n'est que le $\frac{1,5}{100}$ du courant débité dans la génératrice et n'est donc pas très coûteux.

Le moteur actionne par engrenage une manivelle qui transmet son mouvement à l'aide d'une bielle au piston de la pompe.

Lorsqu'on commence à faire fonctionner la pompe, on manœuvre le rhéostat placé sur le courant d'excitation des champs magnétiques de la dynamo génératrice, de telle façon que toutes les résistances se trouvent en circuit. Il ne passe donc dans l'inducteur de la dynamo génératrice qu'un courant très faible. L'induit de la génératrice est commandé par une machine à vapeur ou un moteur quelconque ayant une vitesse constante. La force électro-motrice du courant débité par l'induit est alors très faible.

Supposons que la dynamo génératrice et le moteur aient été construits pour un potentiel normal de 250 volts, quand la force électromotrice du courant produit par la dynamo génératrice atteint 20 volts par exemple, le courant qui passe dans les induits des deux machines produit la rotation de l'induit du moteur. L'excitation des champs magnétiques du moteur étant normale, le *couple moteur* ainsi produit suffit en effet à mettre la pompe en mouvement. En laissant le rhéostat dans sa position actuelle, la pompe continuerait à fonctionner très lentement. On ne constate la production d'étincelles ni aux balais de la génératrice ni à ceux du moteur.

En augmentant légèrement le courant d'excitation de la dynamo génératrice, nous augmentons l'intensité du champ magnétique. Le mouvement du moteur, et par suite celui de la pompe s'accélèrera. En manœuvrant ainsi progressivement le rhéostat, on atteindra bientôt la vitesse normale du moteur et de la pompe. Chaque position particulière du rhéostat correspond à une vitesse déterminée.

Lorsque la dynamo génératrice ne débite qu'un courant de 25 volts, c'est-à-dire les 1/10 de la force électro-motrice du courant quelle doit débiter normalement, la vitesse du moteur, et par suite celle de la pompe, n'est approximativement que les 1/10 de la vitesse correspondant au débit normal de la génératrice.

Lorsqu'on emploie un rhéostat placé de la façon ordinaire, on dépense autant d'énergie lorsque la pompe marche à une vitesse très réduite que lorsqu'elle marche à sa vitesse normale.

Dans le système Leonard, la vitesse du moteur et par conséquent celle de la pompe, varie proportionnellement à la force électro-motrice du courant débité par la génératrice.

Le *couple-moteur* développé par le moteur, varie proportionnellement au courant débité par la génératrice. Le produit de la *vitesse* par le *couple-moteur* représente le travail effectué par la pompe. D'un autre côté, le produit de la *force électro-motrice* par *l'intensité* du courant débité par la dynamo génératrice, représente le *travail* produit par la génératrice ; il s'ensuit donc que le travail de la pompe est proportionnel au travail de la génératrice.

En employant la disposition imaginée par M. Ward Leonard, on peut régler automatiquement la vitesse de la pompe de façon à ce qu'elle soit proportionnelle à la vitesse avec laquelle l'eau entre dans la mine.

On peut arriver à ce résultat en plaçant un flotteur dans le puisard de la mine et en le reliant au levier du rhéostat à l'aide de telles dispositions qu'il convient, de façon à ce que lorsque le niveau de l'eau dans le puisard s'abaisse au niveau le plus bas, toutes les résistances soient placées automatiquement dans le circuit d'excitation des champs magnétiques de la dynamo génératrice. Lorsque le niveau de l'eau dans le puisard s'élève à une certaine hauteur, le levier du rhéostat se meut de façon à enlever toutes les résistances et la pompe marche alors avec sa vitesse maximum.

Avec cette disposition bien facile à réaliser dans la pratique, la vitesse de la pompe sera donc toujours celle qui convient pour maintenir le niveau de l'eau dans le puisard sensiblement constant.

Avec les rhéostats placés de la façon ordinaire sur le circuit de l'induit du moteur, on se trouve forcé, pour ne pas dépenser d'énergie en pure perte, de faire marcher la pompe avec sa vitesse maximum ou de l'arrêter complètement.

Aiguillage automatique des tramways électriques
(SYSTÈME DE L'ELECTRIC RAILWAY SWITCH COMPANY)

Sur les rares lignes de tramways employant encore des chevaux pour la traction des « cars », on trouve fréquemment aux États-Unis des systèmes d'aiguillages automatiques. Dans ces différents systèmes, c'est presque toujours le poids même de l'attelage et de la voiture qui fait manœuvrer l'aiguille.

Un grand nombre d'ingénieurs et d'inventeurs ont recherché un système d'aiguillage automatique pour tramways électriques. Parmi tous les systèmes proposés, il y en peu qui aient donné de bons résultats dans la pratique.

Le système proposé par l' « Electric Railway Switch Company » semble au contraire être appelé à un grand succès.

Le but d'un appareil d'aiguillage automatique est d'économiser la main-d'œuvre et de réduire au minimum le temps nécessaire aux changements de voie.

Il n'est pas nécessaire en effet, d'employer un aiguilleur, et le conducteur de tramway peut lui-même *manœuvrer* l'aiguille sans arrêter la voiture.

Un système d'aiguillage automatique doit : 1° être *simple* ; 2° avoir un fonctionnement *rapide* et *sûr* ; 3° pouvoir fonctionner par tous les temps ; 4° ne pas causer une obstruction à la route sur laquelle la voie est placée : 5° ne pas coûter trop cher.

Le système proposé par l' « Electric Railway Switch Company » semble réaliser ces nombreuses conditions.

Nous indiquons en diagramme (pl. 75 et 76) les dispositions qui ont été imaginées par les ingénieurs de cette importante Compagnie.

Appareil inscripteur de la marche des trains
et système de signaux destinés à éviter les collisions
(SYSTÈME H. PELLAT).

Les nombreux accidents de chemins de fer qui se produisent continuellement, ont, à juste titre, ému le public; ils montrent que les systèmes de signaux actuellement en usage sont insuffisants.

Un savant français des plus distingué, M. H. Pellat, a imaginé un ensemble de dispositions qui donne toutes les garanties possibles.

Un modèle réduit des appareils que propose M. Pellat fonctionnait à Chicago sous les yeux des visiteurs. Nous résumons d'après la brochure même dans laquelle M. Pellat a décrit son système les ingénieuses dispositions qu'il a adoptées. Dans le système Pellat un train en marche trace automatiquement son graphique par points sur une bande de papier qui se déroule lentement sous les yeux d'un employé placé à un poste fixe (*poste-vigie*). Cet employé embrasse ainsi d'un coup d'œil la marche des trains sur une section de 50 à 80 kilomètres, dont le poste-vigie occupe le milieu à peu près. Il peut, par conséquent, voir si deux trains marchent à la rencontre l'un de l'autre sur la même voie, ou si, de deux trains se suivant, le second tend à rejoindre le premier.

L'employé du poste-vigie peut, en outre, par un coup de sifflet à vapeur éclatant sur la locomotive même, donner un signal de ralentissement au mécanicien de l'un des trains et renouveler ce signal si c'est nécessaire. A ce signal, le mécanicien doit se rendre maître de sa vitesse de façon à pouvoir s'arrêter dans la portion de la voie en vue, et doit surveiller attentivement celle-ci. Le mécanicien reprendra sa vitesse normale à une distance convenue (2 kilomètres par exemple) à partir du point où il a reçu le dernier signal.

Tant qu'un train est en gare sur la voie principale, il se produit un trait continu sur le graphique, ce qui permet d'éviter une des causes les plus fréquentes d'accident.

Pour que l'employé du poste-vigie, chargé de surveiller sur le graphique la marche des trains, soit forcé d'y faire constamment attention et pour avoir un contrôle de sa vigilance, cet employé est chargé, en outre, d'avertir par une sonnerie ou une cloche électrique chaque station de l'arrivée d'un train quand celui-ci est à une distance convenue

(3 kilomètres par exemple) de la station. Ce signal, employé déjà sur un certain nombre de réseaux, présente, comme on le sait, un grand avantage : il permet d'ouvrir la voie à un train qui arrive avant que le mécanicien puisse voir le disque, de façon que celui-ci, trouvant habituellement la voie ouverte devant lui, prête une attention bien plus grande à un signal d'arrêt ou de ralentissement.

Tout le système « Pellat » est basé sur l'emploi de communications électriques, dont le bon fonctionnement peut aisément être contrôlé. L'appareil récepteur qui donne le graphique des trains ne comprend aucun mécanisme délicat susceptible de se dérégler ; il est des plus simples.

Les appareils transmetteurs placés dans le poste-vigie sont des commutateurs simples ; ils actionnent des relais installés en boîte close le long de la voie ou dans les stations. Quant aux transmetteurs placés sur la voie, ils consistent : 1° en appareils de contact analogues, mais présentant sur ceux-ci l'avantage de fonctionner en tout temps ; dales d'un système nouveau et très robuste, fonctionnant par tous les temps.

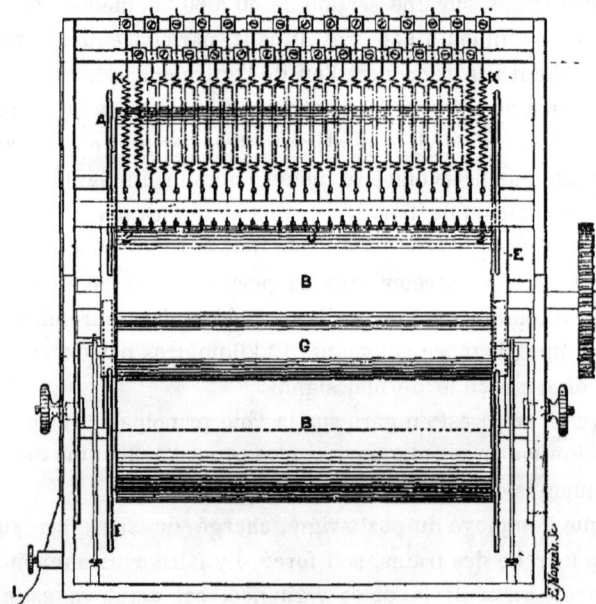

Fig. 1

1° *Appareil inscripteur* (fig. 1 et 2). — L'appareil qui sert à produire par

points le graphique des trains est fondé sur la décomposition électro-chi-
mique d'une dissolution d'iodure de potassium; on emploie une solution
très étendue, au 1/150, imprégnant une feuille de papier fort non collé,
mais légèrement féculé, tel qu'on le trouve dans le commerce. L'imbibi-
tion du papier est faite automatiquement par l'appareil même.

Cet appareil consiste en un cylindre en laiton nickelé E, tournant lentement d'un mouvement uniforme, grâce à un mécanisme d'horlogerie.
La feuille de papier B B est placée à la surface de ce cylindre et avance
avec elle d'environ 4 millimètres par minute. Au-dessus de la feuille de
papier se trouve une rangée de tiges d'acier de la grosseur d'une aiguille à tricoter que nous appellerons *aiguilles*, se terminant par des
pointes de platine J J, qui appuient sur la feuille de papier grâce à l'action
des ressorts K; ceux-ci servent aussi à établir la communication électrique. Chacune des aiguilles communique par un fil de ligne spécial L
(fig. 3) avec une pédale placée sur la voie, ces pédales étant équidistantes

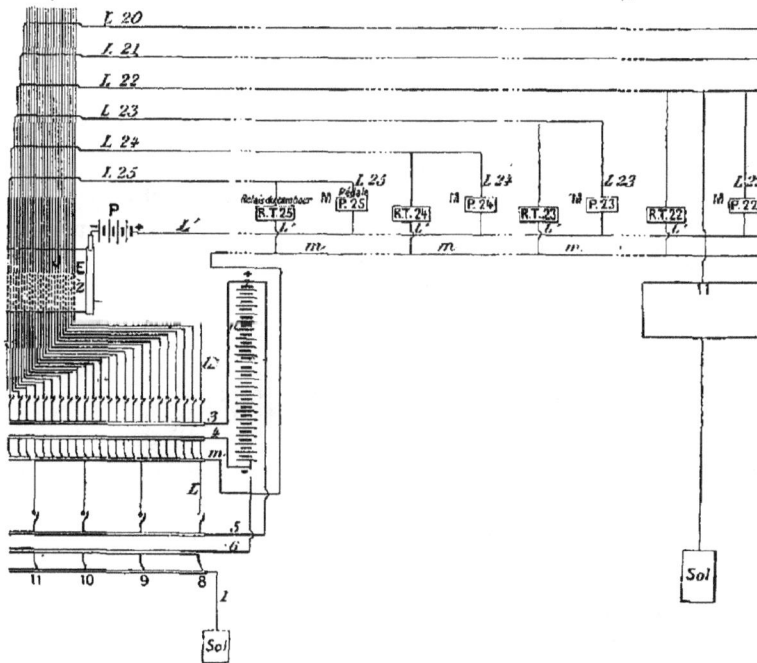

Fig. 2

(à 1 kilomètre l'une de l'autre, par exemple). Le cylindre E est relié
d'une façon permanente au pôle négatif d'une pile P, dont le pôle posi-

tif communique avec un fil de retour L' commun à toutes les pédales.

Quand un train passe sur une pédale, le circuit P se trouve fermé momentanément, et un point noir des plus visible, dû à la mise en liberté de l'iode, sa forme sur la feuille de papier sous la pointe de platine correspondant à la pédale ; ce point noir avertit l'employé du poste-vigie que le train passe à la pédale correspondante.

Une seule pile d'un très petit nombre d'éléments (4 éléments Leclanché ou 5 éléments Callaud, par exemple), placée au poste-vigie, suffit pour toutes les pédales et pour des distances pouvant aller jusqu'à plus de 5 000 kilomètres, bien supérieures à celles nécessaires ici.

Les points noirs qui se produisent par le passage du train à chaque pédale forment ainsi, par leur ensemble sur la feuille de papier qui se déroule, un graphique du train.

Toutes les dix minutes, le mécanisme d'horlogerie qui commande le mouvement du cylindre E ferme pendant un temps très court le circuit d'une pile et fait apparaître un trait noir horizontal sur chacun des bords de la feuille, en face de la rangée des pointes de platine ; ces traits servent à compter le temps sur le graphique.

Les figures 1 et 2 achèveront de faire comprendre la disposition de l'appareil inscripteur.

2" *Pédale* (fig. 4). — La pédale employée est d'une forme très robuste et ses organes de contact sont protégés par une double enveloppe, ce qui assure son bon fonctionnement en tout temps.

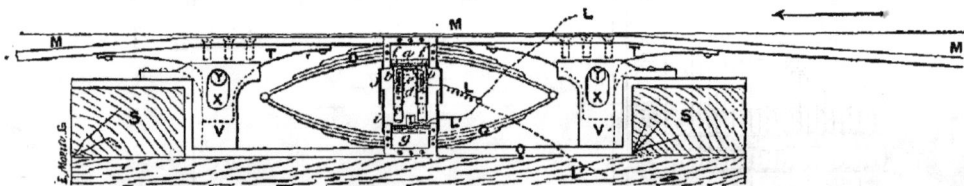

Fig. 3

Le boudin de la roue de la locomotive, ou d'une voiture quelconque, en passant au-dessus de la pédale appuie sur sa partie supérieure, formée d'une barre méplate en acier MMM supportée par un ressort OO et la fait enfoncer d'au moins 1 centimètre. Des pièces TT en acier, faisant corps avec la barre MM et pouvant glisser dans des coulisses V V aussi en acier, guident le système dans son mouvement. Les ergots YY empêchent la barre MM de dépasser un certain niveau inférieur de quelques millimètres à celui du rail contre lequel elle est placée.

L'abaissement de la pédale met un ou mieux deux cylindres de laiton *cc* en contact avec une pièce de laiton *g* et établit ainsi la communication électrique entre le fil L spécial à cette pédale et le fil L' commun à toutes ces pédales. Les cylindres *cc* peuvent glisser sans frottement à l'intérieur de tubes en laiton pour céder au mouvement d'abaissement de la pédale, toujours supérieur à la distance de 2 millimètres qui existe à l'état de repos entre les contacts *cc* et la pièce *g*. Les surfaces de contact sont platinées.

Une sorte de boîte et de couvercle en tôle galvanisée peinte, protège sans gêner le mouvement, les organes de contact. Une disposition analogue *h* et *l* enveloppant toute la pédale, à l'exception de la barre MM, protège les organes de glissement contre les pierres, la pluie ou bien la neige.

Dans les stations ou les gares, une longue pédale sera placée en face des salles d'attente, là où les voitures sont arrêtées quand le train stationne sur la voie principale. Cette pédale, assez longue pour que deux roues appuient sur elle, même dans le cas où ce serait un long *sleeping car* qui serait arrêté au-dessus, est constituée par une série de pédales que nous venons de décrire ayant une barre MMM commune. Elle est destinée à fermer le circuit pendant tout le temps que le train est arrêté et, par conséquent, à donner sur le graphique un trait dont la longueur indique la durée du stationnement. Cette indication, comme nous l'avons déjà dit, a pour principal but d'éviter le tamponnement d'un train en gare ; mais on voit qu'elle peut être utile aussi pour le contrôle.

3° *Commutateurs et signaux sur la locomotive.* — Devant chacun des deux appareils inscripteurs du poste-vigie se trouvent disposés, des commutateurs à enclenchement (fig. 4) en nombre égal, ou à peu près, à celui des pédales. Chacun d'eux peut faire communiquer l'un des fils de ligne avec le pôle positif d'une pile ; par le même mouvement, un fil

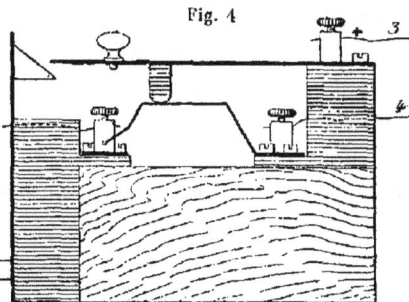

Fig. 4

de retour, commun à tous les commutateurs, est mis en communication avec le pôle négatif de la pile. Le courant de cette pile actionne alors un relais placé en boîte close le long de la voie ; ce relais met un appareil de contact en communication avec une pile locale placée dans la boîte du relais, de façon qu'au moment où la locomotive passera au-dessus de l'appareil de contact, une brosse métallique fermera momentanément le circuit de la pile locale. Le courant qui en résultera fera déclencher l'armure d'un électro-aimant Hughes et mettra en action un sifflet à vapeur spécial placé sur la locomotive; en même temps, un voyant blanc sera remplacé par un voyant rouge sous les yeux du mécanicien. Le sifflet ne cessera de fonctionner que lorsque le mécanicien réenclenchera à la main l'armure de l'électro-aimant.

Les appareils de contact seront placés, en général, à mi-distance des pédales (à 500 mètres par conséquent de chacune des deux pédales dans le cas où celles-ci sont distantes de 1 kilomètre). Le commutateur à enclenchement correspondant à un appareil de contact, porte les deux couleurs et les deux numéros des aiguilles correspondant aux pédales entre lesquelles celui-ci est placé. De cette façon, si l'employé du poste-vigie juge qu'il est prudent de ralentir la marche d'un train, la touche du commutateur qu'il doit enclencher lui est indiquée sans ambiguité et de la manière la plus visible. Il doit, par prudence, enclencher aussi les deux commutateurs suivants dans le sens de la marche du train pour parer au cas, fort rare du reste, où, par suite d'un accident survenu dans les appareils de contact, le sifflet-signal ne se produirait pas, ou bien au cas où, par négligence, le mécanicien n'y obéirait pas.

Sans modifier l'appareil inscripteur, et en faisant subir aux commutateurs à enclenchement une modification simple, on pourrait, si le service du contrôle le jugeait faire inscrire sur le graphique le moment où l'employé du poste-vigie a produit l'enclenchement du commutateur, celui où il a produit le déclenchement, et de quel commutateur il s'agit. Cette inscription serait réalisée par deux points noirs qui apparaîtraient simultanément sous les deux aiguilles correspondant aux deux pédales situées de part et d'autre de l'appareil de contact actionné par l'enclenchement du commutateur. Ce signe (..) formé au moment de l'enclenchement et aussi au moment du déclenchement ne pourrait se confondre avec les points donnant le graphique du train. Le graphique porterait ainsi le témoignage que l'employé du poste-vigie a bien fait les signaux au moment opportun.

4° *Appareil de contact* (fig. 6). — L'appareil de contact, placé entre les rails et au milieu de leur intervalle, se compose d'un tambour *a* en fonte revêtu de laiton, ayant 80 centimètres de diamètre et 20 centimètres de largeur, supporté par un axe vertical en acier *b*; cet axe peut

tourner dans des coussinets, aussi en acier, portés par un bâti en
fonte *cc*. Ce bâti est isolé par un massif en bois imputrescible et gou-
dronné *h h*, fixé sur les traverses qui supportent la voie *i i i*. Tout l'appareil est protégé, par une caisse *l l* en tôle galvanisée et peinte, contre
la pluie ou la neige. Aux deux extrémités d'un même diamètre AA',
perpendiculaire au rail, le tambour sort de la caisse de 8 à 9 centimètres ;
c'est cette partie A ou A' qui est frottée par une brosse métallique
à brins horizontaux, portée par la locomotive. La longueur de cette
brosse (1ᵐ,30 environ) est égale à peu près au demi-périmètre du tam-

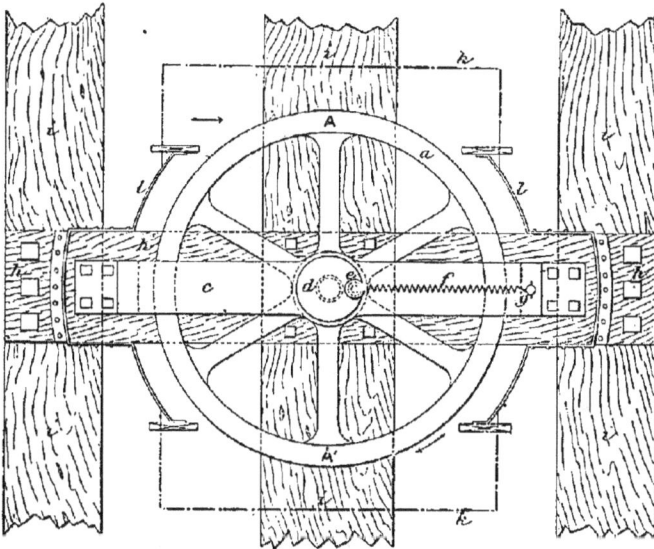

Fig. 5

bour ; en passant, elle fait tourner celui-ci, ce qui amène au contact de
ses brins métalliques la partie du tambour placée à l'intérieur de la
caisse et toujours protégée contre le verglas. Le contact s'établit ainsi
par tous les temps entre la brosse métallique et le pôle isolé
de la pile locale, relié au tambour quand le relais fonctionne. La brosse,
isolée de la locomotive, communique avec une des extrémités de l'électro-aimant Hughes commandant le sifflet à vapeur ; l'autre extrémité de
ce fil est reliée par la masse métallique de la locomotive au rail et, par
là, au second pôle de la pile locale.

Un ressort *f*, agissant sur une manivelle *e*, portée par l'axe de rotation du tambour, ramène, après le passage de la locomotive, le tam-

bour dans la même position pour que toutes les parties ne se couvrent pas de verglas successivement. Ce ressort *f* établit en outre une bonne conductibilité électrique entre le bâti auquel est fixé le pôle isolé de la pile et le tambour.

5° *Avertissement aux gares et stations.* — Un système de commutateurs sans enclenchement en nombre égal à celui des gares, stations et bifurcations contenues dans la section (fig. 3), permet de mettre le pôle positif 5 de la pile *n* en communication avec des fils L; une dérivation de ce fil L aboutit à la borne du relais d'une cloche électrique placée dans une gare, station ou poste de bifurcation ; l'autre borne du relais communique avec le sol 1. Le même mouvement du commutateur fait communiquer le pôle négatif 6 de la pile *n* avec le sol 1. De cette manière, le circuit de la pile et du relais est fermé. Celui-ci fait alors passer le courant d'une pile locale dans un appareil donnant un signal acoustique complété par un signal optique, si on le juge nécessaire. Ce signal peut être fourni par les cloches Leopolder, dont l'usage est presque général ; l'employé du poste-vigie est maître ainsi de donner le nombre de coups qui indique l'arrivée du train par voie paire ou par voie impaire, dans le sens normal ou dans le sens inverse.

Supposons qu'on ait pris pour règle que le signal d'avertissement sera fait quand le train est à 3 kilomètres de la station ; il conviendra d'employer une même couleur, le rouge par exemple, pour peindre les aiguilles de l'appareil inscripteur correspondant aux pédales situées à 3 kilomètres environ en avant des stations dans le sens de la marche normale des trains. De cette façon, dès que l'employé du poste-vigie verra un point noir se former sous l'aiguille rouge, il saura qu'il doit appuyer le doigt sur le commutateur portant le numéro de la station correspondante, ce numéro étant inscrit en face de l'aiguille blanche voisine de l'aiguille rouge ; cette aiguille blanche, correspond à la longue pédale de la station même. Du reste, pour éviter toute erreur, chaque commutateur est disposé sur une table en face de l'aiguille blanche correspondante.

De même, pour signaler l'arrivée d'un train en marche rétrograde, les aiguilles correspondant aux pédales, situées à 3 kilomètres au-delà des stations dans le sens normal de la marche, seront peintes d'une même couleur, le noir par exemple.

6° *Etendue et disposition des sections.* — Sans exiger des piles très puissantes, on pourrait donner une longueur allant jusqu'à 100 kilomètres ou même plus à une section commandée par un seul poste-vigie. Mais, eu égard au fait qu'un employé ne peut pas surveiller à la fois un nombre trop considérable de trains, eu égard aussi à la dépense qui, vu la multiplicité des fils, augmente rapidement avec la longueur de la section, il convient, en général, de donner aux sections une moins grande longueur. Celle-ci dépend, comme l'écartement des pédales, de la fréquence des trains. La règle est que la section donne le minimum de dépenses kilométriques pour les frais d'exploitation et les dépenses de première installation; les sections de la longueur calculée d'après cette règle, contiennent 4 ou 5 trains au plus à la fois. Ce nombre est tout à fait convenable ; car l'employé du poste-vigie est forcé de regarder assez fréquemment le graphique pour donner, au moment voulu, les avertissements aux stations, sans avoir pourtant ni fatigue ni tension d'esprit.

Dans les postes-vigies à deux voies, il y aura deux employés ; un pour chaque voie. Or, un seul suffit à surveiller pendant quelques instants les deux appareils, sans qu'il risque de se tromper de voie pour les signaux à faire, puisque les transmetteurs sont groupés autour de l'appareil récepteur correspondant. Il en résulte que l'autre employé pourra prendre quelques instants de repos, ou vaquer au soin d'une petite réparation. Du reste, le poste-vigie pouvant toujours être placé dans une gare importante, l'employé d'un poste-vigie à une voie pourra appeler, au besoin, un employé subalterne pour le remplacer provisoirement ou l'aider.

Les sections consécutives doivent empiéter les unes sur les autres, de façon que trois ou quatre pédales soient communes aux deux sections.

Les bifurcations exigent des conditions particulières, mais faciles à réaliser.

On pourra objecter au système Pellat :

1° Que l'employé du poste-vigie serait, au bout de deux heures, tellement fatigué, qu'il ne pourrait continuer son service;

2° Qu'en temps d'orage, il pourrait y avoir de fausses indications.

Il est facile de répondre à ces objections :

En premier lieu, que le travail de l'employé du poste-vigie n'est nullement fatigant; il peut, s'il le veut, se promener devant l'appareil, car il lui suffit d'y jeter un coup d'œil toutes les minutes. Nous rappellerons, en effet, qu'il doit donner en moyenne, toutes les deux ou trois minutes, un signal d'avertissement aux gares, sous peine de punition, ce qui le forcera à jeter un coup d'œil à peu près toutes les minutes sur le graphique.

En second lieu, comme il n'y a, sur les fils de lignes, aucun électro-aimant Hughes, le courant momentané produit par une décharge électrique pendant un orage, ne peut donner aucun faux signal à un train en marche. Quel inconvénient y a-t-il, en effet à ce que l'armure d'un relais soit momentanément attirée ? il faudrait que cela coïncidat juste avec le moment où la brosse de la locomotive touche l'appareil de contact, ce qui devient tout à fait improbable et aurait, du reste, peu d'inconvé-nient. Au surplus, comme l'on emploie un fil de retour, il est extrême-ment difficile que les forces électro-motrices mises en jeu par une décharge orageuse ne soient pas opposées dans le circuit et, par consé-quent, sans effet.

Pour la même raison, il nous paraît presque impossible d'avoir de fausses indications sur les graphiques. Du reste, si celles-ci avaient lieu, les points se produisant simultanément sous plusieurs pointes, ou sous toutes les pointes à la fois, donneraient une inscription qui ne pourrait en rien se confondre avec le tracé fourni par un train; il n'en résulterait donc aucun inconvénient.

Le désordre le plus important que pourrait causer un orage est de faire sonner à tort les cloches Léopolder qui doivent avertir une station de l'arrivée d'un train. Mais cet inconvénient doit exister de même dans les systèmes actuellement en usage; au surplus, en employant, au lieu de la terre, un fil de retour, on parerait à cet inconvénient, assez peu grave du reste.

La Perforatrice électrique pour mines

DE LA « GENERAL ELECTRIC COMPANY »

La General Electric Company de New-York exposait à Chicago une perforatrice de petites dimensions, destinée à être employée dans les mines d'anthracite et de charbon bitumineux;

Il existe deux types de cette perforatrice. L'un sert à percer des trous dans l'anthracite très dure ou dans l'ardoise. L'autre est employé pour le charbon bitumineux. Le même support sert pour les deux types de perforatrices. Le remplacement d'une perforatrice par l'autre se fait très rapidement. On peut très facilement changer la vitesse d'avancement de l'outil. Il suffit pour cela de substituer une vis à une autre. Un système de débrayage automatique fort ingénieux sert à protéger le moteur dans le cas où l'outil rencontrerait brusquement une matière très dure qui l'empêcherait d'avancer.

La longueur des supports sur lesquels on place la perforatrice peut être changée avec la plus grande facilité. On peut se servir de la perforatrice pour percer un trou à quelques centimètres seulement du plafond de la galerie ou tout près du sol et dans n'importe quelle direction.

Ces perforatrices sont employées depuis près d'une année dans les mines de charbon de la Connell Coal Company de Durgea (Pensylvanie). On a pu les essayer à peu près dans toutes les conditions possibles. Le tableau ci-dessous contient au sujet du fonctionnement de ces perforatrices quelques données intéressantes :

Nature de la paroi à percer	Profondeur du trou	Temps employé pour percer le trou
1 Ardoise dure , . . .	609 millimètres	30 secondes
1 — .	761 —	35 —
3 Anthracite.	609 —	17 —
4 —	761 —	17 —
5 Ardoise.	611 —	20 —
6 —	761 —	25 —
7 Roche	761 —	50 —
8 — , ...	761 —	94 —

On notera que dans les essais n⁰ˢ 7 et 8, on avait affaire à une roche d'une dureté exceptionnelle.

Après avoir effectué les essais dont nous venons de parler, on attaqua, à l'aide de la perforatrice, une roche excessivement dure, dans laquelle il avait été impossible de percer des trous à l'aide d'une perforatrice à main. On employait une barre qu'un ouvrier maintenait dans le trou pendant qu'un autre l'enfonçait à coups de masse. Ces deux hommes perçaient un trou de 90 centimètres de profondeur en deux heures et quart; avec la perforatrice électrique les mêmes ouvriers percèrent un trou de 95 centimètres en trois minutes et vingt secondes. L'on se trouvait pourtant dans des circonstances très défavorables, car la mine où se faisaient ces expériences est exceptionnellement humide. Il ne fallut que deux heures vingt-cinq minutes à ces deux hommes pour percer cinq trous de mine, les charger et faire éclater l'explosif.

Une autre fois, on se servit de la même perforatrice pour percer des trous de mine à intervalles réguliers, dans le plafond de la galerie. Les trous n'avaient pas moins de 90 centimètres de profondeur.

Deux ouvriers manœuvraient la perforatrice; deux autres plaçaient les cartouches de dynamite. Huit manœuvres enlevaient les fragments de roches après l'explosion.

A la fin de la journée, on avait *attaqué* le *plafond* sur une longueur de 91 mètres. A l'aide de la perforatrice, deux hommes percèrent des trous, sur une longeur de 20 mètres, en deux heures vingt minutes.

Les trous, dans le plafond, faisaient un angle de 30 à 40 degrés avec la verticale.

La plus petite perforatrice, avec son support, ne pèse pas plus de 80 kilogrammes. La perforatrice seule pèse 50 kilogrammes.

Dans le charbon bitumineux, l'outil avance avec une vitesse de $1^m,50$ à $2^m,10$ par minute.

Applications de l'Électricité au travail des métaux.

L'idée d'appliquer au soudage et au forgeage des métaux la propriété que possède le courant électrique, de développer des températures élevées lorsqu'il traverse les conducteurs sous une densité suffisante, n'est pas nouvelle. De nombreux savants, tels que Siemens, Atkinson, de Meritens, se sont préoccupés de cette importante question. Celle-ci, cependant, jusqu'à une époque assez récente, n'était guère sortie du domaine de la théorie, et n'avait donné lieu qu'à des expériences de laboratoire.

Les excellents résultats, qui ont été obtenus dans le cours de ces dernières années aux usines de Combs-Wood, ont montré quel parti on pouvait tirer, au point de vue industriel, de cette nouvelle application de l'électricité.

Les intéressantes installations, faites à Jackson-Park, par deux Compagnies américaines, et fonctionnant sous les yeux des visiteurs, permettent de se rendre compte du degré de perfectionnement auquel est déjà arrivée, aux États-Unis, cette importante branche de l'industrie électrique.

Les deux inventeurs, qui ont le plus contribué à rendre industrielle ment pratiques le forgeage et le soudage des métaux, sont : M. de Benardos en Europe, et le professeur Elihu Thomson aux États-Unis.

Leurs méthodes sont différentes :

Le premier utilise la chaleur de l'arc voltaïque pour échauffer les pièces à souder.

Le second fait passer un courant de très grande intensité à l'intérieur même des pièces à forger ou des barres à souder préalablement réunies par leurs abouts. Celles-ci, à cause de la grande résistance qu'elles présentent au courant, ne tardent pas à rougir, et peuventmême atteindre très vite leur température de fusion.

Bien que le procédé de M. de Benardos ait été employé avec grand succès aux usines de Combs-Wood, il ne semble pas être en faveur aux États-Unis.

Il est à noter, cependant, que le professeur Thomson lui-même en recommande l'usage dans certains cas spéciaux, tels que la soudure des tubes de grand diamètre dans le sens longitudinal.

Le procédé Thomson est au contraire excessivement répandu, et semble prendre chaque jour une importance plus considérable.

Les Compagnies de Forgeage et de Soudage par l'électricité, qui ont participé à l'Exposition Colombienne, sont :

1) La « Thomson Electric Welding C° » de Boston, qui exploite directement les brevets du professeur Elihu Thomson ;

2) L' « Electrical forging C», » également de Boston.

Les procédés employés par cette dernière Compagnie diffèrent surtout de ceux employés par la « Thomson Electric Welding C», » par la façon dont on contrôle le courant de grande intensité, employé dans les deux cas.

Les dispositifs des machines et appareils, construits par les deux Compagnies, diffèrent aussi notablement.

Nous allons les décrire successivement.

Procédés de la « Thomson Electric Welding C° »

Cette Compagnie — ainsi que son nom l'indique, s'occupe plus spécialement de la soudure électrique — bien que le matériel qu'elle construit puisse aussi servir au forgeage des métaux.

Elle expose un certain nombre de « welders » ou machines à souder — de types très divers, — chacun de ces types ayant été étudié en vue de son application à une industrie différente.

Nous voyons par exemple une machine spécialement construite pour la fabrication des bandages de roues de voitures, une autre destinée à la réparation des essieux, une autre enfin qui sert à souder bout à bout les câbles en fil de fer.

Dans toutes ces machines les pièces à souder sont maintenues tantôt par des mâchoires, tantôt par des supports spéciaux plus ou moins compliqués dans une position telle que leurs bouts buttent l'un contre l'autre ou que les surfaces à réunir se trouvent en contact.

On fait alors passer le courant électrique. Le métal, dans les parties qui avoisinent les surfaces en contact, s'échauffe et rougit. Et lorsqu'on juge qu'il est à la température convenable, on provoque la soudure en pressant énergiquement l'une contre l'autre les parties à réunir, soit à l'aide d'un cylindre hydraulique, soit, plus simplement, à l'aide d'un levier ou d'un volant qui commande une vis sans fin.

Telles sont, en résumé, les grandes lignes communes à tous les « welders » construits par la « Thomson C° ».

Le nombre de ces machines est très considérable. Elles ne diffèrent entre-elles que par leur construction mécanique. La façon dont est produit et contrôlé le courant électrique est au contraire la même pour toutes.

Aussi, nous ne décrirons avec quelques détails que la machine de 20 000 watts — un des types les plus répandus.

Le « Welder » de 2000 watts

Cette machine peut souder des barres dont les diamètres varient dans les limites suivantes :

$$de\ 9^m/^m,52\ à\ 32^m/^m,2\ pour\ les\ barres\ de\ fer$$
$$de\ 7^m/^m,90\ à\ 23^m/^m,8\ \text{—}\ \text{—}\ de\ laiton$$
$$de\ 4^m/^m,76\ à\ 15^m/^m,87\ \text{—}\ \text{—}\ de\ cuivre$$

On emploie un courant alternatif afin d'éviter les phénomènes d'électrolyse qui, dans le cas de certains alliages, se produiraient avec des courants directs et causeraient un défaut d'homogénéité dans le métal à l'endroit de la soudure.

Le courant est fourni par l'alternateur à un potentiel de 300 volts

environ. Ce courant est ramené à une tension de 1 volt par un transformateur de forme spéciale.

L'alternateur est une machine à 4 pôles, à haute fréquence.

L'armature est formée de 4 bobines posées à plat sur un noyau
formé de lames de fer doux isolées entre-elles par du papier. L'ensemble
est fixé à l'aide de la presse hydraulique. Le noyau est percé de canaux
longitudinaux destinés à assurer la ventilation.

Le poids de cette machine est d'environ 775 kilos.

Cet alternateur peut servir à alimenter en même temps des lampes
à incandescence. La lumière de ces lampes est remarquablement fixe
étant données les grandes variations de charge qu'éprouve la machine.
Lorsqu'après avoir effectué une opération de soudage, on vient à enlever
une barre de grosse dimension du circuit secondaire du transformateur on observe à peine une très légère augmentation dans l'éclat des
lampes. On peut aussi placer sur le circuit de l'alternateur des petits
moteurs d'une force de 1 cheval.

L'enroulement primaire du transformateur est formé d'un nombre
considérable de spires de fils de cuivre. Le circuit secondaire ne comporte au contraire qu'une seule spire constituée par une massive pièce de
cuivre. Le noyau est formé de bandes de fer doux isolées par des feuilles
de papier et de mica.

Les bornes du circuit secondaire sont de gros blocs de cuivre qui
peuvent glisser dans des rainures de façon à s'ajuster à la longueur des
barres à souder. Celles-ci sont solidement maintenues en position par
des supports en acier.

On a soin, préalablement, de rendre légèrement convexes les extrémités des barres dans le but de provoquer plus vite l'échauffement
des parties à réunir, en offrant au courant une section réduite, présentant, par conséquent, une grande résistance. Cette disposition
permet, en plus, de bien suivre les progrès de l'échauffement des barres
de façon à n'appliquer la pression finale que lorsqu'on est bien certain
que les parties centrales aussi bien que les parties extérieures sont à la
température voulue.

Lorsque cette température est atteinte, on presse les bouts des
barres l'un contre l'autre. Il se produit alors tout autour de la soudure
un bourrelet qu'on fait disparaître, soit par un martelage pendant que
la barre est encore rouge, soit à l'aide du tour, après refroidissement.

Pour régulariser le courant électrique qui sert à échauffer les pièces à souder, on se sert d'un deuxième transformateur ayant un circuit secondaire amovible placé en série sur le circuit primaire du transformateur dont nous avons parlé.

Applications

La Thomson Electric Welding C⁰ exposait en même temps que ses machines des tableaux indiquant le nom et le genre d'industrie des Compagnies qui emploient son système.

La liste en est longue et l'on est obligé de constater que le forgeage et le soudage des métaux, à l'aide de l'électricité, si peu employés dans notre pays, sont tout à fait entrés dans la pratique industrielle aux États-Unis.

Ce qui les a surtout fait adopter, c'est la rapidité des opérations qui s'effectuent aussi plus aisément que dans le procédé ordinaire.

Dans le cas de barres de 25 millimètres de diamètre, à souder bout à bout, voici la durée des opérations successives :

Pour placer les barres sur leurs supports	15 secondes
Pour faire passer le courant, souder les barres, les enlever .	40 —
Enlever par martelage à la main les bourrelets produits . .	30 —
En tout	1ᵐ25 secondes

En se servant d'un marteau actionné par la vapeur, on arriverait à réduire sensiblement la durée de ces opérations.

Un autre avantage important du procédé est la possibilité d'obtenir exactement le degré de température qu'on recherche. Les différentes parties de la barre dans une même section transversale au voisinage de la soudure, se trouvent absolument à la même température.

En effet lorsqu'un courant électrique peut s'écouler par l'un ou l'autre de deux conducteurs de résistance différente, il passe par celui des deux dont la résistance est la plus faible. Or le métal chauffé a une résistance d'autant plus grande qu'il est plus chaud. Il s'ensuit donc que, dans une même section le courant passe dans les parties les plus froides qui s'échauffent alors jusqu'à ce que l'uniformité de température soit établie.

L'énergie n'est dépensée qu'aux points où elle est utile. C'est là une des plus remarquables particularités du procédé. La chaleur est localisée aux endroits où elle est nécessaire. Lorsqu'on soude par exemple deux barres de fer, elles deviennent rouges sur une longueur de 25 milli-

mètres de chaque côté de la partie à réunir. Il est impossible, en tou-
chant la barre à quelques centimètres de la partie rouge de percevoir
la moindre impression de chaud. L'opération est si rapide que la chaleur n'a pas le temps de se communiquer par conductibilité aux autres
parties de la barre.

La qualité de la soudure est aussi bien supérieure à celle qui est obtenue par l'ancien procédé. La soudure commence, en effet, à l'intérieur
même des parties en contact et non pas d'une façon plus ou moins in-
certaine comme dans le cas de l'ancien procédé. Il est impossible aussi
qu'il s'introduise de gaz à l'intérieur du métal pendant qu'on le chauffe.

Nous noterons de plus quelques autres avantages. Il est possible de placer les machines à n'importe quel étage d'une maison et dans n'importe
quel appartement. Le local où on les met peut facilement être tenu
propre. La température est loin d'y être aussi élevée que dans les
forges ordinaires. Le travail des ouvriers est moins pénible.

Certaines maisons qui emploient les procédés de la Thomson C⁰ ont
envoyé à Jackson-Park, pour les faire figurer dans l'Exposition de cette
Compagnie quelques échantillons des pièces qu'elles obtiennent dans
leur fabrication.

Une des applications les plus intéressantes est celle qui est faite par
une maison s'occupant de la fabrication des vélocipèdes, en vue d'obtenir la fourche de la roue directrice des bicyclettes.

Cette fourche est formée par une pièce en nickel où on a ménagé
deux rainures longitudinales dans lesquelles on vient loger les extrémités des deux tubes qui forment les branches de la fourche. Après
avoir enroulé un fil de laiton tout autour des tubes, on place l'ensemble
sur le « welder ». On fait passer le courant. Le laiton entre en fusion et la
soudure se fait si aisément qu'il n'est pas nécessaire d'employer une
pression pour la provoquer.

Une Compagnie d'un des Etats de l'Ouest qui fabrique des roues de
voiture emploie le procédé Thomson pour réunir les rais au moyeu.

Une autre Compagnie montre des échantillons de fils de cuivre soudés
par ce procédé. Un conducteur électrique formé de 50 fils différents,
soudés ainsi les uns au bout des autres a absolument la même conductibilité qu'un conducteur constitué par un fil sans soudure.

Dans un certain nombre d'applications fort intéressantes, mais dont
nous ne pouvons songer à donner les détails, nous constatons que l'on
a réalisé d'une façon irréprochable la soudure de la plupart des métaux

et alliages : fer, cuivre, fonte, plomb, étain, argent, zinc, or, aciers de toutes sortes, laiton, bronze.

On est parvenu aussi à souder le cuivre au laiton, le cuivre à la fonte l'étain au zinc et au laiton.

La Thomson C° a construit un certain nombre de machines automatiques. Une d'entre elles fabrique des chaines de petite dimension ; et presque sans surveillance en produit 76 mètres par jour.

L'exposition de la Thomson C° permet en somme de se rendre compte de l'excellence du matériel que construit cette importante Compagnie.

Il est à regretter cependant que ses ingénieurs se soient plutôt appliqué à multiplier les types et à en créer de spéciaux pour chaque application, qu'à rechercher, ainsi que l'a fait la « Forging Electrical C° » à créer un très petit nombre de types pouvant servir à un grand nombre d'applications différentes.

———

Procédés de « L'Electrical forging C° » de Boston

Cette Compagnie s'est surtout préoccupée du forgeage, bien que le matériel qu'elle construit, puisse également servir au soudage. De même que la Thomson Electric Welding C°, elle se sert d'un courant de très grande intensité et de faible potentiel provenant d'un transformateur de construction spéciale.

Les procédés employés par les deux Compagnies présentent de notables analogies. Mais les appareils exposés par l'Electrical forging C° présentent un certain nombre d'avantages importants. Le principal est que la même machine peut servir à forger et à souder des pièces de dimension et de forme très différentes. Cet avantage est une conséquence du système imaginé par MM. Geo. D. Burton et E.E. Angell pour régulariser le courant électrique qui produit les hautes températures nécessaires au forgeage.

Au lieu d'agir, comme le fait le professeur Elihu Thomson sur le circuit primaire du transformateur, ces messieurs ont reconnu qu'on obtient de meilleurs résultats en agissant sur le circuit d'auto-excitation de l'excitatrice.

Dans l'installation de « l'Electrical Forging C° » à Jackson-Park, le courant est fourni par une dynamo du type multipolaire, sous un potentiel de 2 400 volts.

Cette machine reçoit son courant d'excitation d'une petite dynamo bipolaire, du type Eddy, excitée elle-même en dérivation, et débitant un courant de 6 ampères à un potentiel de 220 volts.

Nous donnons planches 75 et 76 le diagramme des connexions.

L'enroulement primaire du transformateur est constitué par 12 bobines, groupées en 6 paires. Les deux bobines de la même paire sont réunies en série. Chaque paire de bobines est placée en dérivation sur le circuit primaire

L'enroulement secondaire est constitué par 12 pièces de cuivre en forme de spirale, ayant l'une de leurs extrémités boulonnée à un gros cercle de cuivre, et l'autre à un deuxième cercle semblable au précédent.

Ces pièces de cuivre ne pèsent pas moins de 400 kilos chacune. La barre à échauffer complète le circuit.

La machine qui était exposée à Jakson-Park peut porter à la température nécessaire pour le forgeage et en moins de 8 minutes, une barre de 3 pieds de long et de 3 pouces carrés de section. La dépense de force est d'environ 75 chevaux-vapeur.

La même machine peut recevoir, en même temps, jusqu'à huit paires de supports différents qui constituent, en somme, huit forges distinctes. Il est donc possible d'échauffer en même temps huit pièces de métal de nature et de dimensions différentes. Lorsqu'une de ces pièces est arrivée à la température nécessaire on peut l'enlever, la remplacer par une autre, sans que cette opération cause la moindre gêne au chauffage des autres barres. La machine s'adapte, en effet, d'elle-même aux changements de charge.

Les expériences du professeur Burton, l'inventeur des procédés employés par « l'Electrical Forging Company », semblent avoir fait faire un grand pas à la question du forgeage des métaux par l'électricité.

Le professeur Burton a reconnu qu'un contact absolu entre les barres et les supports n'est pas nécessaire. Le poids seul de la barre suffit pour que le courant se trouve établi d'une façon suffisante. Les mêmes expériences ont fait voir qu'il vaut mieux placer le rhéostat de contrôle sur le circuit d'excitation de l'excitatrice.

Avec toute autre disposition, le chauffage ne s'opère pas d'une façon régulière. Il commence par les parties les plus rapprochées des supports de sorte qu'on n'obtient pas une répartition uniforme de la chaleur, suivant la longueur de la barre.

Le professeur Burton attribue ce résultat à deux causes :

1° L'échauffement du rhéostat lui-même ;

2° Les difficultés qu'éprouve l'excitatrice à « répondre » à la réaction exercée sur elle par le chauffage de la barre.

L'effet dû à la première cause est évident : lorsque le rhéostat s'échauffe la résistance varie suivant le degré de température auquel ses différentes parties se trouvent portées. Il ne peut donc plus remplir son rôle d'appareil régulateur.

Quant à la seconde cause, voici l'explication qu'en donne le professeur Burton lui-même. « Aussitôt que la barre a été placée sur son support, le voltage du courant de l'excitatrice s'élève en proportion de son intensité à mesure que la barre s'échauffe, de façon à vaincre la résistance croissante présentée par cette dernière. Ainsi l'action et la réaction de l'excitatrice sur la barre et de la barre pendant qu'elle s'échauffe sur l'excitatrice, assurent la continuité du chauffage de la barre. Dans ces conditions, l'introduction d'un rhéostat dans le circuit que produit l'excitation de la dynamo constitue, une « gêne ».

Avec les machines de « l'Electrical Forging Company » on peut continuer à chauffer la barre jusqu'à ce que la partie centrale se trouve portée à la même température que les extrémités.

Avec toute autre disposition, et dans le cas de longues barres, les parties centrales resteraient à une température insuffisante, alors que la température, aux extrémités, s'élèverait jusqu'au point de brûler le métal.

Le professeur Burton a reconnu que lorsqu'on échauffe une barre de métal à l'aide d'un courant électrique, la puissance mécanique (nombre de chevaux-vapeur), nécessaire pour porter à une température déterminée un volume donné de métal, est indépendante de la longueur de la barre.

Elle varie beaucoup avec la section des bares.

Avec *une seule* barre, ayant un volume de 72 pouces cubes, on a obtenu la température du rouge cerise, en 4 minutes, avec une dépense de 53 chevaux-vapeur.

Avec une dépense de 47 chevaux-vapeur, on est parvenu à porter à la même température *108 pouces cubes* de métal, ces *108 pouces cubes* étant répartis entre trois barres carrées d'*un pouce de côté* et de *trois pieds de long*.

« L'Electrical Forging Company » expose, en même temps que l'appareil que nous avons précédemment décrit, un certain nombre de machines destinées au travail des pièces de métal une fois qu'elles sont chauffées. Toutes les pièces de forme plus ou moins compliquée, telles que billes pour vélocipèdes, ressorts en spirale, boulons, crochets, etc., se fabriquent, à l'aide de ces machines, avec une facilité étonnante et une très grande rapidité.

Appareils de mesure

(Exposition de la Maison « Queen and Company » de Philadelphie)

La fabrication des instruments de précision a fait de très grands progrès, pendant ces dernières années, aux Etats-Unis.

Certaines maisons américaines peuvent rivaliser, par les soins apportés à leur fabrication et l'excellence de leurs produits, avec les meilleures maisons européennes. Les instruments exposés par « Queen et Company » de Philadelphie, donnent une haute idée de la variété et de la perfection des instruments fabriqués par cette importante maison.

Voltmètres et Ampèremètres.

La maison Queen et Company a adopté plusieurs types de voltmètres et ampèremètres.

Les voltmètres du type « Magnetic vane » sont très employés dans les stations centrales des Etats-Unis. Ils trouvent leur place toute indiquée sur les tableaux de distribution pour courants continus. Ils sont d'un emploi facile, et, bien que ne coûtant pas cher, peuvent fournir un long service. Ils peuvent, sans aucun inconvénient, rester en circuit 24 heures par jour.

Dans cet appareil, deux plaques de fer doux s'aimantent sous l'action du courant électrique. La répulsion qui s'exerce entre ces deux plaques est contrebalancée par l'action d'un ressort à boudin qui tend à les rapprocher. L'une des plaques est reliée à une aiguille qui se meut sur un cadran. Lorsqu'aucun courant ne passe dans l'appareil et que les deux surfaces se trouvent rapprochées, l'aiguille est au zéro.

Les divisions du cadran se trouvent à très peu près équidistantes, excepté dans le voisinage du zéro. L'échelle s'étend sur toute une moitié de circonférence et est d'une lecture facile.

Les constructeurs ne revendiquent pas pour ce type de voltmètre ou d'ampèremètre une bien grande précision. Ces appareils donnent cependant des indications suffisamment exactes pour le service d'une station centrale. Chacun de ces appareils est gradué à la main par comparaison avec un voltmètre étalon.

Les ampèremètres du type T-100 qui servent pour les courants de faible intensité donnent des indications de 1 à 10 ampères. Les ampèremètres T-114 qui sont destinés aux courants de grande intensité sont gradués de 100 à 1 000 ampères.

Il est fort utile dans les stations centrales d'avoir des voltmètres dont les indications puissent être lues d'un bout à l'autre de la salle où sont placées les dynamos.

Pour cet usage particulier, la maison « Queen and Company » a fait à leurs voltmètres du type « MY » une légère modification. Le cadran est demi-circulaire et n'a pas moins de 26 centimètres de diamètre. Sur l'échelle qui s'étend sur toute la demi-circonférence, les traits se trouvent à des intervalles de 4 millimètres. On peut lire distinctement les indications de ce voltmètre à une distance de 8 à 9 mètres.

La maison Queen and Company a construit, sur le même principe, de petits instruments à bon marché qui indiquent les variations de force électro-motrice ou d'intensité de courant dans des limites peu étendues : entre 105 et 115 volts et entre 3 et 14 ampères, par exemple. Ces appareils trouvent leur emploi dans les installations de très petite importance.

La maison « Queen and Company » vend aux États-Unis les excellents voltmètres et ampèremètres Deprez-Carpentier. Ces instruments présentent le grand avantage de pouvoir donner des indications exactes en étant placés dans n'importe quelle position, car la gravité n'y est point employée pour contrebalancer l'action exercée par le passage du courant. Ils sont fort recherchés aux Etats-Unis comme voltmètres ou ampèremètres de laboratoire. Les divisions du cadran sont à très peu près équidistantes. La graduation commence au *zéro*. Ces instruments peuvent donc servir avec avantage dans le cas de courants de faible intensité ou de faible potentiel.

Un type de voltmètre fort intéressant se trouvait également exposé à Jackson-Park par la maison « Queen and Company » — nous voulons

parler du voltmètre «Cardew» pour courants continus et courants alternatifs.

Le fonctionnement de cet appareil est basé sur la dilatation qu'éprouve
un fil métallique sous l'influence de la chaleur développée par le passage
du courant. Les variations de longueur du fil sont proportionnelles aux
variations de la force électro-motrice.

L'instrument est muni d'un cadran circulaire de grande dimension
dont les indications peuvent être vues de très loin. Le voltmètre « Cardew » présente, en outre, les avantages suivants : Il n'est point sujet
aux dérangements ; ses indications sont très précises.

L'électro-dynamomètre Queen-Siemens. — Cet instrument est employé aussi bien pour les courants alternatifs que pour les courants
directs. Dans l'électro-dynamomètre Queen-Siemens l'enroulement
mobile est fixé à une pointe en acier qui repose sur une plaque
d'agate. On évite ainsi les inconvénients que présente le mode de
suspension habituel. Cet instrument est fréquemment employé aux
États-Unis pour étalonner les ampèremètres pour courants alternatifs.

*Voltmètre-étalon, type « Acmé » pour courants alternatifs et courants
directs.* — Cet instrument est fréquemment employé dans les stations
centrales. Il est d'un usage très commode et donne des indications
précises. Le fonctionnement est basé sur la dilatation qu'éprouve un
fil métallique en s'échauffant sous l'action du courant électrique (brevet Cardew). Les divisions que porte le cadran sont à peu près équidistantes. Les oscillations de l'aiguille sont très vite amorties. Les lectures peuvent être faites rapidement. En multipliant les indications données par cet appareil par certains coefficients, on peut mesurer des
potentiels de plusieurs milliers de volts.

Milliampèremètre Queen. — Cet instrument est construit d'après les
théories de M. d'Arsonval. Il s'applique plus particulièrement aux besoins
des médecins qui ont à mesurer des courants de très faible intensité.

Appareil « Queen » pour la mesure des courants. — Le fonctionne-
nement de cet appareil est basé sur les phénomènes d'attraction et de
répulsion qui se produisent entre les parties fixes et les parties mobiles
d'un circuit électrique.

Les parties mobiles de même que les parties fixes sont formées, tantôt
de plusieurs spires, tantôt, d'un simple arc de cercle. Dans les divers
types de cet appareil il y a toujours pour chaque anneau mobile deux
anneaux fixes.

Dans l'appareil destiné à la mesure des courants de grande intensité, le courant passe en entier dans un des anneaux fixes, puis se divise en deux courants passant chacun dans une des moitiés d'un anneau mobile.

Dans tous ces instruments, le fléau de la balance est supporté par deux tourillons suspendus par des fils métalliques très fins qui sont traversés par le courant électrique.

La maison « Queen et C⁰ » construit cinq types de ces appareils.

1° T. 224, pour courants de 1 à 100 centi-ampères.

2° T. 225, pour courants de 1 à 100 deci-ampères.

3° T. 226, pour courants de 2 à 100 ampères.

4° T. 227, pour courants de 6 à 600 ampères.

5° T. 228, pour courants de 25 à 2 500 ampères.

Voltmètre électrostatique de la maison Queen et C°.

Ces voltmètres sont employés dans un grand nombre de laboratoires aux États-Unis. Ils ont, en effet, l'avantage de pouvoir donner des indications très précises. La détermination de potentiel faite avec ces instruments présente moins de chances d'erreurs que les mesures effectuées à l'aide des voltmètres du type électro-magnétique.

Il faut, en effet, avec ces derniers appareils, faire des corrections de température assez pénibles. Les indications de ces instruments sont aussi souvent faussées par les erreurs dues à la self-induction qui, dans le cas de courants alternatifs, varie avec le nombre des périodes.

Les voltmètres électrostatiques exposés par la maison Queen et C⁰, sont renfermés dans une boite métallique disposée de façon à bien protéger les parties mobiles des courants d'air.

Ces voltmètres peuvent servir à la mesure des potentiels jusqu'à 100 000 volts.

Voltmètre Queen à électrodes d'argent.

Ce voltmètre peut servir à effectuer des mesures excessivement précises.

Il a été construit d'après les indications du professeur Carhart. Une disposition fort ingénieuse permet d'élever ou d'abaisser l'une ou l'autre des électrodes. L'anode est constituée par deux plaques placées de part et d'autre de la cathode. Les particules d'argent qui se désagrègent de l'anode tombent au fond du vase et ne peuvent causer d'erreur en s'attachant à la cathode. Les électrodes peuvent être enlevées avec la plus grande facilité Leur forme permet de les nettoyer très aisément.

Leur surface peut aussi être déterminée avec la plus grande facilité.

Voltmètre Ryan. — La « maison Queen and Company » exposait aussi un autre type de voltmètre. Dans cet appareil, inventé par le professeur Harris F. Ryan, de « *Cornell University* », les électrodes sont constituées par des fils métalliques enroulés en spirale et suspendus par l'une de leurs extrémités dans la solution électrolytique.

La cathode se trouve à l'intérieur de l'anode.

Les avantages de cette disposition d'après le professeur Ryan sont nombreux. Les électrodes n'ont pas d'arètes vives. Leur nettoyage est très facile. Les dépôts se font de façon plus homogène puisque la cathode est complètement entourée par l'anode, et que les deux électrodes sont disposées symétriquement par rapport à un même axe. On peut, à l'aide d'une disposition fort simple, élever ou abaisser les électrodes et faire ainsi varier dans de très grandes limites, la résistance du voltmètre. La force électro-motrice du courant qui y passe peut donc être maintenue rigoureusement constante.

Il est possible de placer l'anode dans une position absolument symétrique par rapport à la cathode.

Voltmètre à acide sulfurique. — Cet appareil est formé de deux tubes verticaux gradués en dixièmes de centimètres cubes. Ils se trouvent réunis par leur partie inférieure à un troisième tube vertical muni d'un entonnoir.

Voltmètre A.-W. Meckle. — Ce type de voltmètre ne présente guère d'intérêt qu'au point de vue scientifique.

On en trouvera une description dans les compte-rendus de la « Physical Society of Glascow University » (27 janvier 1888). Il a été employé par A.-W. Meikle pour étalonner les instruments de mesure de Lord Kelvin (sir William Thomson).

Piles étalons. — Les piles étalons mises en vente par la maison Queen et Company sont du type Carhart-Clark. Ces piles sont préparées conformément aux indications du professeur H.-S. Carhart, de l'Université de l'État de Michigan.

Le professeur Carhart est aussi l'inventeur d'une pile étalon, dont on trouvera une description complète dans les compte-rendus de l'Académie nationale des Sciences de Washington (1893).

Galvanomètre astatique Queen pour laboratoires et usages commerciaux. — Dans cet instrument, les parties mobiles sont suspendues par un fil de soie. Lorsque le couvercle de la boîte que contient l'instrument est fermé, le fil de soie n'est pas tendu.

La même boîte contient une batterie de six piles étalons qui, suivant la façon dont se trouve placé un interrupteur, peut servir seule ou être placée en série avec le galvanomètre.

Galvanomètre d'Arsonval-Queen. — Ce type de galvanomètre donne des indications très précises même lorsqu'il se trouve placé dans le voisinage de dynamos. Les oscillations de l'aiguille sont très vite amorties. Cet instrument est surtout employé pour déterminer la résistance des filaments de lampe à incandescence.

Galvanomètre à réflection Queen-Thomson. — Cet instrument est destiné à la détermination de la résistance des enveloppes isolantes lorsqu'on n'a point besoin d'une très grande précision. C'est une simple modification du galvanomètre Thomson. Les bobines sont au nombre de quatre. Elles peuvent facilement, lorsque cela est nécessaire, être enlevées de l'appareil de manière à ce que l'on puisse en nettoyer l'intérieur. Il est facile de substituer à l'une des bobines une autre de résistance différente.

Les cadres sont supportés par deux colonnes en caoutchouc vulcanisé.

***

L'Exposition de la maison Hartmann & Braun

Les fabricants allemands d'instruments de mesure et plus généralement d'instruments de précision ont trouvé aux États-Unis un excellent débouché pour leurs produits.

La Société Hartmann et Braun de Bockenheim (Francfort-sur-le-Mein) avait à Jackson-Park une fort belle exposition.

On remarquait parmi les nombreux instruments de mesure qu'elle exposait, un petit galvanomètre différentiel système Kohlbraush. Ce type d'instrument présente de réels avantages. En raison de ses petites dimensions il est d'un maniement excessivement facile. Il se trouve relié à un pont de Wheatstone servant à mesurer les résistances depuis 0,01 ohm jusqu'à 11 000 000 d'ohms.

On remarquait aussi plusieurs types de galvanomètres :

1° Un galvanomètre apériodique à miroir du type Wiedermann perfectionné. On se sert de cet instrument avec la pile Clark.

2° Un galvanomètre destiné à la mesure de l'isolement des câbles et des conducteurs.

3° Un galvanomètre balistique.

La maison Hartmann et Braun exposait cinq types différents de lunettes pour expériences galvanométriques. Ces lunettes donnent des images d'une netteté parfaite.

La même maison exposait un appareil photométrique muni d'un prisme Lummer-Brodhum et d'un miroir tournant servant à déterminer le pouvoir éclairant d'une lampe à arc dans toutes les directions.

Dans les voltmètres avertisseurs exposés par la même maison, un noyau en fer doux en se déplaçant à l'intérieur d'un solénoïde produit la fermeture du circuit d'une sonnerie électrique qui se met à sonner aussitôt que la force électro-motrice indiquée par le voltmètre s'élève de façon anormale. Dans d'autres voltmètres, la variation anormale du courant est indiquée par le changement d'éclat de quelques lampes à incandescence, dans d'autres enfin par des sonneries de timbre différent.

On remarquait aussi plusieurs ponts de Wheatstone. Le galvanomètre dont on se sert avec ces appareils est du type Deprez modifié.

L'appareil Lenard pour déterminer le nombre de tubes de force d'un champ magnétique est construit en Allemagne par la maison Hartmann et Braun qui exposait à Chicago un de ces instruments.

L'appareil consiste essentiellement en un certain nombre de spires de fils de bismuth enroulées sur une bobine plate de 15 millimètres de diamètre sur 1 millimètre d'épaisseur.

On peut placer cette spirale dans l'entrefer d'une dynamo. On utilise dans cet instrument de la propriété que possède le bismuth d'avoir une résistance variable lorsqu'il se trouve placé dans des champs magnétiques différents.

Les pyromètres du système Braun qui permettent la détermination des températures jusqu'à 1 500 degrés centigrades étaient très remarqués. A des températures voisines de 100 degrés ces appareils accusent une variation de température de 1 degré.

La maison Hartmann et Braun exposait trois types différents de voltmètres et d'ampèremètres :

1° *Types pour courants continus.* — Ces appareils consistent essentiellement en un noyau en fer doux qui peut se mouvoir à l'intérieur d'un solénoïde. Les déplacements de ce noyau sont indiqués sur un cadran.

2° *Types pour courants alternatifs et pour courants continus.* — Dans ces ampèremètres et ces voltmètres, on voit encore un solénoïde. Mais le noyau est formé de deux petits cylindres de fer doux. En changeant la forme et la position de ces deux cylindres on peut modifier la sensibilité de l'appareil.

3° *Voltmètre thermique.* — Une aiguille d'aluminium est mise en mouvement par la dilatation d'un fil métallique.

Le « Voltmètre compensateur » Stilwell.

Cet appareil est construit de façon à indiquer, non pas le potentiel du courant à la station centrale, mais le potentiel dans la partie du circuit la plus éloignée de la station centrale.

Avec le voltmètre compensateur Stilwell, on est obligé de faire des corrections. Dans la plupart des appareils, il faut multiplier par 20 le nombre de volts indiqués par le voltmètre pour avoir le potentiel du courant dans les parties du circuit les plus éloignées du tableau de distribution.

L'appareil est muni d'un petit transformateur dont l'enroulement primaire est placé en série sur le circuit des alternateurs. En supposant un circuit de résistance constante, la chute de potentiel proportionnelle au courant qui passe dans le circuit et comme le courant qui traverse l'enroulement secondaire du transformateur est proportionnel au courant qui passe dans le circuit primaire, il s'en suit que l'intensité du courant secondaire peut servir de mesure à la chute de potentiel.

L'enroulement secondaire du transformateur est relié à la bobine auxiliaire du voltmètre. Les deux enroulements sont tels que l'action résultante sur le noyau en fer doux du voltmètre est exactement la même que si le voltmètre était placé à une certaine distance du tableau de distribution au lieu d'être placé sur le tableau de distribution même.

Voltmètres étalons (système Kennelly)

Ces instruments, construits par « l'Edison Manufacturing Company de New-York, » sont employés dans un grand nombre de stations centrales. Ils se fixent généralement sur le tableau de distribution. On peut les employer aussi bien pour des courants continus, que pour des courants alternatifs. Ils donnent des indications précises jusqu'à 1150 volts.

Le voltmètre Kennelly est du type « électrostatique. » Une plaque mince en aluminium, supportée en son centre par une suspension bifilaire, est munie d'appendices verticaux qui se meuvent dans de profondes rainures.

La plaque mince d'aluminium porte une aiguille horizontale dont l'extrémité se meut en face d'une échelle graduée. Sur les instruments qui servent pour les circuits à 600 volts, une variation de 5 volts correspond un déplacement de 3 millimètres de l'extrémité de l'aiguille. Le voltmètre est relié aux barres de distribution, il est donc possible qu'un contact accidentel, se produisant à l'intérieur de l'instrument, détermine un court-circuit. Pour empêcher cet accident, les rainures de laiton sont recouvertes d'un vernis isolant. Lorsque l'équipage mobile vient en contact avec elles, il ne se produit pas d'étincelles. Pour plus de sécurité, on a placé à l'intérieur de la boîte, dans laquelle l'instrument est logé, un coupe-circuit spécial. Les oscillations de l'équipage sont amorties à l'aide d'une palette qui plonge dans un bain d'huile.

Appareils enregistreurs
DE LA « BRISTOL MANUFACTURING COMPANY »

La « Bristol Manufacturing Company, » de Watterburg (Connecticutt), est de formation récente. Elle s'occupe exclusivement de la fabrication d'appareils enregistreurs. Les manomètres « Bristol » sont justement appréciés aux États-Unis, où ils sont très répandus.

Les voltmètres de ce système ont été employés pendant toute la durée de l'Exposition dans les stations centrales du « Machinery-Hall, » sur les circuits à courants alternatifs de la « Westinghouse Company, »

La « Bristol Manufacturing Company » avait dans le « Machinery Hall » un fort joli pavillon, où l'on pouvait examiner les nombreux instruments qu'elle met en vente, et se rendre compte des soins qu'elle apporte à leur fabrication.

Plusieurs de ces voltmètres ont fonctionné, pendant toute la durée de l'Exposition, dans différentes installations d'éclairage et ont donné complète satisfaction.

Bien qu'ils n'aient été placés sur le marché que très récemment, le Jury n'a pas hésité à les employer pour des essais destinés à déterminer la durée des lampes à incandescence.

Exposition de la « Telegraph Construction & Maintenance C° »

Le problème de la communication électrique, entre le rivage et les bateaux-phares, ancrés à une certaine distance en mer, a, depuis longtemps attiré l'attention des ingénieurs.

Les systèmes, proposés jusqu'à ce jour, sont loin de donner satisfaction, car le mouvement des vagues, en faisant tourner le navire autour de son ancre, produit l'enchevêtrement des câbles télégraphiques et de la chaîne d'ancrage, ce qui détermine bien vite la rupture des premiers.

La « Telegraph Construction et Maintenance Company limited, » de Londres, exposait un système breveté en usage sur plusieurs bateaux-phares, dont l'un était placé à 9 milles de la côte.

Dans ce système le bateau est maintenu par une chaîne placée à l'avant. A un anneau de cette chaîne, un peu au-dessus du niveau de l'eau, on a rivé une boucle qui peut tourner librement. A cet endroit, la chaîne se divise en deux parties, dont chacune est fixée au navire. La boule forme un point fixe autour duquel le bateau peut tourner.

Le câble, qui vient du rivage, passe à l'intérieur d'un boulon creux, vissé dans la boucle, et suit l'une des chaines. Entré dans le bateau, il va s'enrouler sur un tambour qui peut tourner à la fois autour d'un axe horizontal et d'un axe vertical.

Appareil de protection pour circuits de tramways électriques

Les adversaires du système de tramways électriques, dit à « trolley » exagèrent beaucoup, en général les dangers que présente la chute accidentelle du conducteur aérien. Des accidents de ce genre sont assez fréquents aux États-Unis, mais n'ont que très rarement de graves conséquences. Il n'en est pas moins vrai que les Compagnies de tramways électriques, doivent s'intéresser à toutes les inventions qui ont pour but de diminuer la fréquence de ces accidents. M. Carl Peterson de Brooklyn (New-York) a imaginé, dans ce but, un système de protection fort ingénieux. Au moment où l'un des fils de fer transversaux qui supportent le conducteur aérien vient à se rompre, le circuit se trouve coupé automatiquement.

Appareil Zucker & Levett

POUR LA SÉPARATION MAGNÉTIQUE DU FER CONTENU DANS LES POUSSIÈRES
PROVENANT DES ATELIERS OU L'ON TRAVAILLE LE CUIVRE.

Cet appareil se compose essentiellement d'un tambour métallique tournant autour d'un axe horizontal. A l'intérieur de ce tambour on a placé plusieurs bobines qui déterminent des pôles dans la région médiane du cylindre.

Un distributeur laisse tomber les résidus sur le tambour. Les particules magnétiques adhèrent à la surface du cylindre et sont entraînées par lui jusqu'à ce qu'elles viennent rencontrer une sorte de rateau qui les fait tomber dans un récipient convenable.

Quand le fer se trouve mélangé à des poussières très ténues, il est nécessaire de prendre des dispositions spéciales pour éviter l'entraînement de particules non magnétiques. Celles-ci forment en effet avec les particules de fer, de petites agglomérations. Pour éviter cet inconvénient on a recours à la disposition suivante : on fait arriver le mélange sous le cylindre où il se trouve soumis à l'action d'un agitateur mécanique. Lorsque les particules magnétiques arrivent près du cylindre, leur poids est contrebalancé par l'attraction de l'aimant. De sorte qu'elles montent à la partie supérieure du mélange. La séparation se fait dans ce cas bien plus facilement.

Echelle à rallonge

(SYSTÈME HILL) POUR LA POSE DES CONDUCTEURS AÉRIENS.

La plupart des Compagnies Américaines emploient pour la pose des conducteurs de tramways électriques, une échelle à rallonge d'un système fort ingénieux.

On sait que la plupart des conducteurs pour tramways électriques sont disposés, en Amérique, suivant l'axe même des rues. Ils sont soutenus par des fils de fer dont les extrémités sont fixées à des poteaux placés de part et d'autre de la rue.

La pose de ces conducteurs et surtout les réparations à y faire sont des opérations délicates et souvent pénibles. Il est nécessaire que l'ouvrier monteur chargé de la pose ou des réparations, puisse travailler à l'aise.

C'est pour lui faciliter son travail qu'a été imaginée l'échelle à rallonge montée sur roues, système Hill. Cette échelle peut également servir à la pose des lignes télégraphiques et téléphoniques. Elle a été employée avec grand avantage par le service électrique de l'Exposition de Chicago.

Cette échelle est placée sur une voiture à quatre roues. Son poids n'est pas excessif : il suffit d'un seul cheval pour traîner la voiture. L'échelle est complètement en fer, à l'exception cependant de la plate-forme supérieure qui est en bois. Cette plate-forme est soigneusement isolée du reste de l'échelle à l'aide de rondelles de caoutchouc. Les boulons qui servent à fixer la plate-forme sont entourés eux-mêmes de fourreaux en caoutchouc vulcanisé.

Il est pratiquement impossible qu'il se produise une communication entre le conducteur et le sol par l'intermédiaire de cette plate-forme et de l'échelle.

On se sert journellement de l'échelle « Hill » par les temps les plus humides. Il arrive fréquemment que les roues de la voiture, et sa partie inférieure, se trouvent dans l'eau. L'on n'a pas eu cependant à enregistrer un seul accident sérieux.

On produit l'élévation ou l'abaissement de l'échelle au moyen de 4 pignons engrenant avec des crémaillères. Ces pignons sont clavetés sur des axes placés en travers de la voiture et portant à chacune de leurs extrémités une manivelle. Deux hommes en agissant ensemble peuvent élever l'échelle ou l'abaisser. La plate-forme lorsque l'échelle est complètement montée, se trouve à environ 6 mètres au-dessus du sol. Lorsque la plate-forme est dans sa position la plus basse, elle se trouve à 4 mètres. La hauteur du fil des trolleys des tramways électriques est d'ordinaire 7 mètres. Il arrive donc souvent qu'un ouvrier puisse faire une réparation, en se tenant sur la plate-forme sans qu'on ait eu besoin d'élever celle-ci de plus d'un mètre à un mètre et demi.

La voiture elle-même est du type « O Brien ». Les bandages des roues sont d'une largeur exceptionnelle. La stabilité de ces voitures est parfaite. Elles peuvent tourner dans un petit rayon sans courir le risque de se renverser. Dans le cas où on se sert de l'échelle « Hill » pour la pose de conducteurs, la voiture est munie d'un dévidoir sur lequel on enroule préalablement les fils que l'on doit poser.

CONGRÈS DES ÉLECTRICIENS

Un Congrès international d'Electriciens s'est tenu à Chicago pendant l'Exposition Colombienne.

Les séances du Congrès commencèrent le 21 août, sous la présidence du docteur Elisha Gray.

Les membres du Congrès étaient divisés en trois sections.

I. Théorie pure.	Théorie de l'induction.
	Théorie de l'électrolyse.
	Théorie du magnétisme.
II. Théorie et Applications.	Dynamos.
	Piles.
	Accumulateurs.
	Instruments de mesure.
III. Applications	Télégraphie.
	Téléphonie.
	Traction électrique.
	Transport de force.
	Signaux.

Les délégués officiels étaient :

ANGLETERRE

V. H. Preece FRS. — Professeur W. E. Ayrton FRS. — Professeur S. P. Thompson, D. Sc. FRS. — Alex. Siemens. — Major général C. Weber.

FRANCE

MM. Mascart, Hospitalier, Violle. De la Touanne.

ALLEMAGNE

Dr H. von Helmholtz. — Dr Badde. — Dr Lummer. — Professeur Voit.

ÉTATS-UNIS

Professeur H. A. Rowland. — Professeur T. C. Mendenhall. — Dr H. S Carhart. — Professeur Elihu Thomson. — Professeur E. Nichols.

SUISSE

MM. Palaz, Thury, Dr Weber.

M. le professeur Galileo Ferraris.

M. A. M. Charez.

Parmi les mémoires qui ont été présentés au congrès nous noterons ceux dont les titres suivent :

Explication du phénomène de Ferranti — (Docteur J. Sahulka).

Etude analytique sur les courants alternatifs. — (Professeur Mc. Farlane).

Méthode de nomenclature. — (E. Hospitalier).

Étude sur les méthodes de mesure des courants polyphasés. — (A. Blondel).

Emploi du fer dans les transformateurs. — (Professeur Ewing).

Les laboratoires d'électricité à Londres. — (Professeur A. Jamieson).

Étude sur les dynamos à courants continus. — (Professeur Crocker).

La Téléphonie océanique. — (Professeur Sylvanus P. Thompson).

Etude sur la conversion des courants alternatifs en courants continus. — (Docteur Pollak).

Nous donnons ci-après quelques renseignements biographiques sur les délégués américains et sur les mémoires présentés au Congrès, et nous terminons cet ouvrage par un résumé très bref de la discussion qui a eu lieu au sujet du système de transport de l'énergie à grande distance, adopté par la « Westinghouse Electric and Manufacturing Company », de Pittsburg.

Henry A. Rowland. — M. le professeur Henry A. Rowland qui présidait la délégation des Etats-Unis, fit ses études au Renssllaer Polytechnic Institute de Troy, (New-York). Il quitta cet établissement en 1870 et commença un an plus tard les travaux qui le mirent bien vite au premier rang des électriciens américains. En 1872, il retourna au Renssclaer Polytechnic Institute où il fut successivement répétiteur de physique et professeur.

C'est à ce moment qu'il compléta ses remarquables expériences sur la perméabilité magnétique. Mais il parvint avec peine à trouver un éditeur pour en publier les résultats. Les journaux techniques des Etats-Unis les refusèrent. Ses travaux furent enfin publiés dans la *Philosophical Magazine*.

Ses ouvrages lui valurent une grande renommée et il devint bientôt
le directeur du laboratoire de l'université *John Hopkins* à Baltimore.
Avant d'aller prendre possession de ses fonctions, le professeur Rowland fit un voyage en Europe et fut longtemps attaché au laboratoire
d'Helmholtz.

Bien que le professeur Rowland se soit surtout occupé de magnétisme
et d'électricité, il n'en a pas moins fait d'importantes découvertes dans
d'autres parties du domaine des sciences physiques. Ses études sur différents sujets d'optique ont contribué peut-être plus que ses découvertes en électricité à le rendre célèbre. Le professeur Rowland reçut
le grade de docteur en philosophie de la « John Hopkins University »
en 1880. Il fut membre du Congrès des électriciens qui s'est tenu à
Paris en 1881, et en même temps, membre du jury de l'Exposition d'é-
lectricité. Il fut, à cette occasion, nommé chevalier de la Légion d'honneur.

En 1883, il est président de la section de physique de l'*American
Society* à Minneapolis. En 1884, il est nommé par le Gouvernement,
membre de la Commission de la Conférence nationale des Electriciens
à Philadelphie. Cette même année, il reçoit de l' « American Academy
of Arts and Sciences », une médaille pour ses recherches en optique.

Le professeur Rowland est l'auteur d'un certain nombre d'ouvrages
fort importants. Tout en s'occupant actuellement encore de la direction
du laboratoire de la « John Hopkins University », M. Rowland colla-
bore à un grand nombre de journaux. Il est membre correspondant de
l'Association britannique pour l'avancement des Sciences et de la Société philosophique de Cambridge. Il est un des douze membres étrangers de la Physical Society de Londres.

Henry Smith Carhart. — Henry S. Carhart est professeur de physique
et directeur du laboratoire de l'Université de Michigan. Il est né à Coey-
mans près d'Albany dans l'État de New-York en 1844. Il fit ses études
au « Hudson River Institute » à Claverack et devint professeur dans
un collège, En 1865 il entra à la Yale University, et fut appelé à la
chaire de génie civil de l'Université de Michigan. Il profita d'un congé
d'un an pour aller en Europe où il fut attaché au laboratoire du professeur Helmholtz. C'est à ce moment qu'il fut nommé membre du
jury de l'Exposition de Paris en 1889.

Le professeur Carhart est membre de l'Association américaine pour l'avancement des sciences. Il a publié un grand nombre de brochures. Son traité sur les *piles électriques* fait autorité.

Le professeur Carhart a été membre du Comité de l'Association Britannique. Tout en étant délégué au Congrès International, il était à l'Exposition de Chicago Président du jury des classes d'électricité.

Thomas Corwin Mendenhall est né en 1841 à Hanoviston (Ohio). En 1873 lors de la création de l'Ohio State University il fut nommé professeur de physique et de mécanique. En 1878 il devint professeur de physique à l'Université impériale de Tokio.

Pendant son séjour au Japon, le professeur Mendenhall fonda un observatoire et fit de très intéressantes déterminations météorologiques. Il publia aussi à ce moment d'importantes études sur le *spectre solaire*. Il fonda la *Seismological Society* du Japon. En 1881, le professeur Mendenhall reprit ses cours à l'Université de l'État d'Ohio. Il a été Directeur de l'Observatoire de cet État.

Le professeur Mendenhall est l'auteur d'un livre très répandu aux États-Unis et ayant pour titre *A century of Electricity*.

Edward Leamingnton Nichols. — M. Edw. L. Nichols entra à la Cornell University en 1871. Après avoir terminé ses études il fit un voyage en Allemagne où il suivit les cours de l'Université de Berlin. Il fut attaché aux laboratoires de Wiedemann et du professeur Helmholtz. M. Edw. L. Nichols reçut le diplôme de docteur en philosophie et après avoir passé par les laboratoires de la *John Hopkins University* fut nommé professeur de physique et de chimie à l'Université de Richmond, puis à l'Université de Kansas.

Le professeur Nichols a publié le compte rendu de ses travaux dans divers journaux : *Philosophical Magazine, American Journal of Science, etc*.

Les discussions de la *chambre des délégués* ont été secrètes. Mais les *résolutions* adoptées dans ces séances ont été rendues publiques :

La *Chambre* a recommandé l'adoption d'un système international d'unités légales de mesures électriques.

Appelés à rechercher s'il convient d'adopter un étalon pratique provisoire de lumière, les délégués n'ont point accordé la préférence à la lampe « *Von Hefner Alteneck* » recommandée par le « *Reichsanstalt* ».

La *Commission des notations* présidée par M. le professeur H. S. Carhart a recommandé l'emploi d'un système international de notations, abrévia tions et symboles.

C'est à M. Hospitalier, l'éminent professeur et ingénieur français que revient surtout l'honneur d'avoir attiré l'attention des Electriciens sur la nécessité de régler d'une façon définitive cette question si importante.

Nous ne pouvons que renvoyer nos lecteurs à l'intéressant mémoire qui a été présenté à ce sujet par M. Hospitalier lui-même au Congrès de Chicago. Le journal l'*Industrie Electrique* a publié, dans son numéro du 25 septembre 1893, un tableau dans lequel se trouve résumé, avec la plus grande clarté, le système de notation adopté par le Congrès.

Parmi les communications qui ont été faites au Congrès, on a remarqué la brochure dans laquelle *le professeur Jakson* décrit les différents systèmes de *canalisations souterraines* employées aux Etats-Unis dans les installations d'éclairage : tuyaux en terre cuite — tubes en fer forgé — conduites en bois, etc., etc.

M. le professeur Sylvanus P. Thomson, dans une très savante étude qu'il a présentée au Congrès émet l'avis que la *téléphonie océanique* est non seulement possible mais actuellement réalisable.

M. le professeur Jamieson ne partage pas la manière de voir de M. Sylvanus P. Thomson et pense que l'établissement de communications téléphoniques présenterait dans ce cas de grandes difficultés.

M. Alex. Siemens s'est également déclaré contre les conclusions de M. Syvanus P. Thomson.

M. le professeur B. Crocker s'est efforcé, dans une communication très intéressante, de démontrer que les machines à courant continu et à potentiel très élevé, peuvent donner en pratique de très bons résultats. Il signale deux machines dont l'une débite un courant de 5 500 volts et l'autre un courant de 10 000 volts. Dans cette dernière machine, les constructeurs ont employé des balais en charbon très dur. Ces deux machines n'ont servi qu'à des expériences de laboratoire.

L'avis de *M. le professeur Crocker* n'est pas partagé par *M. Keith* qui a apporté à l'appui de sa thèse de très nombreux documents.

M. le professeur Ewing a présenté au Congrès une étude sur l'emploi du fer doux dans la construction des transformateurs. Il donne dans cette communication des résultats d'expériences fort intéressants.

Dans un remarquable mémoire présenté au Congrès, *M. le docteur*

Schulze Berge a donné la description d'une pompe à mercure rotative de son invention.

M. *Marx* a présenté au Congrès une lampe à laquelle il a donné le nom de « *Lampe à arc incandescent* ». Le système consiste dans la production d'un arc dans une atmosphère non renouvelée. L'usure des charbons dans ces conditions est diminuée d'une manière très sensible. Cette disposition donne une lumière très fixe.

Parmi les matières qui ont été discutées devant le Congrès des électriciens, une des plus intéressantes a été la question *de la transmission de la puissance à longue distance et des moteurs polyphasés*.

Cette question ne figurait pas sur les ordres du jour des séances, distribués à l'avance aux membres du Congrès. On en manifestait quelque étonnement lorsqu'un des électriciens les plus distingués des États-Unis, le docteur Louis Duncan, professeur à la « John Hopkins University » ouvrit, un peu à l'improviste, la discussion sur ce sujet.

C'est devant la section B et sous la présidence du savant professeur E.-J. Houston, que M. Louis Duncan donna lecture de la communication dont nous allons résumer les points les plus importants.

Le docteur Louis Duncan rappela succinctement la théorie des moteurs polyphasés. Il déclara que les moteurs pour courants alternatifs polyphasés étaient susceptibles de donner des rendements plus élevés que les moteurs à courants continus. Mais on rencontre dans la construction des moteurs à courants alternatifs une grande difficulté, le moyen de les faire démarrer.

Le docteur Louis Duncan rechercha alors comment on peut tourner cette difficulté. La première chose à faire serait, dit-il, de diminuer la self-induction. C'est ce qui a été fait par la « Stanley Company ». Mais les dispositifs proposés dans ce but sont encombrants.

Un autre moyen consiste à augmenter la résistance de l'induit du moteur. Mais ce moyen ne donne guère de meilleurs résultats.

Le docteur Louis Duncan parla alors de la théorie des *moteurs-générateurs*.

Il démontra le fonctionnement de ces appareils, et expliqua d'une façon bien nette les difficultés que l'on rencontre dans leur construction.

Après le docteur Duncan, M, C. Scott attira l'attention des membres du Congrès sur le système de distribution par courants diphasés, imaginé par Nikola Tesla et adopté par la « Westinghouse Electric and Manufacturing Company » de Pittsburg.

Cette Compagnie avait installé, dans le Palais de l'électricité, un certain nombre d'alternateurs et de moteurs placés les uns par rapport aux autres, de façon à faire comprendre l'ensemble d'une distribution d'éclairage électrique et de transmission de force du système Tesla.

Le but de la coûteuse exposition de la Westinghouse Company était de bien montrer les avantages du système, au point de vue industriel et commercial.

Une installation de ce genre comprend :

1° Un moteur quelconque (machine à vapeur, turbine, moteur à gaz, etc.)

2° Une génératrice ;

3° Des transformateurs du type « step up » des conducteurs, des transformateurs « step down » ;

4° Des moteurs ou des moteurs-générateurs.

Dans la pratique, c'est, en général, une chute d'eau qui fournit la puissance motrice nécessaire.

Dans l'installation de la « Westinghouse Electric and Manufacturing Company » dans le Palais de l'Electricité, la force motrice était fournie par un moteur Tesla à courants diphasés, d'une puissance de 500 chevaux-vapeur. Le courant que recevait ce moteur était débité par un des alternateurs Westinghouse de 750 kilowatts placés dans une des stations centrales du Palais des Machines.

La force électro-motrice du courant débité par cet alternateur était 2000 volts. Elle était réduite à 200 volts à l'aide d'un transformateur Westinghouse sur le circuit secondaire duquel avait été placé le moteur de 500 chevaux.

Le courant arrive à la partie tournante du moteur par l'intermédiaire de balais qui frottent sur quatre anneaux collecteurs.

Ce moteur commandait par courroie un générateur débitant à la fois des courants alternatifs simples et des courants diphasés.

Cette machine porte 6 pôles. L'excitation de ses champs magnétiques est produite par une petite dynamo à courants continus, commandée par un moteur Tesla pour courants diphasés.

La génératrice débite deux courants alternatifs décalés de 90 degrés. Le nombre des périodes est 33,5 par seconde.

Cette même machine débite aussi un courant continu au potentiel de 500 volts. Les courants débités par cette machine arrivent à un tableau de distribution en marbre. Ils se rendent ensuite aux différents circuits et aux transformateurs.

Le courant dans les secondaires des transformateurs avait une force électro-motrice de 1 200 volts. En pratique cette force électro-motrice serait bien plus élevée et dépendrait de la distance à laquelle il s'agit de transporter la force motrice.

A la station *réceptrice* le courant passe dans l'enroulement primaire d'un transformateur qui abaisse le potentiel, de façon à ce qu'on puisse utiliser le courant pour actionner les diverses machines de la station réceptrice.

La plus grande des machines qui se trouvaient dans la station établie par la « Westinghouse Electric Company » dans le Palais de l'Électricité, est un moteur pour courants diphasés, système Tesla.

Le courant alternatif, à un potentiel de 360 volts, arrive au moteur par l'intermédiaire de quatre anneaux collecteurs. Pour faire démarrer la machine on est obligé de prendre des dispositions spéciales.

Lorsque le moteur a atteint sa vitesse normale, on change les connexions et il fonctionne alors comme moteur synchrone. Ce moteur conserve une vitesse absolument constante. Dans l'installation de la Westinghouse Company cette machine commandait par courroies une pompe Worthington et un alternateur Westinghouse alimentant 40 lampes à arc.

Elle pouvait aussi débiter un courant continu à un potentiel de 500 volts. Le courant à 500 volts servait à actionner deux moteurs à courants continus pour tramways montés sur des trucks, système Dorner et Dutton, et un moteur de 60 chevaux-vapeur qui commandait un compresseur d'air « Ingersoll et Sergeant ». Le courant à 500 volts alimentait aussi une série de lampes à arc à potentiel constant.

On rencontrait aussi dans l'installation de la Westinghouse Company un alternateur de 45 kilowatts, à vitesse modérée, directement accouplé à un moteur à vapeur.

Après avoir décrit l'installation de la « Westinghouse Electric and manufacturing Cᵒ » M. Scott appela l'attention des membres du Congrès sur les avantages pratiques du système de distribution Tesla, et fit passer sous leurs yeux le dessin schématique que nous reproduisons planche 75-76.

Il parla très brièvement de la construction des machines Westinghouse et termina en décrivant une distribution de force et d'éclairage électrique tout récemment installée à San Antonio, dans le Sud de la Californie. Dans cette distribution on transporte à une quarantaine de kilomètres une puissance de 100 chevaux-vapeur.

M. W. F. C. Hasson, de San Francisco, prit la parole après M. Scott, il déclara que malgré les bons résultats obtenus à San Antonio, les transports de force à longue distance qui ont été réalisés en Californie dans le cours de ces dernières années, sont loin d'avoir donné toute satisfaction.

Il cita un exemple : Dans une petite ville de l'Est une installation de ce genre ne fonctionna que 13 jours; il a suffi de moins de deux semaines de service pour mettre les machines hors d'usage. M. Hanson déclara alors que le système Tesla était excellent au point de vue théorique, mais que la Westinghouse-Company était loin d'avoir résolu au point de vue commercial, le problème de la transmission de la force à longue distance.

Les machines dans une installation de transport de force doivent pouvoir fonctionner sans qu'elles aient besoin de réparations pendant des mois et même des années.

M. W. F. C. Hasson termina en déclarant qu'il croyait fermement qu'à l'aide des progrès qui seront réalisés prochainement dans l'industrie électrique, on parviendra à résoudre au *point de vue commercial* l'important problème du transport de la force à longue distance, mais qu'à l'heure actuelle, il ne saurait recommander aux financiers d'engager leurs capitaux dans des entreprises de ce genre.

Après M. *Hasson*, le *Docteur L. Bell* prit la parole et compara la valeur relative des divers systèmes de transport de l'énergie (courants continus, courants alternatifs simples, courants polyphasés).

M. le *Docteur L. Bell* est un fervent partisan des moteurs à courants polyphasés qui, d'après lui, sont bien préférables aux moteurs à courants continus.

Le *Docteur S. P. Thomson* émit l'avis que les tableaux de distribution des systèmes par courants polyphasés sont trop compliqués. Il se déclara partisan du système à simple phase.

M. *le professeur Geo. Forbes* après avoir fait l'historique de l'utilisation des chutes du Niagara déclara qu'à son avis le *système à courants polyphasés* doit disparaître pour céder la place au *système à simple phase.*

M. le professeur Forbes ne recommande pas l'emploi de transforma-teurs pour élever la tension à la station génératrice; il préfère se servir de dynamos à très haute tension.

M. *Louis Duncan* termina la discussion en insistant sur les avantages des courants *polyphasés*.

On voit par ce bref compte-rendu que les avis des électriciens les plus autorisés diffèrent essentiellement au sujet de l'importante question du « *Transport de l'énergie à longue distance* ». Il semble donc qu'il soit bien téméraire à l'heure actuelle de se prononcer d'une façon formelle en faveur de l'un ou de l'autre des systèmes en présence.

TABLE DES MATIÈRES

Deuxième Partie.

Paris. — Imprimerie E. BERNARD et Cie, 23, rue des Grands-Augustins.

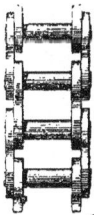

CHEMINS DE FER DU NORD

—

PARIS — LONDRES

Cinq services rapides quotidiens dans chaque sens.

Trajet en 7 h. 1/2. — Traversée en 1 h. 1/4.

Tous les trains, sauf le Club-Train, comportent des 2mes classes.

Départs de Paris

Viâ Calais-Douvres : 8 h. 22 — 11 h. 30 du matin — 3 h. 15 (Club-Train) et 8 h. 25 du soir.

Viâ Boulogne-Folkestone : 10 h. 10 du matin.

Départs de Londres

Viâ Douvres-Calais : 8 h. 20 — 11 h. du matin — 3 h. (Club-Train) et 8 h. 15 du soir.

Viâ Folkestone-Boulogne : 10 h. du matin.

Les voyageurs munis de billets de 1re classe sont admis *sans supplément* dans la voiture de 1re classe ajoutée au Club-Train entre Paris et Calais.

De Calais à Londres supplément de **12 fr. 50**.

Un service de nuit accéléré à prix très réduits et à heures fixes viâ Calais, en 10 heures.

Départ de Paris à 6 h. 10 du soir. — Départ de Londres à 7 heures du soir.

Un service de nuit à prix très réduits et à heures variables, viâ Boulogne-Folkestone.

Services directs entre Paris et Bruxelles

Trajet en 5 heures.

Départs de Paris à 8 h. 15 du matin, Midi 40, 3 h. 50, 6 h. 20 et 11 heures du soir.

Départs de Bruxelles à 7 h. 30 du matin, 1 h. 15, 6 h. 20 du soir et minuit.

Wagon-salon et wagon-restaurant aux trains partant de Paris à 6 h. 20 du soir et de Bruxelles à 7 h. 30 du matin.

Wagon-restaurant aux trains partant de Paris à 8 h. 15 du matin et de Bruxelles à 6 h. 20 du soir.

Services directs entre Paris et la Hollande

Trajet en 10 h. 1/2.

Départs de Paris à 8 h. 15 du matin, midi 40 et 11 heures du soir.

Départs d'Amsterdam à 7 h. 30 du matin, midi 55 et 5 h. 55 du soir.

Départs d'Utrecht à 8 h. 16 du matin, 1 h. 37 et 6 h. 37 du soir.

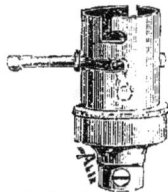

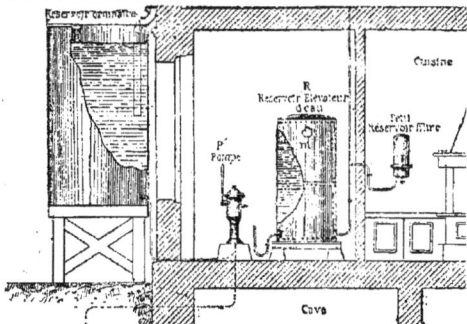

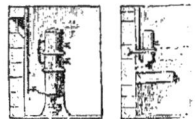

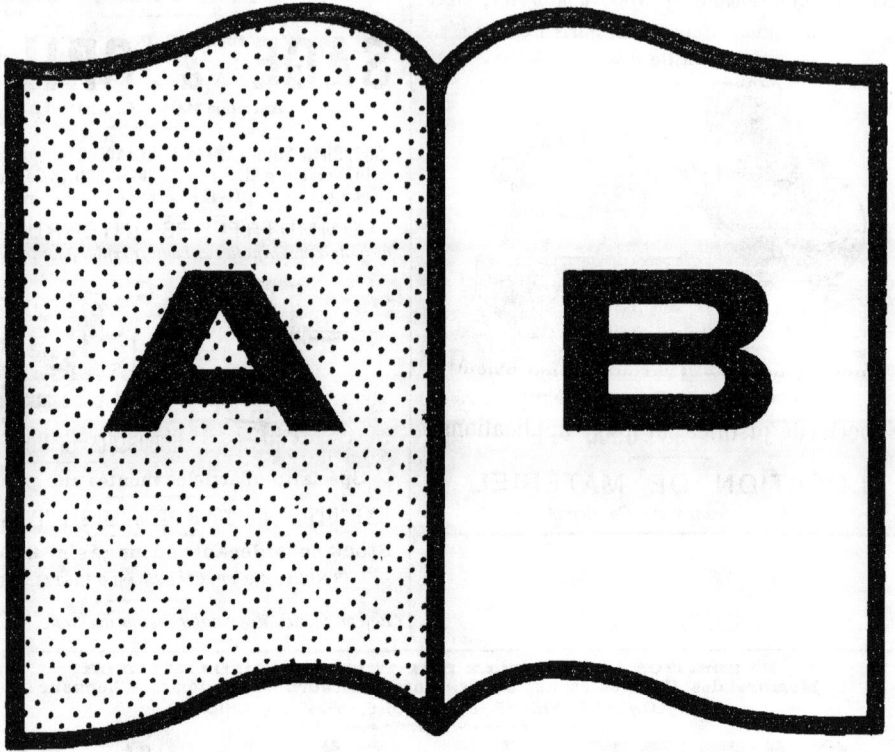

Contraste insuffisant

NF Z 43-120-14

www.ingramcontent.com/pod-product-compliance
Lightning Source LLC
Chambersburg PA
CBHW060350200326
41519CB00011BA/2098